表面等离子共振技术原理与应用

编委（按姓氏笔画排序）

闪　烨　宋文佳　张雪绒

廖忠铃　黎　奇

北京大学医学出版社

BIAOMIAN DENGLIZI GONGZHEN JISHU YUANLI YU YINGYONG

图书在版编目（CIP）数据

表面等离子共振技术原理与应用 / 王倩，朱先伟主编 . —北京：北京大学医学出版社，2024.3

ISBN 978-7-5659-3081-2

Ⅰ. ①表… Ⅱ. ①王… ②朱… Ⅲ. ①表面 - 等离子共振 Ⅳ. ① O534

中国国家版本馆 CIP 数据核字（2024）第 037976 号

表面等离子共振技术原理与应用

主　　编：王　倩　朱先伟
出版发行：北京大学医学出版社
地　　址：（100191）北京市海淀区学院路 38 号　北京大学医学部院内
电　　话：发行部 010-82802230；图书邮购 010-82802495
网　　址：http://www.pumpress.com.cn
E-mail：booksale@bjmu.edu.cn
印　　刷：北京信彩瑞禾印刷厂
经　　销：新华书店
责任编辑：靳新强　　**责任校对：**靳新强　　**责任印制：**李　啸
开　　本：787 mm × 1092 mm　1/16　　**印张：**14.75　　**字数：**372 千字
版　　次：2024 年 3 月第 1 版　2024 年 3 月第 1 次印刷
书　　号：ISBN 978-7-5659-3081-2
定　　价：65.00 元

序

表面等离子共振（surface plasmon resonance，SPR）技术是一种免标记的高灵敏生物分子检测技术，可实时监测生物分子间的相互作用，应用于生物医药、环境化学、工业研究等领域中特异性分子的结合筛选和验证。

早在20世纪90年代我到美国加州大学伯克利分校Scripps学院做博士后研究时，就尝试使用SPR分析仪研究能够调控生长激素-生长激素受体的分子开关，并被这项技术深深地吸引，尽管当时的仪器只能检测大分子-大分子的相互作用。30年来，SPR技术发展很快，并凭借灵敏度高、样本免标记、操作简单、检测快速等优点，在众多生物检测技术中脱颖而出。2020年，SPR技术甚至纳入《中华人民共和国药典》，作为免标记的免疫化学方法，用于免疫原性、结合活性、分子间亲和力和复杂样本中特定蛋白质的浓度测定，涵盖了药物发现和生命科学等广泛领域。

王倩博士在攻读博士学位以及博士后研究期间，悉心深入研究SPR的原理及应用，在加入北京大学天然药物及仿生药物国家重点实验室后，继续完善和发展SPR的应用，并利用业余时间编写了这部书籍，涵盖了SPR技术的基本原理和分类、仪器构造、芯片种类以及SPR实验数据的解析和应用。此外，本书系统详尽地介绍了市场上常用的三款表面等离子共振仪，包括美国Cytiva公司的Biacore生物分子相互作用分析仪，加拿大Nicoya公司的OpenSPR相互作用分析仪以及苏州普芯生命科学技术有限公司的PlexArray HT表面等离激元成像微阵列分析仪，重点讲述了结合测试过程中的实验流程、问题解决方案以及相应的仪器日常维护，同时客观分析了不同仪器的优缺点以及应用范围。最后，本书从离子、小分子、核酸、蛋白质、糖类、多肽、抗原、抗体以及病毒间的相互作用出发，依次介绍了上述SPR分析仪在这些领域的具体应用案例，旨在为研究者们提供系统、详细的实验操作指南。

本书的作者在编写内容上遵照“必需、够用和实用”的原则，力求简明扼要、通俗易懂、突出重点、概念准确，便于读者理解和掌握。

授人以鱼不如授人以渔，一本好的实验操作指南至关重要。期望本书能够帮助读者在掌握SPR技术的基本原理及相关仪器的构造和操作方法以后，通过具体的实验案例进行实验方法指导和科研思路提升，培养更好的理解力、洞察力和创新思维能力，达到创新教育的目的，推动我国基础科研实现高质量发展。

北京大学药学院院长

天然药物及仿生药物国家重点实验室主任

2023 年 4 月 13 日

前言

表面等离子共振（SPR）分析技术已经成为研究分子间相互作用的首选技术之一，然而目前国内并没有系统性针对SPR分析技术介绍的书籍，严重限制了SPR分析技术在国内的应用与普及。针对这一情况，作者凭借自己多年的工作经验以及相关文献著此拙作，以期抛砖引玉。

本书的大多数章节可以作为有关SPR分析技术不同方面的独立文献来阅读，但本书的主要目的是向读者系统性地介绍有关SPR分析技术的基础知识以及在应用中的案例。本书的第二章着重介绍了SPR分析技术的原理与分类，以便深入了解SPR这一光学物理现象，深入理解SPR分析技术在判断特异结合的产生、动力学分析、亲和力分析以及定量分析等领域中的应用。

第三章主要介绍了SPR分析仪的构成、SPR芯片的种类以及不同种类的SPR芯片的使用方法和用途。通过这一章，读者可以系统地了解目前常用SPR分析仪与SPR芯片的特点，以便在实际应用中根据自己的需求选择合适的SPR分析仪与SPR芯片，并设计相应的实验方案。

第四章分别介绍了SPR分析技术在判断特异性结合的产生、动力学（kinetics）分析、亲和力（affinity）分析、热力学分析和定量分析五个应用领域中的实验方法与数据分析原理。通过这一章，读者可以系统性地了解如何通过SPR分析技术解析分子间的相互作用。

第五章以表征色氨酸转移酶（TrpRS）和吲哚霉素的相互作用为例，介绍了美国Cytiva公司的Biacore生物分子相互作用分析仪的仪器操作和数据处理。根据实验结果可以得出，可靠的实验体系的建立，应该充分考虑蛋白质的偶联方式、实验过程的运行缓冲溶液以及小分子的结合位点等因素对实验结果的影响。不应简单拿到一个实验结果即结束实验。

第六章介绍了加拿大Nicoya公司的OpenSPR生物分子相互作用分析仪的详细实验操作。不同于美国Cytiva公司的Biacore分析仪，OpenSPR分析仪的进样方式为注射器手动进样，进样的灵活性更高。

第七章介绍了苏州普芯生命科学技术有限公司的 PlexArray HT 表面等离激元成像微阵列分析仪的详细实验操作。PlexArray HT 表面等离激元成像微阵列分析仪的优势在于可以实现 1 ~ 5000 个样品点在一张芯片上的固定，更适合应用于对潜在药物靶标进行化合物库的高通量实验筛选。

第八章总结了 Biacore 生物分子相互作用分析仪、OpenSPR 生物分子相互作用分析仪以及 PlexArray HT 表面等离激元成像微阵列分析仪在蛋白质和离子、蛋白质和小分子、蛋白质和糖类、蛋白质和多肽、蛋白质和核酸、蛋白质和蛋白质、抗原和抗体以及蛋白质和病毒等相互作用领域的具体应用案例。

编 者

目录

第一章
表面等离子共振技术概述

一、分子间相互作用

在生物体的微观世界中，某一生物分子被某一特定的配体（ligand）分子识别、结合并形成复合体，这一复合体在完成生理信号（生理功能）后将迅速分解，这一连串的分子间反应被称为分子间相互作用。生命活动的基础就是分子间相互作用，例如，细胞外的分子与细胞表面不同受体的相互作用将不同的生理信号传递到细胞内。细胞内不同的蛋白质、蛋白质和小分子通过相互作用逐步将生理信号传递到细胞核中，最终通过转录因子与DNA、DNA与RNA之间的相互作用将信号释放出来。这些蛋白质与蛋白质、蛋白质与小分子、蛋白质与核酸、核酸与核酸等分子间的相互作用构成了生命活动的全过程。同理，目前绝大多数的药物通过与蛋白质等靶标分子的相互作用，产生对生物体有利的影响（药效），反之，与靶标分子以外的蛋白质等发生相互作用产生对生物体不利的影响（药物副作用）。因此，在生物化学、分子生物学、细胞生物学、药学、医学等多个领域中，研究分析分子间的相互作用具有重大的科学价值与意义。

如何发现和表征不同分子间的相互作用一直是现代生命科学、药学领域中的重要研究课题。截至目前，已经开发了很多技术方法，例如，检测蛋白质与蛋白质之间相互作用的酵母双杂交（yeast two-hybrid）[1]、免疫共沉淀（co-immunoprecipitation，Co-IP）[2]、荧光共振能量转移（fluorescence resonance energy transfer，FRET）[3]、双光子荧光互补（biomolecular fluorescence complementation，BiFC）[4]以及质谱分析等方法；检测蛋白质与核酸之间相互作用的酵母单杂交（yeast one-hybrid assay）[5]、电泳迁移率变动分析（electrophoretic mobility shift assay，EMSA；又称凝胶阻滞）[6]、染色质免疫沉淀（chromatin immunoprecipitation，ChIP）[7]等方法；此外还有基于同位素、生物素等标记的检测小分子、糖类、脂类等分子间相互作用的技术方法等。但这些技术方法存在以下几点不足：①上述方法都需要对生物分子进行化学标记，化学标记一方面有可能会影响生物分子的活性，从而导致假阳/阴性的结果，另一方面化学标记的不均一性也会造成检测结果与真实结果之间的标准误差较大等。②上述技术均为分子间相互作用中某一时间点或终点的检测技术，无法实时动态地展示分子间相互作用的全过程，无法得到分子间相互作用的动力学及热力学数据。③上述技术方法仅可实现定性或半定量检测分析，无法检测分子间亲和力的大小和相互作用中分子的浓度。④上述实验方法操作复杂、耗时长、成本高并且检测通量低。

随着技术的发展与科学研究的深入，利用表面等离子共振（surface plasmon resonance，SPR）原理开发的直接光学生物传感器SPR分析技术已经成为研究分子间相互作用的首选技术之一[8]。区别于上述Co-IP、FRET、BiFC等技术方法，SPR分析技术在解析分子间相互作用的过程中导入了“时间”这一观察维度。因此，SPR分析技术不仅可以检测分子间相互作用到达平衡点时的静态，还可以通过传感图（sensorgram）的形式完整地检测并记录分子间相互作用到达平衡点时的结合（association）或解离（dissociation）全过程。例如，在使用SPR分析技术进行亲和力等分析时，如图1-1所示，即使多组分子间的相互作用具有相同的解离平衡常数K_D（dissociation equilibrium constant，单位：mol/L）值，它们仍可能具有不同的结合过程（结合速率常数，k_a；解离速率常数，k_d），SPR分析技术的检测结果将为研究者提供更多的关于分子间相互作用的动态信息。

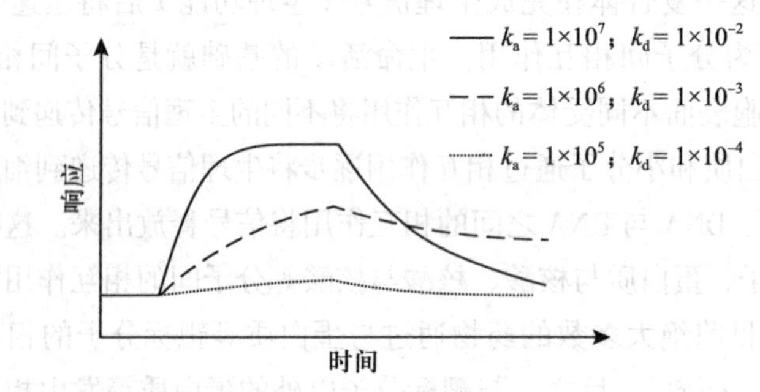

图1-1　多组分子间的相互作用具有相同的解离平衡常数K_D（$K_D=k_d/k_a=1\times10^{-9}$ mol/L）值，但分子间相互作用的动态特征完全不同

二、SPR分析技术的历史与发展

1902年，约翰斯·霍普金斯大学的R.W. Wood采用连续光谱的偏振光照射金属光栅时，在反射光谱上观测到一种反常的衍射现象，光栅的光谱强度在一定波长处会发生尖锐或突然的变化，即“伍德异常衍射现象（Wood's anomalies）”[9]。之后A. Hessel等[10]在研究中发现，在光栅的反射光谱中，伍德异常的峰位等于周期乘以介质折射率，这一发现被认为是SPR现象最早的报道。并且，R.W. Wood利用这一现象尝试检测了甘油溶液的浓度。

1968年，Otto等[11]利用棱镜与金薄膜相分离设计了Otto光学配置，1971年，Kretschmann等[12]将棱镜与金薄膜相结合设计了Kretschmann光学配置，这两种光学配置奠定了现代SPR分析技术的基础。最终，在1990年，瑞典Phamacia Biosensor AB公司（后被美国GE公司收购）推出世界上第一台商业化SPR分析仪（商品名Biacore），自此，SPR装置被广泛用于新药开发、药效机制分析、病毒探测等，已经逐渐成为分子生物学研究的重要工具。

伴随着SPR分析技术的发展，越来越多的研究者对SPR分析技术产生兴趣，衍生了SPR成像分析技术、局部表面等离子共振分析技术（LSPR）、基于光纤的SPR传感技术等新型分析技术。凭借着其突出的准确性、稳定性和高重复性，SPR分析技术在2016年被正式收录到美国和日本药典，2020年被收录进《中华人民共和国药典》。

三、SPR分析技术的检测原理

SPR分析技术是利用SPR这一光学物理现象，在SPR芯片上再现分子间相互作用，在不使用任何标记的同时，实时检测分子间的结合强度、速度以及特异性等，从而检测分析分子间的相互作用。通常情况下，在使用SPR检测分析两个分子间的相互作用时，首先要将其中的一个分子固定在SPR芯片表面上，另一个分子作为移动相通过流路送至SPR芯片表面，与固定的分子发生反应，其中固定化的分子被称为配体（ligand），作为移动相送至SPR芯片表面的分子被称为分析物（analyte）。

目前，大多数的SPR分析仪是通过以下步骤完成分子间相互作用的检测分析。

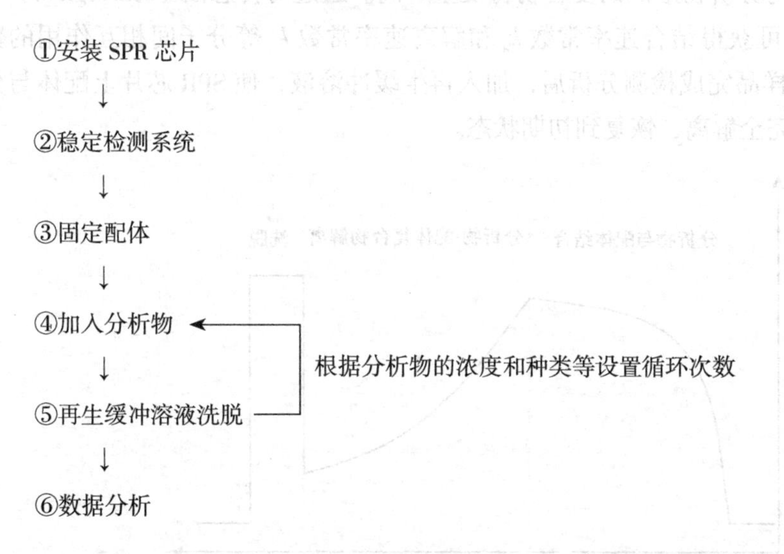
①安装SPR芯片
②稳定检测系统
③固定配体
④加入分析物
⑤再生缓冲溶液洗脱
⑥数据分析
根据分析物的浓度和种类等设置循环次数

SPR分析仪是利用SPR芯片表面特定角度的入射光和表面等离子体在金属/液体界面引起的共振现象来实现分子间相互作用的检测分析。在SPR芯片表面上，伴随着分子间的结合和解离，将产生微小的介质折射率的变化。介质折射率的变化将改变引起表面等离子体在金属/液体界面发生共振的入射光的特定角度的改变。因此，通过检测入射光特定角度的改变可以实现对分子间相互作用的检测分析。如图1-2所示，在SPR芯片表面上发生两分子间的结合反应会引发介质折射率的变化，从而引起表面等离子体在金属/液体界面发生共振的入射光的特定角度将由Ⅰ向Ⅱ移动。相反，如果两分子解离后，入射光的特定角度将由Ⅱ向Ⅰ移动。

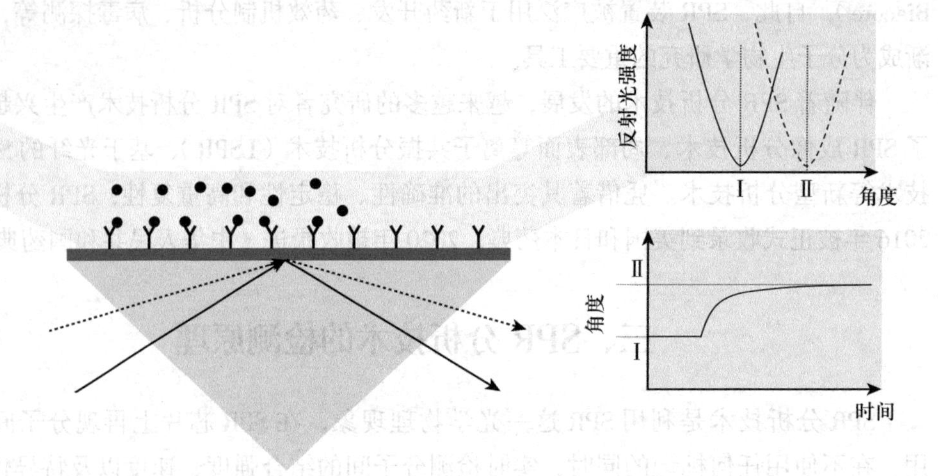

图 1-2　SPR 分析技术的检测原理示意图

在 SPR 分析技术中，如果时间为横坐标，通过检测特定角度伴随时间的变化即可得到 SPR 的传感图（sensorgram）。如图 1-3 所示，分析物通过流路到达 SPR 芯片后，与 SPR 芯片上的配体相结合；随后通过流路向 SPR 芯片添加不含分析物的溶液时，SPR 芯片上的配体与分析物形成的复合物将发生解离。通过对传感图（sensorgram）中的数据进行分析即可获得结合速率常数 k_a 和解离速率常数 k_d 等分子间相互作用的数值。当一种分析物样品完成检测分析后，加入再生缓冲溶液，使 SPR 芯片上配体与分析物形成的复合体完全解离，恢复到初期状态。

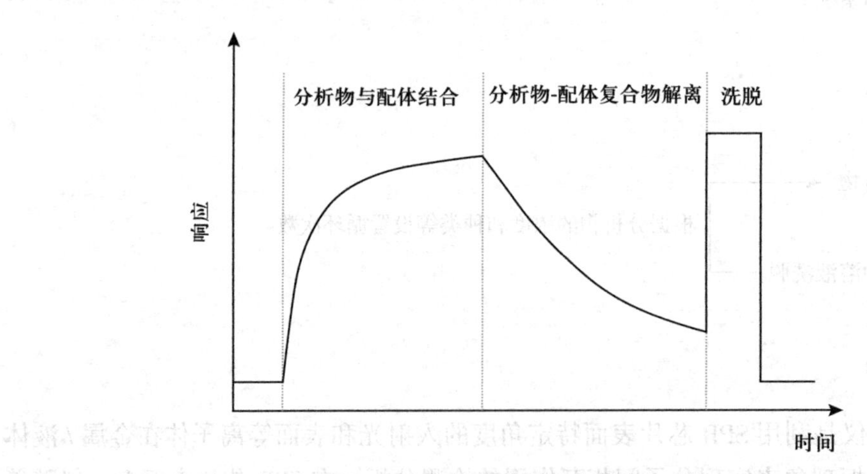

图 1-3　SPR 检测分析中获得的传感图

四、SPR 分析技术的应用

目前，SPR 分析技术主要应用于以下五个领域，①判断特异性结合的产生；②动力学（kinetics）分析；③亲和力（affinity）分析；④热力学（thermodynamics）分析；⑤定量分析。

1. 判断特异性结合的产生

当添加分析物时，可以通过 SPR 的反馈信号来判断分析物与 SPR 芯片上固定的配体是否产生特异性结合。

应用案例：

a. 筛选未知的可生成特异性结合的化合物；

b. 筛选特异性的抑制剂、激活剂或者结合分子；

c. 蛋白质纯化中细分产物的活性测试；

d. 交叉反应测试；

e. 抗体的表位定位（epitope mapping）等。

2. 动力学分析

可以通过 SPR 的反馈信号计算出结合速率常数 k_a 与解离速率常数 k_d，从而了解结合反应的反应速度。

应用案例：

a. 结合位点的分析；

b. 单克隆抗体的筛选；

c. 分析药物与靶蛋白之间的相互作用等。

3. 亲和力分析

当两分子反应到达平衡时，可以通过 SPR 反馈信号计算结合解离平衡常数 K_D（dissociation equilibrium constant）。

应用案例：

a. 评估单克隆抗体；

b. 分析糖链与凝集素（lectin）之间的相互作用；

c. 小分子药物与靶标蛋白的结合等。

4. 热力学分析

动力学数据表征了两个分子间相互作用的结合特性的速度，亲和力数据表征了两个分子间相互作用的结合特性的强度，而热力学分析则是用来解释说明两个分子间相互作用的结合特性的原因。

应用案例：

两个分子间相互作用的热力学参数（焓变 ΔH、熵变 ΔS 和吉布斯自由能变化 ΔG）的检测分析。

5. 定量分析

SPR 技术可以通过直接分析法、竞争分析法、抑制分析法与双抗夹心分析法等手段实现对样本中目标分析物的定量分析。

应用案例：

a. 血清中抗体 / 抗原的浓度检测；

b. 检测蛋白质等的纯化结果；

c. 体外诊断；

d. 食品安全分析；

e. 环境监测等。

参考文献

[1] Osman A. Yeast two-hybrid assay for studying protein-protein interactions. *Methods Mol Biol*, 2004, 270: 403-422.

[2] Lin JS, Lai EM. Protein-protein interactions: co-immunoprecipitation. *Methods Mol Biol*, 2017, 1615: 211-219.

[3] Zadran S, Standley S, Wong K, et al. Fluorescence resonance energy transfer(FRET)-based biosensors: Visualizing cellular dynamics and bioenergetics. *Appl Microbiol Biotechnol*, 2012, 96(4): 895-902.

[4] Zhang XE, Cui Z, Wang D. Sensing of biomolecular interactions using fluorescence complementing systems in living cells. *Biosens Bioelectron*, 2016, 76: 243-250.

[5] Ji X, Wang L, Zang D, et al. Transcription factor-centered yeast one-hybrid assay. *Methods Mol Biol*, 2018, 1794: 183-194.

[6] Hellman LM, Fried MG. Electrophoretic mobility shift assay(EMSA) for detecting protein-nucleic acid interactions. *Nat Protoc*, 2007, 2(8): 1849-1861.

[7] DeCaprio J, Kohl TO. Chromatin immunoprecipitation. *Cold Spring Harb Protoc*, 2020, 2020(8): 098665.

[8] Olaru A, Bala C, Jaffrezic-Renault N, et al. Surface plasmon resonance(SPR)biosensors in pharmaceutical analysis. *Crit Rev Anal Chem*, 2015, 45(2): 97-105.

[9] Wood RW. On a remarkable case of uneven distribution of light in a diffraction grating spectrum. *Proc Phys Soc*, 1902, 18(1): 269.

[10] Hessel A, Oliner AA. A new theory of Wood's anomalies on optical gratings. *Appl Optics*, 1965, 4: 1275-1297.

[11] Otto PA, Bożoti MM. Digital dermatoglyphics and blood-groups. *Lancet*, 1968, 2(7580): 1250-1251.

[12] Kretschmann E. Die bestimmung optischer konstanten von metallen durch anregung von oberflächenplasmaschwingungen. *Z Phys A: Hadrons Nucl*, 1971, 241(4): 313–324.

第二章 SPR的原理与分类

一、SPR的原理

表面等离子共振（surface plasmon resonance）是一种光学物理现象。简单地说，其原理如图2-1所示。

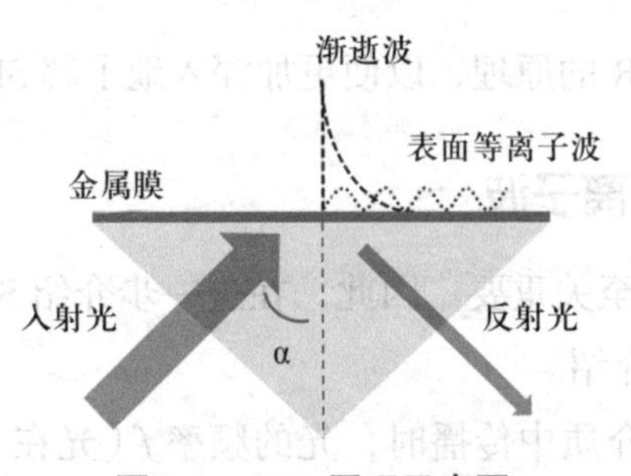

图2-1 SPR原理示意图

光在不同介质中的传播速度是不一样的，两种介质相比，光传播速度大的介质称为光疏介质，光传播速度小的介质称为光密介质。光疏介质与光密介质相比，它的光速大，但绝对折射率小，即光密介质的折射率大于光疏介质的折射率。如图2-1所示，当光由光密介质进入光疏介质时，当光的入射角大于某特定值（临界角）时，入射光将不发生折射，全部光线均反射回光密介质，此现象称为全内反射（total internal reflection）。当以波动光学的角度来研究全内反射时，当入射光到达界面时并不直接产生反射光，而是先透过光疏介质约一个波长的深度，再沿界面流动约半个波长再返回光密介质，而光的总能量没有发生改变，则透过光疏介质的波被称为渐逝波（evanescent wave）[1]。在不同参考文献中，渐逝波也被译为倏逝波、消逝波、消散波、损耗波、隐矢波等。

等离子体是物质的第四态，是由被剥夺部分电子后的原子及原子团被电离后产生的正负离子组成的离子化气体状物质。这些离子中正负电荷总量相等，因此它是近似电中性的，所以被称为等离子体。金属中存在着大量的价电子，价电子在原子核和核外的其他电子产生的电场中运动。如果把金属的价电子看成是均匀正电荷背景中运动的电子气体，这实际上也是一种等离子状态。当金属受到电磁干扰时，会形成表面等离子波（surface plasmon wave），金属中电子密度分布也会变得不均匀。

当一个棱镜表面具有薄金属层时，在全内反射条件下，当一束 P 偏振光（电磁波）在一定的角度范围内入射到棱镜表面时，如前文所述，棱镜相对于空气为光密介质，所以入射到棱镜表面的 P 偏振光将形成一个渐逝波。同时，又将引发棱镜表面薄金属层中的自由电子产生表面等离子波。当渐逝波的频率与表面等离子波的频率相同时，即会发生 SPR 这一光学物理现象。

当 SPR 发生时，能量从光子转移到表面等离子，入射光的大部分能量被金属表面等离子波吸收，使得反射光的能量急剧减少，最终检测到的反射光强度会大幅度地减弱。当入射光的波长固定时，反射光强度是入射角的函数，其中反射光强度最低时所对应的入射角为共振角（resonance angle）。SPR 对附着在金属薄膜表面的介质折射率非常敏感，当表面介质的属性改变或者附着量改变时，共振角将发生变化。正因此，SPR 可以应用于判断特异性结合的产生、动力学分析、亲和力分析以及定量分析等领域。

本章将详细地阐明 SPR 的原理，以便更加深入地了解 SPR 这一光学物理现象。

1. 渐逝波与表面等离子波

渐逝波在 SPR 原理中至关重要。因此，在进一步介绍 SPR 的原理之前，我们需要对渐逝波进行更加详细的介绍。

当光在折射率为 n 的介质中传播时，光的频率 f（光在 1 s 内振动的次数）与波矢量 k 的关系可由式 2.1 表示：

$$k=\sqrt{k_x^2+k_y^2+k_z^2}=\frac{2\pi f}{\lambda}=n\frac{2\pi}{\lambda}=n\frac{\omega}{c} \tag{2.1}$$

式中，λ 为光的波长，c 为光在真空中的传播速度，ω 为角频率（angular frequency）。

在不失一般性的前提下，我们可以选择光的方向，使 $k_z=0$。如图 2-2 所示，当 $k_z=0$ 的光由折射率为 n_1 的介质入射进入折射率为 n_2 的介质时，根据斯内尔定律（Snell's law），则：

$$n_1\sin\alpha=n_2\sin\beta \tag{2.2}$$

$$k_1n_1\sin\alpha=k_{x1}=k_{x2}=k_x \tag{2.3}$$

根据式 2.1、2.2 和 2.3，则可以得到垂直于界面（即 P 偏振光激发）的波矢量 k_y 分量的表达式：

$$k_{y2}^2=n_1^2\left(\frac{2\pi}{\lambda}\right)^2\left(\frac{n_2^2}{n_1^2}-\sin^2\alpha\right)=n_1^2\omega^2\left(\frac{n_2^2}{n_1^2}-\sin^2\alpha\right) \tag{2.4}$$

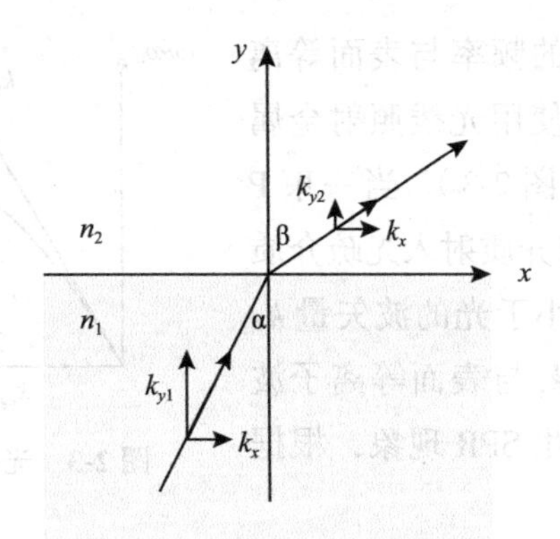

图 2-2　入射角为 α，$k_z=0$ 的光在折射率为 n_1 和 n_2 的两种介质之间的折射情况示意图

当 $n_1 > n_2$ 时，即光由光密介质（例如：棱镜）进入光疏介质（例如水、空气）。根据式 2.4，当入射光的入射角大于临界角时，即 $\sin\alpha > n_2/n_1$ 时，入射光将发生全内反射，则 k_{y2} 为虚数。所以，当入射光的入射角大于临界角时，在介质 1 和介质 2 的临界面只有一个行进波（traveling wave）。像这种无法向外部传递光的表面波被称为渐逝波[1]。

另外，金属中存在着大量的价电子，价电子在原子核和核外的其他电子产生的电场中运动。如果把金属的价电子看成是在均匀正电荷背景中运动的电子气体，则金属也可以被认为是一种固体的等离子状态。虽然金属中电子间的库仑力使电子无法集中，但当电子一旦集中，这种电子集体会像波一样在金属中传递，这种波被称为等离子波。表面等离子波特指在金属表面传播的等离子波，表面等离子波的传播速度与金属表面接触的介质（例如空气、水等）相关。即：

$$k_x = \frac{\omega}{c}\sqrt{\frac{\varepsilon_m \varepsilon_2}{\varepsilon_m + \varepsilon_2}} \tag{2.5}$$

$$k_{ym} = \frac{\omega}{c}\sqrt{\frac{\varepsilon_m^2}{\varepsilon_m + \varepsilon_2}} \tag{2.6}$$

$$k_{ys} = \frac{\omega}{c}\sqrt{\frac{\varepsilon_s^2}{\varepsilon_m + \varepsilon_2}} \tag{2.7}$$

式 2.5～2.7 是两个介质之间界面的表面等离子波的分散方程。其中，ε_m 与 ε_2 分别是金属与金属接触的介质的介电常数。

2. 表面等离子共振发生条件

表面等离子波是金属表面电子集体振动，而电子集体振动诱发电场的形成。这种电子集体振动形成的电场会诱发交流电场的形成，当振动的频率达到一定程度时，交流电场将成为电磁波（光）。换言之，如果想要诱发金属的表面等离子波，只需向金属表面射入电磁波（光）即可。并且，当射入金属表面的电磁波（光）的频率与表面等离子波的频率相等时即可引发 SPR。

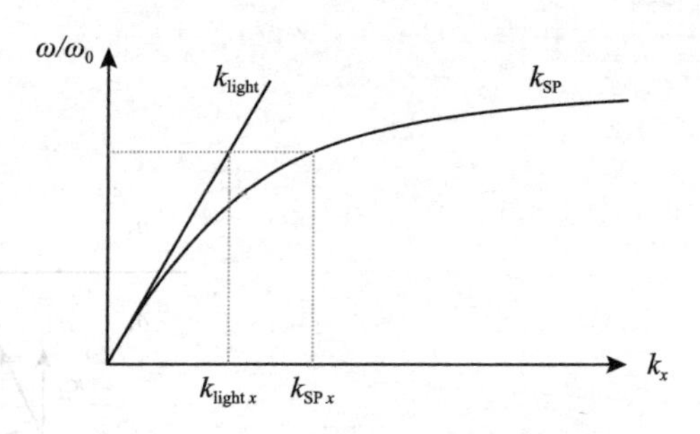

图 2-3　光与表面等离子波的分散曲线

但在实际中，由于光的频率与表面等离子波的频率不一致，直接使用光线照射金属表面是无法引发 SPR 的（图 2-3）。当一束 P 偏振光如图 2-2 所示由光密介质射入光疏介质时，其 x 方向的波矢量 k_x 小于光的波矢量 k。当入射光 x 方向的波矢量 k_x 与表面等离子波的波矢量 k_x 相等时，则发生 SPR 现象，根据式 2.3 与式 2.5，即：

$$k_1 n_1 \sin\alpha = \frac{\omega}{c}\sqrt{\frac{\varepsilon_{\text{m}}\varepsilon_2}{\varepsilon_{\text{m}}+\varepsilon_2}} \tag{2.8}$$

由式 2.8 可知，当与金属接触的介质的介电常数 ε_2 发生变化时，在 SPR 的条件下，P 偏振光的入射角度也将发生变化。并且，根据 Maxwell 电磁波理论：

$$n_2 = \sqrt{\varepsilon_2 \mu_2} \tag{2.9}$$

式中，μ_2 为介质的导磁率。所以，也可以解释为什么当与金属接触的介质的折射率发生变化时，引发 SPR 的 P 偏振光的入射角度也将发生变化。补充说明一点，当入射光为 S 偏振光时，因为 S 偏振光无垂直于界面分量的场，而只有具有垂直于界面分量的场才能引发表面等离子波，所以 S 偏振光将全部被反射且不能引发表面等离子波。

3. SPR 的光学配置

如图 2-2 所示，当 P 偏振光由光密介质射入光疏介质时，光疏介质（即介质 2）的渐逝场可以表示为：

$$E_2 = E_0 \mathrm{e}^{-k_{y2}y} \exp(j\omega t - jk_x x) \tag{2.10}$$

其中，E_0 为电场的振幅，$j=\sqrt{-1}$。当指数为复数时，式 2.10 表示为行进波。在此，电场的振幅沿 y 方向以 $1/k_{y2}=1/jk_{y2}$ 为特征距离，呈指数衰减。当施加单个波长长度时，渐逝场可以视为介质 2 中固定的折射率敏感体积，并且场强从表面开始衰减。根据式 2.10 可计算施加单个波长长度时的穿透深度，大约为半个波长。也就是说从光密介质到光疏介质的全内反射将在入射光的特定波长范围内产生渐逝场。因此，只有界面附近介电特性的变化（例如折射率的变化）才会影响该渐逝场。换言之，渐逝波产生一个固定体积的渐逝场，其渐逝场在靠近界面的地方，该体积中的平均折射率决定了反射条件。所以，SPR 的结果仅反映界面上的变化，界面以外的变化不影响 SPR 的结果。

基于上述原理，引发 SPR 的配置有 Otto 配置（Otto configuration）与 Kretschmann 配置（Kretschmann configuration）两种[2]。

在 Otto 配置中，如图 2-4A 所示，棱镜与金属分开，棱镜表面的全内反射在金属表面产生渐逝场，渐逝场与金属表面的表面等离子体共振，即引发 SPR。如前文所述，渐逝场的场强随着表面距离的增加呈指数性减小。因此，在 Otto 配置中棱镜与金属之间的距离通常在 0.1 μm 以内。

在 Kretschmann 配置中，如图 2-4B 所示，在棱镜的表面上有数十纳米厚的金属层，棱镜中的全内反射光诱发的渐逝场穿透金属层，并与金属表面的表面等离子体共振引发 SPR。在 Kretschmann 配置中，如图 2-4C 所示，可以通过改变光的入射角 α 获得适当的 k_x。Kretschmann 配置是目前 SPR 仪器中最常使用的光学配置。

在 Kretschmann 配置中，假设棱镜的介电常数为 ε_1，金属层的介电常数为 ε_m，与金属层接触的介质 2（例如水等折射率小于棱镜的介质）的介电常数为 ε_2。当向水中加入分子 S（介电常数为 ε_s）时，假设分子 S 接近或吸附在介质 2/ 金属界面上，此过程可以认为是介质分子被分子 S 所替换的过程。通常，由于 $\varepsilon_s \neq \varepsilon_2$，靠近界面的介质 2 中的平均介电常数会发生变化。因此，根据式 2.8 所示，可以通过检测角 α 的值的变化观察分析介质分子被分子 S 所替换的过程。此外，式 2.10 描述了渐逝场在垂直于界面的方向上是渐逝的，因此只有分子 S 进入到介质 2 中固定的折射率敏感体积内（穿透深度内）时，才可以检测到介电常数的变化。通常，SPR 只对距离金属表面大约是所用光波长 1/e 倍距离所发生的分子（结合、吸附等）过程敏感。

在 SPR 的光学配置中，还有一种称为“Wood 配置（Wood configuration）”的独特配置。Wood 配置是 R.W. Wood 在 1902 年最初发现表面等离子时使用的光学配置[3]。如图 2-4D 所示，在 Wood 配置中没有使用棱镜的全内反射配置，而是使用了光栅（gratings）产生的衍射光（diffracted light）中的非放射成分引发 SPR。光栅通常用于分光并展开光谱，而 Wood 配置在将光入射到金属衍射光栅上时，反射光谱图案上会产生暗线。

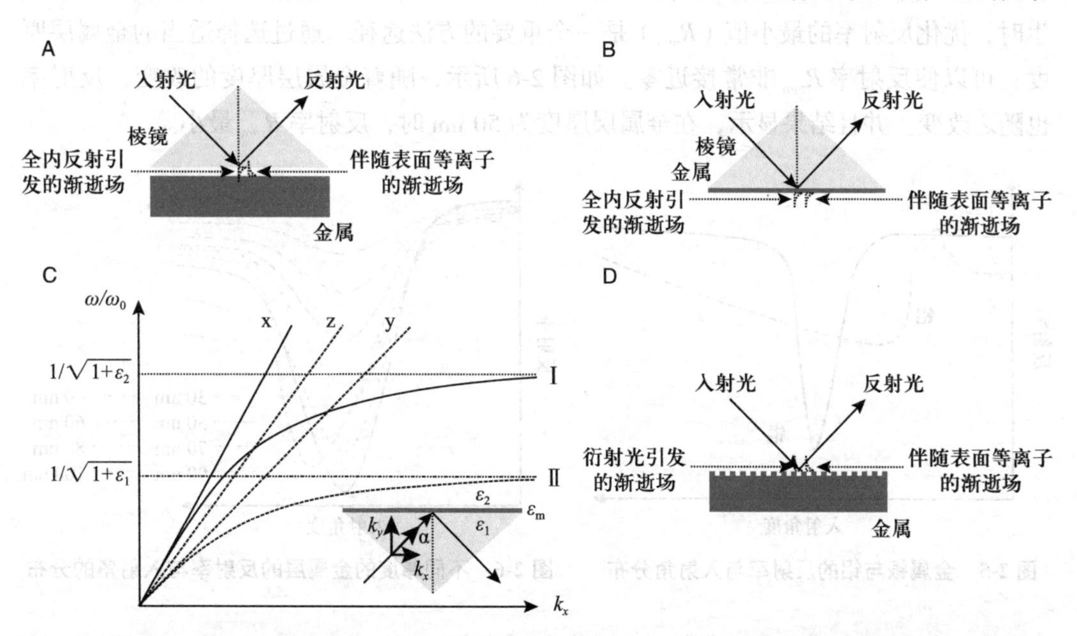

图 2-4　A. SPR 中的 Otto 配置。B. SPR 中的 Kretschmann 配置。C. Kretschmann 配置中表面等离子波的分散关系。曲线 Ⅰ 与曲线 Ⅱ 分别表示界面 $\varepsilon_2/\varepsilon_m$ 和 $\varepsilon_1/\varepsilon_m$ 的表面等离子波的分散曲线。直线 x 与 y 分别是光在介质 ε_2 和介质 ε_1 中的分散关系，通过改变光的入射角 α，可以实现直线 x 和 y 之间的任何直线 z。D. SPR 中的 Wood 配置

R.W. Wood 将这种现象命名为"Wood's anomalies"（伍德异常衍射现象）。Wood's anomalies 便是由于入射光的能量转移到金属表面等离子体中所致，即发生了 SPR 现象。R.W. Wood 随后利用这一现象将光栅浸入不同浓度的甘油溶液，提出根据甘油溶液的浓度与 Wood's anomaly 中波长的变化来开展针对甘油溶液浓度（折射率）的分析。

4. SPR 的特性

在前文中所述，金属是引发 SPR 这一光学现象所必需的条件。通常，金属的介电常数 ε_m 是复数，因此金属的传播常数 k_x 也是复数，表示为 $k_x = k'_x + jk''_x$（参考式 2.5），其中 k'_x 与 k''_x 分别表示实部和虚部。这就意味着波矢量 k_x 的场强以特征距离 $1/2k''_x$ 衰减。正是因为金属具有这一特性，致使在反射率与入射角的图中部分金属的共振角无法形成一个十分尖锐的角。金属银与金属铝的反射率与入射角的分布如图 2-5 所示，相对于铝，银具有明显突出的共振角。而造成这一差距的原因是银、铝这两种金属的介电常数 ε_m 的实部和虚部的相对大小不同。实验结果表明，在可见 - 近红外的波长范围内金属银、金、铜、铝、钠和铟具有良好的 SPR 特性。但在这些金属中，铟太贵，钠太活泼，铜和铝的 SPR 响应过于宽泛。因此，金属金与银是为数不多的可选择金属。如果仅从 SPR 特性上考虑，银是最好的选择。但是，考虑到 SPR 的应用性，相对于银，金具有更好的化学反应性。因此，目前金在 SPR 中占据主导地位[4]。

在前文中所述，Kretschmann 配置是目前 SPR 仪器中最常使用的光学配置，并且在 Kretschmann 配置中通常需要数十纳米厚的金属层。为了获得最大的灵敏度，在 SPR 发生时，优化反射率的最小值（R_{min}）是一个重要的方法途径。通过选择适当的金属层厚度，可以使反射率 R_{min} 非常接近零。如图 2-6 所示，随着金属层厚度的改变，反射率也随之改变。并且结果显示，在金属层厚度为 50 nm 时，反射率 R_{min} 最小。

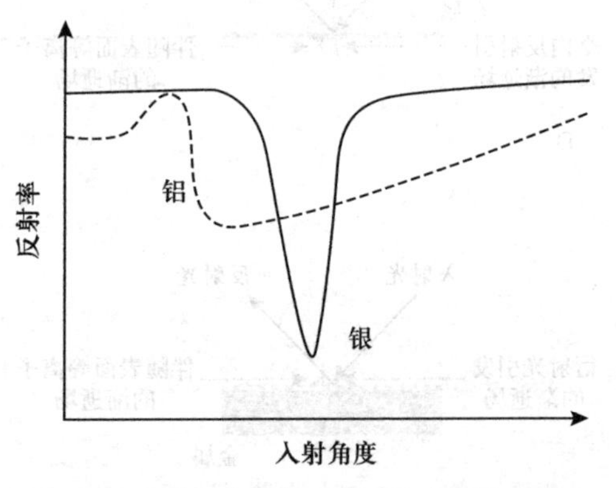

图 2-5　金属银与铝的反射率与入射角分布

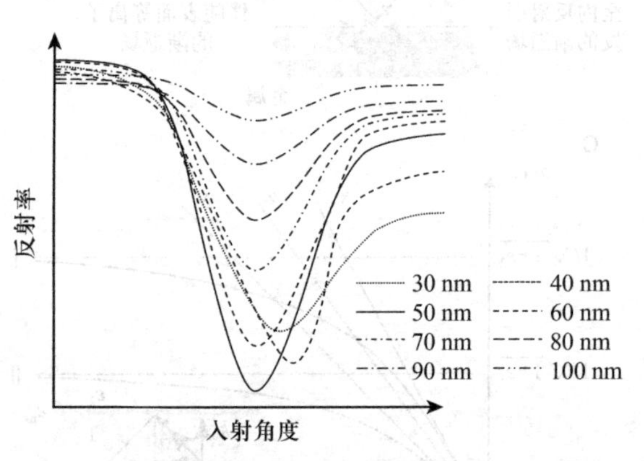

图 2-6　不同厚度的金属层的反射率与入射角的分布

另外，在 SPR 发生时，提高反射率与入射角函数的斜率，即使共振曲线宽度最小化也是提高 SPR 灵敏度的一个重要途径。如前文所述，共振曲线的宽度主要取决于金属介电常数的复数值。通常，较大的（负）实部和较小的虚部会导致共振曲线变窄。

但在实际中，只有金属金与银可以应用于SPR。而进一步考虑金与银的化学特性，似乎金是唯一的选择。但是，如图2-7所示，SPR的激发波长对共振曲线的宽度具有明显的影响，并且随着激发波长的增加，共振曲线的宽度会减小。那么此时将面临一个问题，根据式2.4与式2.10所示，波长的增加会导致穿透深度（$1/k_y$）的增加。其结果是SPR将对相对远离金属界面的介电变化更加敏感，而对SPR的表面敏感特性变得不那么突出。所以，在SPR激发光的选择上不可只考虑增加激发波长，减小共振曲线的宽度。

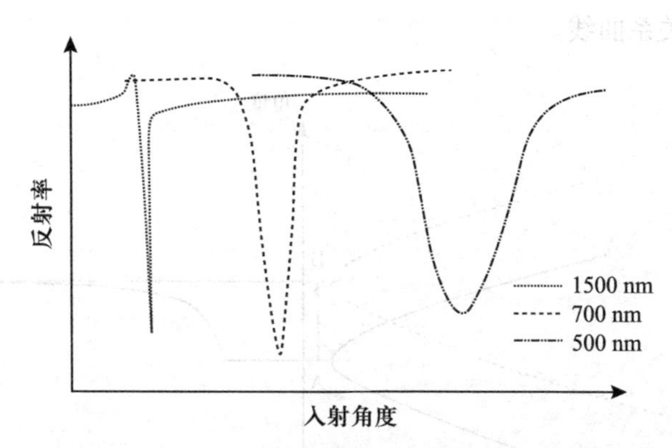

图2-7　不同波长的激发光的反射率与入射角的分布

在前文中提及，只有具有垂直于界面分量的场才能引发表面等离子波，在P偏振光与S偏振光中，P偏振光垂直于界面从而引发SPR，而S偏振光没有垂直于界面的分量，所以S偏振光将全部被反射而不能引发表面等离子波。因此，绝大多数的SPR仪器使用这一特点，通过调节P偏振光与S偏振光的比值来减少各种噪声的影响，从而得到一个可靠的数值。

考虑与金属表面接触的介质（例如水等）的折射率会受温度的影响而变化。因此，在SPR相关的研究中应充分考虑温度这一因素。

二、SPR的分类

当SPR发生时，一定角度的入射光的反射光的强度将减小。发生反射光强度最小的角度称为共振角或SPR-dip。在使用SPR仪器进行检测分析时，当与金属层接触的介质的介电常数ε_2发生变化时，SPR-dip也将随之变化。同样，伴随着SPR-dip的变化，在某一固定角度的反射光强度也将会因为SPR-dip的变化而增大或减小[5]。所以，在基于Kretschmann配置的SPR仪器中可以获得SPR-dip与时间的关系曲线和（或）某一特定角度的反射光强度与时间的关系曲线。当把时间维度换为不同种类的分析物或不同浓度的分析物时，将可以把不同种类的分析物或不同浓度的分析物与SPR-dip或某一固定角度的反射光强度对应起来。

本章节中主要介绍上述基于SPR-dip变化或某一特定角度的反射光强度变化的SPR

仪器原理。同时，也简略地介绍基于 Wood 配置的 SPR 仪器原理以及其他衍生的 SPR 仪器原理。

1. 基于检测 SPR-dip 变化的 SPR 仪器

目前市面上大部分的 SPR 仪器是基于检测 SPR-dip 的变化。如图 2-8 所示，当与金属层接触的介质的介电常数 ε_2 发生变化时 SPR-dip 也将随之变化，当图 2-8 中左侧的 SPR-dip 从 A 移至 B 时，就可表示成右侧的 SPR-dip 随时间变化的角度偏移，即 SPR-dip 与时间的关系曲线。

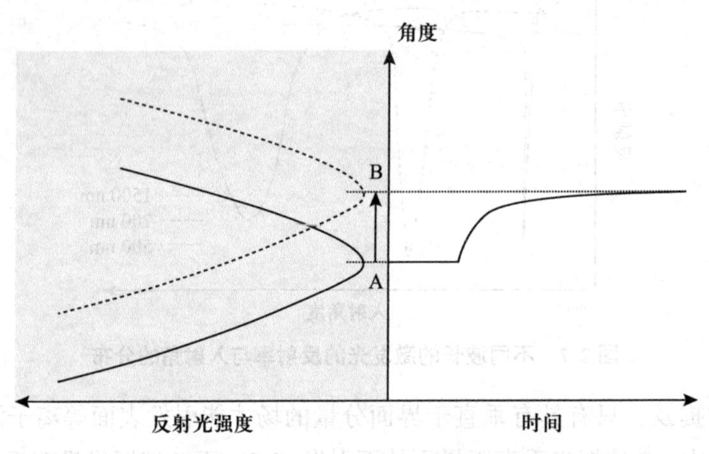

图 2-8　SPR-dip 与时间的关系曲线示意图

在基于检测 SPR-dip 变化的 SPR 仪器中，如图 2-9 所示，激发光通常使用扇形光束（fan-shaped beam）以便同时入射具有多个不同入射角的激发光。不同入射角的激发光通过透镜聚焦到棱镜上的 SPR 芯片，全内反射后的反射光通过透镜到达阵列光电传感器（例如线列 CCD）后检测并得到结果，随后通过计算机计算并获得 SPR-dip。

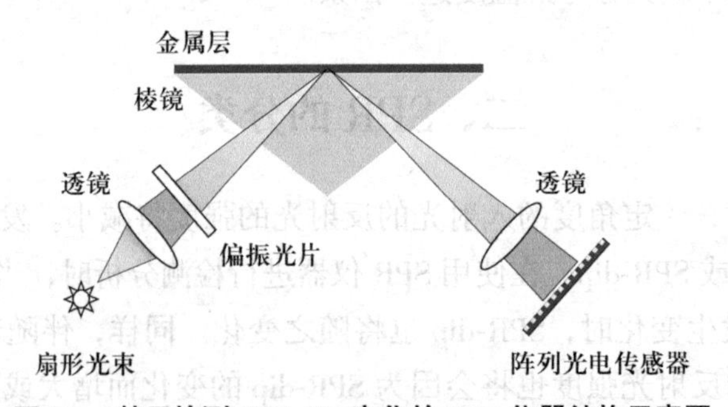

图 2-9　基于检测 SPR-dip 变化的 SPR 仪器结构示意图

SPR-dip 的偏移与金属层接触的介质的介电常数 ε_2 变化相关，在 SPR 应用于生物传感器时，可以采用有效介电常数 ε_{eff} 来代替与金属层接触的介质的介电常数 ε_2。ε_{eff} 可表示为

$$\varepsilon_{\text{eff}} = \frac{2}{y_0}\int_0^{\infty} \varepsilon(y) e^{-\frac{2y}{y_0}} \mathrm{d}y \tag{2.11}$$

其中，y_0 为渐逝场的穿透深度。因此，SPR-dip 的偏移与有效介电常数 ε_{eff} 之间的线性关系可表示为：

$$dSPR\text{-}dip \propto \sqrt{\frac{d\varepsilon_{eff}}{\varepsilon_1+\varepsilon_m+d\varepsilon_{eff}}} \tag{2.12}$$

目前，在基于检测 SPR-dip 变化的仪器中，通常使用 RU（response unit）来表示 SPR-dip 偏移的单位，即 SPR-dip 偏移 0.1° 时被定义为 1000 RU。

2. 基于检测反射光强度变化的 SPR 仪器与 SPR 成像（SPRi）

如图 2-10 所示，伴随着 SPR-dip 的变化，在某一固定角度的反射光强度也将会因为 SPR-dip 的变化而增大或减小。在基于检测反射光强度变化的 SPR 仪器中，通常使用反射率（reflectivity）来替代反射光强度的变化。并且，为了获得最大的线性范围和灵敏度，检测的角度通常使用 SPR 曲线的变曲点所对应的角度[6]。

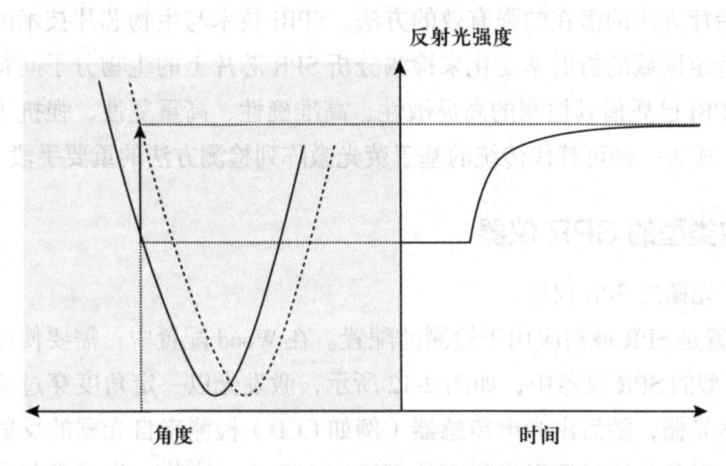

图 2-10　反射率与时间的关系曲线示意图

在基于检测反射光强度变化的 SPR 仪器中，如图 2-11 所示，激发光通常使用准直光束（collimated beam）以确定入射的激发光具有相同的入射角。准直光束到达棱镜上的 SPR 芯片后，发生全内反射，反射光通过透镜到达传感器（例如 CCD）后检测并得

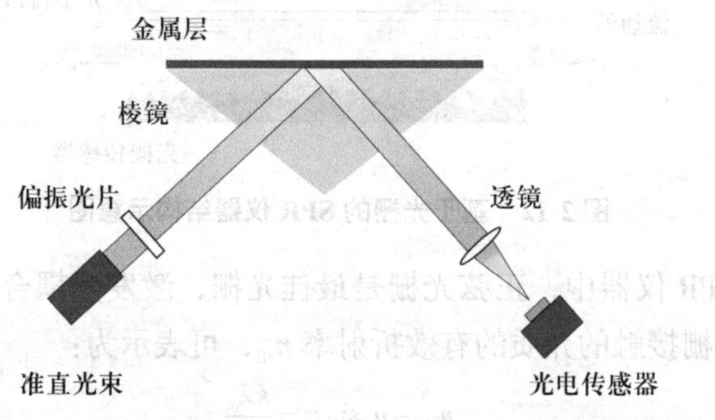

图 2-11　基于检测反射光强度变化的 SPR 仪器结构示意图

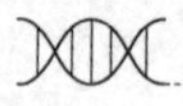

到结果。在基于检测反射光强度变化的SPR仪器中，在入射光侧和反射光侧通常安装步进电机角度定位器或步进电机角度定位反光镜等以便使检测的角度可以定位于SPR曲线的变曲点所对应的角度。

绝大多数基于检测反射光强度变化的SPR仪器是SPR imaging（SPRi）仪器。SPRi是SPR仪器极为重要的应用之一，可以简单地将SPRi理解为SPR技术与成像技术融合而生的检测方法。

微阵列生物芯片根据生物分子间特异性相互作用的原理，将生化分析过程集成于芯片表面，从而实现对DNA、RNA、多肽、蛋白质以及其他生物成分的高通量快速检测分析，是多重检测的重要生物技术之一。例如，核酸微阵列目前正应用于基因组学、基因测试、基因表达和单核苷酸多态性（SNP）基因分型等的检测[7]。蛋白质微阵列目前正应用于蛋白质组学和药物发现等研究过程[8]。此外，通过抗体微阵列检测和分析生物体液（例如血液、血清、尿液）中多种蛋白质生物标志物[9]，是目前诊断疾病和监测后续治疗方法的潜在的强有效的方法。SPRi技术与生物芯片技术的结合促使可以通过检测特定区域的折射率变化来检测分析SPR芯片上的生物分子间特异性相互作用。目前，SPRi已凭借其检测的高灵敏性、高准确性、高重复性、强抗干扰性以及免标记等优势，成为一种可替代传统的基于荧光微阵列检测方法的重要手段。

3. 其他类型的SPR仪器

（1）基于光栅的SPR仪器

Wood配置是SPR最初应用于检测的配置。在Wood配置中，需要使用光栅来引发SPR。在此类型的SPR仪器中，如图2-12所示，激发光以一定角度穿过流通池中的样品溶液后到达光栅，随后由光电传感器（例如CCD）检测来自光栅的反射光。通过改变激发光的入射角并测量反射光强度从而确定SPR-dip[10, 11]。为了避免内部反射效应的干扰，此类型的SPR仪器的样品溶液流通池必须具有较大的高度，因此需要较多的样品溶液才可以完成检测。

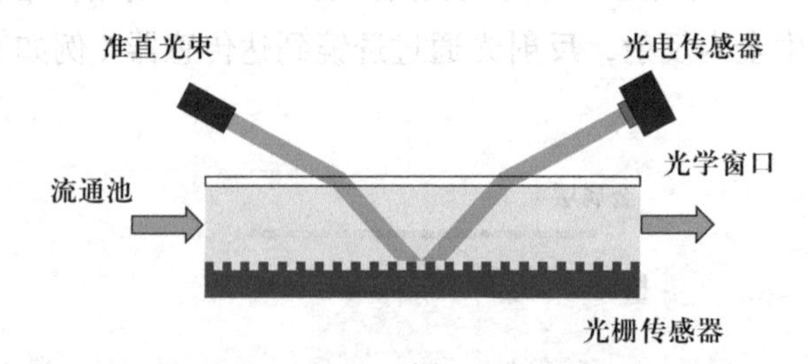

图2-12　基于光栅的SPR仪器结构示意图

在此类型的SPR仪器中，正弦光栅是最佳光栅，激发光耦合到波导（wave guide）的角度取决于与光栅接触的介质的有效折射率n_{eff}，可表示为：

$$n_{\mathrm{eff}} - n_{\mathrm{a}}\sin\alpha = \frac{k\lambda_0}{\Lambda} \tag{2.13}$$

式中，n_a 为环境（例如样品溶液）折射率，k 为衍射级数（diffraction order），λ_0 为真空中的波长，Λ 为光栅常数（grating constant）。在 Wood 配置中，共振波长由光栅的周期（period，顶到顶）和振幅（amplitude，顶到谷）决定。

（2）基于光纤的 SPR 传感器

在基于棱镜的 SPR 仪器中，当激发光的入射角大于临界角时，在棱镜内发生全内反射，从而引发需要激发表面等离子体的渐逝波[12, 13]。在多模光纤中，只有当光以特定的离散角度进入光纤时，光才能在多模光纤中传播。如图 2-13 所示，光在光纤内传播时不断地发生着全内反射，光通过不断地全内反射来实现在光纤内的传播。基于光纤的 SPR 传感器通常由大直径的（通常为 400 nm）多模光纤构建而成，从光纤的一小部分（最好是从中间）去除硅包层，并在其位置沉积表面等离子金属。

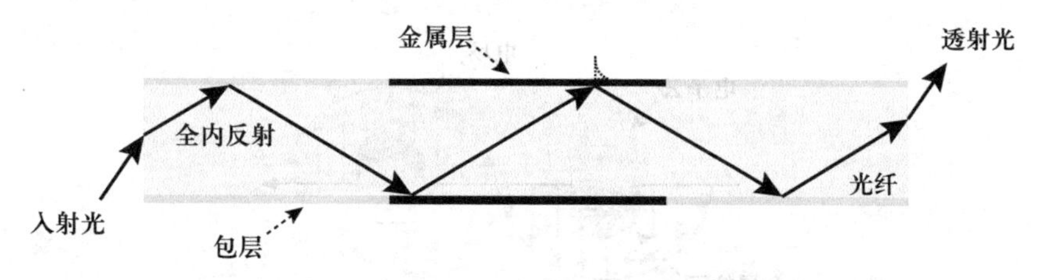

图 2-13　基于光纤的 SPR 传感器示意图

在（棱镜或光纤内）全内反射发生时，式 2.3 表示激发光的波矢量 k_x，结合式 2.1 与式 2.9，式 2.3 可以进一步表示为：

$$k_x = k_0 n_1 \sin\alpha = n_1 \frac{2\pi}{\lambda}\sqrt{\varepsilon_1 \mu_1}\sin\alpha \tag{2.14}$$

因此，当基于光纤的 SPR 传感器发生 SPR 时，根据式 2.5 与式 2.14，则：

$$n_1 \frac{2\pi}{\lambda}\sqrt{\varepsilon_1 \mu_1}\sin\alpha = \frac{\omega}{c}\sqrt{\frac{\varepsilon_m \varepsilon_2}{\varepsilon_m + \varepsilon_2}} \tag{2.15}$$

如式 2.15 所示，当与金属接触的介质的介电常数 ε_2 发生变化时，引发 SPR 的激发光的波长 λ 或入射角 α 将随之变化。因此，在基于光纤的 SPR 传感器中通常采用 2 类检测模式。第一类，将多波长的激发光（例如白光）以特定角度进入光纤，当与金属接触的介质的介电常数 ε_2 发生变化时，引发 SPR 的激发光的波长 λ 也将发生改变。因此，可以通过分光光度计完成相应的检测分析。第二类，将适当的单波长的激发光以适当的角度进入光纤，当与金属接触的介质的介电常数 ε_2 发生变化时，光纤由进到出的激发光的强度也将发生改变，因此可以使用光强传感器完成相应的检测分析。当然，除了上述 2 类检测模式，在基于光纤的 SPR 传感器中还有一种不太常见的检测模式。如前文所述，只有具有垂直于界面分量的场才能引发表面等离子波，P 偏振光具有垂直于界面分量的场，因此可以引发 SPR，而 S 偏振光不具有垂直于界面分量的场，因此无法引发 SPR，从而在这种检测模式中通过检测 P 偏振光与 S 偏振光之间的相位差完成检测分析。

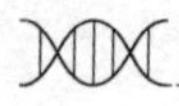

与基于棱镜的 SPR 传感器不同，在基于光纤的 SPR 传感器中，光纤中的全内反射的反射次数大于 1。通常光纤界面处的入射角越小，光纤中每单位长度的反射次数就越大。并且，任何光线的反射次数还取决于传感区域（去除硅包层后沉积表面等离子金属区域）的长度和光纤纤芯直径。需要注意的是，反射次数是影响基于光纤的 SPR 传感器中 SPR 曲线宽度的重要参数之一。

（3）基于局域（localized）SPR 的 LSPR 仪器

如前文所述，SPR 是由电磁场（光）引发金属表面等离子共振而产生的一种光学现象。当金属粒子的半径（半径为 a）远小于光的波长时，即 $a/\lambda < 0.1$ 时，如图 2-14 所示，电磁场（光）将引发金属粒子的外部电磁场并与其产生共振。这种光学现象称之为 localized SPR（LSPR）[14]。

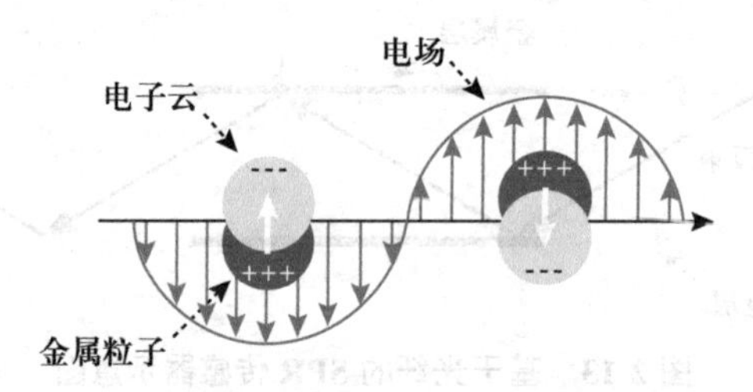

图 2-14　LSPR 说明示意图

LSPR 完整的理论相当冗长，在此只做简单的介绍。当一束波长为 λ 的 z 偏振光照射半径为 a 的球形金属纳米粒子，其中 a 远小于光 λ 的波长，即 $a/\lambda < 0.1$。如图 2-14 所示，在此条件下，金属纳米粒子周围的电场强度是相对静止的，因此，根据 Maxwell 电磁波理论，金属纳米粒子外部电子场 E_{out} 可表示为：

$$E_{out}(x,y,z)=E_0\hat{z}-\sqrt{\frac{\varepsilon_m-\varepsilon_{out}}{(\varepsilon_m+2\varepsilon_{out})}}a^3E_0\left[\frac{\hat{z}}{r^3}-\frac{3z}{r^5}(x\hat{x}+y\hat{y}+z\hat{z})\right] \tag{2.16}$$

式中，ε_m 为金属纳米粒子的介电常数，ε_{out} 为外部环境的介电常数，方括号中的第一项决定了金属纳米粒子的介电共振条件。此外，金属粒子半径（a）和外部介电常数（ε_{out}）在确定金属纳米粒子外部的电磁场方面也起着关键作用。

金属纳米粒子的消光光谱（extinction spectrum）可以表示为：

$$E(\lambda)=\frac{24\pi^2Na^3\varepsilon_{out}^{\frac{3}{2}}}{\lambda\ln 10}\left[\frac{\varepsilon_i(\lambda)}{(\varepsilon_r(\lambda)+x\varepsilon_{out})^2+\varepsilon_i(\lambda)^2}\right] \tag{2.17}$$

其中，ε_r 和 ε_i 分别是金属介电函数的实部和虚部。式 2.17 表示了金属纳米粒子的消光光谱与金属纳米粒子的外部环境的介电常数 ε_{out} 具有相关性，即当金属纳米粒子外部环境的介电常数 ε_{out} 发生变化时，对应引发 LSPR 的激发光的波长也将随之改变。因此可以通过分光光度计完成相应的检测分析。

LSPR 具有许多显著的优势[15, 16]。例如，LSPR 所需的光学硬件要简单得多，因为不需要棱镜来耦合光，因此仪器可以做得更小，成本更低。在 LSPR 的检测分析过程中无需考虑角度的因素，所以仪器对振动和机械噪声的抵抗力要强得多。并且LSPR的电磁场衰减长度较小，检测的结果也将更加准确。此外，LSPR对温度不敏感，无需严格的温度控制，进一步简化了相关的仪器。因此，LSPR也是SPR领域中重要的研究方向之一。

三、小结

随着SPR相关仪器的应用推广，对于使用该技术的很多用户而言，SPR已经成为研究无标记和实时水溶液中生物分子相互作用的代名词。在本章节中，我们介绍了SPR光学现象的原理，特别是渐逝场和入射光折射率敏感体积的结合有助于SPR在生物传感器中的成功应用。SPR的物理原理可以通过数学方程得到很好的描述和解释，通过数学方程也可以直观地理解SPR这一光学现象形成的各个因素，以及各因素改变会产生的结果。同时，通过这些数学方程能够清晰地描述SPR检测的概念，即SPR用于研究无标记和实时水溶液中生物分子相互作用的基本原理。目前，SPR光学现象已被广泛地应用于多种科学仪器中，在本章节中我们也描述了多种形式的SPR仪器的原理，在后续章节中我们也将对目前常用的SPR分析仪进行详细的讲解。

参考文献

[1] Taitt CR, Anderson GP, Ligler FS. Evanescent wave fluorescence biosensors: advances of the last decade. *Biosens Bioelectron*, 2016, 76: 103-112.

[2] Akimov Y. Optical resonances in Kretschmann and Otto configurations. *Opt Lett*, 2018, 43(6): 1195-1198.

[3] Wood RW. A suspected case of the electrical resonance of minute metal particles for light-waves: a new type of absorption. *Proc Phys Soc London*, 1902, 18(1): 166.

[4] Chang H, Rho WY, Son BS, et al. Plasmonic nanoparticles: basics to applications(I). *Adv Exp Med Biol*, 2021, 1309: 133-159.

[5] Beusink JB, Lokate AM, Besselink GA, et al. Angle-scanning SPR imaging for detection of biomolecular interactions on microarrays. *Biosens Bioelectron*, 2008, 23(6): 839-844.

[6] Fujii E, Koike T, Nakamura K, et al. Application of an absorption-based surface plasmon resonance principle to the development of SPR ammonium ion and enzyme sensors. *Anal Chem*, 2002, 74(23): 6106-6110.

[7] Zhao S, Yang M, Zhou W, et al. Kinetic and high-throughput profiling of epigenetic interactions by 3D-carbene chip-based surface plasmon resonance imaging technology. *Proc Natl Acad Sci USA*, 2017, 114(35): E7245-e7254.

[8] Lausted C, Hu Z, Hood L. Quantitative serum proteomics from surface plasmon resonance imaging. *Mol Cell Proteomics*, 2008, 7(12): 2464-2474.

[9] Zhu L, Zhao Z, Cheng P, et al. Antibody-mimetic peptoid nanosheet for label-free serum-based diagnosis of Alzheimer's disease. *Adv Mater*, 2017, 29(30): 1700057.

[10] Tahmasebpour M, Bahrami M, Asgari A. Design study of nanograting-based surface plasmon resonance biosensor in the near-infrared wavelength. *Appl Opt*, 2014, 53(7): 1449-1458.

[11] Lin K, Lu Y, Chen J, et al. Surface plasmon resonance hydrogen sensor based on metallic grating with high sensitivity. *Opt Express*, 2008, 16(23): 18599-18604.

[12] Dong J, Zhang Y, Wang Y, et al. Side-polished few-mode fiber based surface plasmon resonance biosensor. *Opt Express*, 2019, 27(8): 11348-11360.

[13] Yu H, Chong Y, Zhang P, et al. A D-shaped fiber SPR sensor with a composite nanostructure of MoS(2)-graphene for glucose detection. *Talanta*, 2020, 219: 121324.

[14] Takemura K. Surface plasmon resonance(SPR)- and localized SPR(LSPR)-based virus sensing systems: optical vibration of nano- and micro-metallic materials for the development of next-generation virus detection technology. *Biosensors (Basel)*, 2021, 11(8): 250.

[15] Xu T, Geng Z. Strategies to improve performances of LSPR biosensing: structure, materials, and interface modification. *Biosens Bioelectron*, 2021, 174: 112850.

[16] Lv S, Du Y, Wu F, et al. Review on LSPR assisted photocatalysis: effects of physical fields and opportunities in multifield decoupling. *Nanoscale Adv*, 2022, 4(12): 2608-2631.

第三章
SPR 仪器与芯片

一、SPR 仪器构造与维护

目前，绝大多数的 SPR 仪器由 SPR 光学单元、移动相（液相处理）单元、温控单元，以及作为消耗品的 SPR 芯片构成。SPR 光学单元的配置与结构在第二章中已经做了部分介绍，但是在不同品牌的 SPR 仪器中，不仅 SPR 光学单元的配置与结构会略有不同，而且移动相单元和温控单元也可能有所不同。部分便携式的 SPR 仪器只由 SPR 光学单元构成，省略了移动相单元和温控单元，大大减小仪器体积的同时降低了仪器的生产成本。随着 SPR 相关研究与应用的发展，SPR 的应用也由判断是否存在特异性结合、动力学分析、亲和力分析等分子间相互作用的研究拓展到药物研发、体外诊断等多类领域，因此，对 SPR 仪器功能的要求也逐渐多样化。在本章节中，将依次介绍构成经典 SPR 仪器的 SPR 光学单元、移动相单元和温控单元，同时将对目前常用的 SPR 仪器进行简单的介绍。

1. SPR 光学单元

目前绝大多数 SPR 仪器采用的是 Kretschmann 配置，采用 Kretschmann 配置的仪器，为了确保检测的灵敏度与准确性，要求仪器的角度分辨率越小越好，并且分子间相互作用的动态范围取决于其可检测的角度范围[1]。但若角度范围很小，则 SPR-dip 可能会超出仪器的可用角度范围，因此在使用时应充分考虑所使用的 SPR 仪器的检测角度范围。

在采用 Kretschmann 配制的分子相互作用仪器中，高折射率的棱镜可以减小 x 方向的波矢量 k_x，从而满足 SPR 的激发条件。为了减少 SPR 仪器的使用成本，通常将金属层附着在与棱镜相同材质的薄片上制作成 SPR 芯片。为了减小 SPR 芯片与棱镜之间的缝隙干扰，大多数 SPR 仪器的棱镜上都会带有一层折射率（RI）与棱镜匹配的光凝胶（optogel）涂层。光凝胶涂层可以确保 SPR 芯片与棱镜之间紧密接触，从而减小 SPR 芯片与棱镜之间的缝隙干扰。对于部分使用高折射率（$n > 1.52$）棱镜的 SPR 仪器，因很难找到与之匹配的光凝胶涂层，所以需要在使用时，在 SPR 芯片与棱镜之间加入折射率（RI）匹配液用以减小 SPR 芯片与棱镜之间的缝隙造成的干扰。

如前文所述，只有具有垂直于界面分量的场才能引发表面等离子波，因此，只有 P 偏振光可以引发 SPR，而 S 偏振光则无法引发 SPR。也因此，在 SPR 仪器中，通常使用线偏振光滤光片获得特定方向的偏振光，90° 旋转线偏振光滤光片切换 P 偏振光与 S 偏振光。偏振光滤光片可根据需求设置在入射光或反射光的任一侧。在全共振条件下的偏振光滤光片应修整以获得最佳的反射率。

光学部件的质量和光束的光学对准，包括透镜、光源和光电探测器的噪声，均会影响检测的质量。在选择 SPR 仪器或者搭建 SPR 光学检测系统时应充分考虑各个硬件的性能，从灵敏度、可重复性、准确性和鲁棒性等多方面对 SPR 仪器进行考察分析。此外，SPR 仪器的分析软件也会影响 SPR 仪器的使用质量。因此，测试 SPR 仪器质量时，不仅要查看噪声水平，还要根据 SPR 仪器的相关说明，检测其软件对参比和容积效应的处理效果。

2. SPR 移动相单元

移动相单元是指将样品添加至 SPR 芯片表面的单元结构，样品在 SPR 芯片表面的添加方式决定了反应的动力学特性，包括反应速率常数（k_a 和 k_d）、物质迁移限制（mass transport limitation）、停滞层（stagnant layer）、扩散梯度（diffusion gradient）和表面耗竭（surface depletion）等。目前，移动相单元主要有样品池型（sample cell type）和流通池型（flow cell type）两种类型，且目前流通池型已逐渐成为主流。

在样品池型的移动相单元中，一个上下两端开放式容器的一端与 SPR 芯片紧密贴合形成开放式容器，测试者通过手动或自动移液器添加样品。分子间的相互作用发生在样品池底部和 SPR 芯片上。若上样前，样品没有充分混合，则 SPR 传感图（sensorgram）结果会因到达 SPR 芯片表面上的分子不可控制的扩散而变形，因此部分样品池型的 SPR 仪器中会配有样品混合装置。与流通池型移动相单元相比，在样品池型移动相单元中检测发酵培养基、血浆、细胞培养物等带有固体颗粒的液体不易发生堵塞，而且样品池型移动相单元可以非常容易地完成样品回收等。然而，尽管理论上 25 μl 左右的样品可以用于约 1 h 的分子间相互作用的研究分析，但是由于样品池是开放型容器，样品溶液会不受控制地蒸发并导致溶液的盐浓度和 RI 发生变化，因此最终会影响检测结果。

流通池型的移动相单元主要由进样部分、流动动力部分和流通池等部分构成。进样部分有多种形式，例如有由多通阀和样品定量环构成的进样部分，还有自动化程度高的自动取样式的进样部分。流动动力部分主要是通过使用注射器或蠕动泵将样品送至流通池。在很多的 SPR 仪器中采用了一种经典的设计。在这种设计中，流动动力部分由两个注射泵构成，一个注射泵用于向流通池不断地以规定的速度平稳地输送缓冲溶液，另一个注射泵与取样针等连接，用于吸取并输送样品。通过两个注射泵交替地工作，可以在一定范围内（例如 1 ～ 100 μl/min）平滑无波动地持续向流通池供液。为了防止样品与缓冲溶液接触导致样品被稀释，在样品流至流通池期间，如图 3-1 所示，通常通过空气阻隔样品与缓冲溶液接触，并在样品进入流通池前排出空气以防止空气进入流通池内。

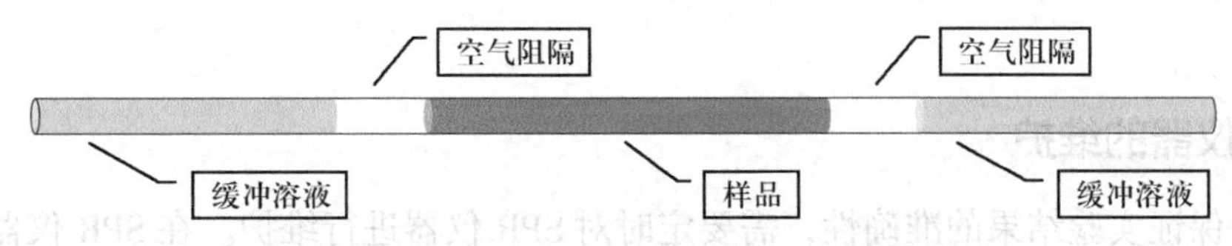

图 3-1　空气阻隔样品与缓冲溶液接触示意图

流通池的尺寸通常会设计得很小（例如高 50 μm、宽 500 μm 等），因此流通池的雷诺值将远小于 1000，这也意味着流通池内只会产生层流而不会产生湍流。SPR 仪器中常见的流通池类型有三种，分别为平面流通池（planar flow cell）、流体动力学寻址流通池（hydrodynamic addressing flow cell）和壁射流通池（wall-jet flow cell）（图 3-2）。其中壁射流通池因具有径向流速分布不均匀等缺点而逐渐不再被使用。

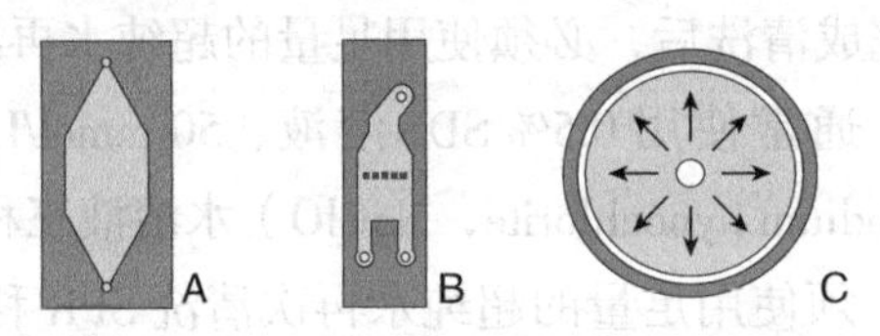

图 3-2　SPR 仪器中常见的流通池类型

A. 平面流通池；B. 流体动力学寻址流通池；C. 壁射流通池

平面流通池由一个简单的进液口、出液口以及一个单通道构成，样品通过该通道流动并与 SPR 芯片表面接触并发生相互作用。通常，一个流通池中含有一个或多个这种通道，并且可以根据需求进行多个通道联用。

流体动力学寻址流通池可用于同时测量单个通道中的多个相互作用。在流体动力学寻址流通池中，通过调整样品进液口和缓冲溶液进液口的流量，液体可以被引导到不同的检测区域，从而可以进行多重测量（例如，四个检测点和一个参考点）。流体动力学寻址流通池可以在缓冲溶液和样品之间快速切换并流动覆盖检测点，因此可以用于检测分析具有非常快速动力参数的分子相互作用反应。此外，还可以将几个配体固定在一个通道中，在相同的实验条件下分析比较几个配体的结合特性。

3. SPR 温控单元

含水液体的 RI 与液体的温度相关，通常温度越低，RI 越大。根据研究结果，当温度降低 1℃时可引发 115 RU 的位移。因此，在 SPR 仪器中，温度的稳定性对检测的结果具有很大的影响。为了避免因温度变化而造成的干扰，在 SPR 仪器中通常通过温控单元保障流至 SPR 芯片的分析物的温度偏差在 ±0.1℃以内。

根据 Van't Hoff 方程或 Eyring 方程检测分析结合反应过程中的焓变（ΔH）、熵变（ΔS）和吉布斯自由能的变化（ΔG）等是 SPR 仪器的重要应用之一。在进行与此相关的检测分析时，需要检测分析结合反应在不同温度时的解离平衡常数 K_D（dissociation equilibrium constant，单位：mol/L）或结合平衡常数 K_A［association equilibrium constant，单位：（mol/L）$^{-1}$］。因此，SPR 仪器通常可以提供一定范围（例如：4～45℃）内的温度设定。

4. 仪器的维护

为了保证实验结果的准确性，需要定时对 SPR 仪器进行维护。在 SPR 仪器的维护中最为重要的是对 SPR 移动相单元的清洗和维护。各个品牌的 SPR 仪器的使用说明书中均有对仪器维护的操作说明，可按照说明进行维护操作。在此，仅做简单的介绍。

SPR 移动相单元需要定期清洗和维护，通常情况下，在清洗之前，须先将专用于移动相单元清洗的 SPR 维护芯片放置于仪器内，清洗时，通常使用超纯水作为缓冲溶液使用。短期的清洗（每周），通常使用 0.5% 十二烷基硫酸钠（sodium dodecyl sulfate，SDS）溶液和 50 mmol/L 甘氨酸（glycine）-NaOH 缓冲溶液（pH 9.5）两种清洗试剂进行清洗，使用清洗试剂完成清洗后，必须使用足量的超纯水再次清洗 SPR 移动相单元；中长期的清洗（每月），通常使用 0.5% SDS 溶液、50 mmol/L glycine-NaOH 缓冲溶液（pH 9.5）和次氯酸钠（sodium hypochlorite，NaClO）水溶液三种清洗试剂进行清洗，使用清洗试剂完成清洗后，须使用足量的超纯水再次清洗 SPR 移动相单元。在中长期的清洗中，可根据具体使用的 SPR 仪器的特点，对流通池进行杀菌清洗。当 SPR 移动相单元中有较严重的污垢时，通常使用 1% 醋酸水溶液、0.2 mol/L 碳酸氢钠水溶液、6 mol/L 盐酸胍（guanidine hydrochloride）水溶液和 10 mmol/L 盐酸水溶液四种清洗试剂进行清洗，使用清洗试剂完成清洗后，同样需使用足量的超纯水再次清洗 SPR 移动相单元，当然为提高清洗效果，也可以同时提高清洗时的温度（例如 50℃）。

二、常用仪器介绍

直接、无标记地对生命现象中动态的分子间相互作用进行定性的确认和定量的亲和力与动力学分析，已经成为很多高水平期刊对生物学功能研究的要求，越来越多的高级研究学府已经将 SPR 数据作为分子间相互作用的直接证据。在本部分内容中将对市场上主要的三类 SPR 分析仪进行简单的介绍，包括美国 Cytiva 公司的 Biacore 生物分子相互作用分析仪，加拿大 Nicoya 公司的 OpenSPR 生物分子相互作用分析仪以及苏州普芯生命科学技术有限公司的 PlexArray HT 表面等离激元成像微阵列分析仪。

1. Biacore 生物分子相互作用分析仪

基于广角度入射光入射的表面等离子共振仪 Biacore 生物分子相互作用分析仪，

已经被广泛应用于分子相互作用研究相关的各个领域，包括：基础医学研究、疾病机制、肿瘤发生与凋亡过程、治疗性药物筛选以及药物分子结构优化等的研究过程[2]。据2020年中国市场监管总局数据显示，Biacore分析仪在分子相互作用领域的市场份额超50%，成为市场第一品牌，同时Biacore数据的高度重复性和准确性已经被美国FDA、欧盟EMA和中国NiFDC作为药物开发唯一认可技术，也被2016年版美国、日本药典及2020年版中国药典陆续收录，并且被国际权威组织AOAC认证为食品中营养成分维生素检测的标准方法。目前，全球已装机的Biacore仪器已近7200台，中国已装机超过700台。

如上述所讲，Biacore生物分子相互作用分析仪主要由SPR光学组件、微流控系统（integrated μ-fluidic cartridge，IFC）和传感器芯片组成（图3-3）。

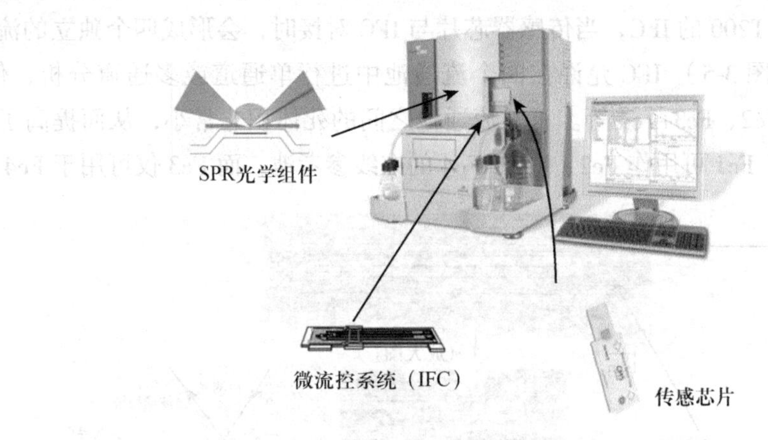

图3-3　以Biacore T200为例展示仪器的主要构造

（1）SPR光学组件

作为基于检测SPR共振角变化的分析仪，Biacore仪器的检测原理见第二章“SPR的分类”中的介绍。简单来讲，在全内反射的条件下，入射光造成薄金层等离子体发生共振，导致反射光在某一特定角度的能量低至几乎为零，我们称这一角度为SPR共振角（图3-4）。SPR共振角随着金属表面折射率的变化而变化，而折射率的变化又与金属表面结合的分子质量成正比。金膜芯片上的配体（ligand）和流路中的分析物（analyte）结合和解离时，SPR共振角就会随之发生变化，检测器检测

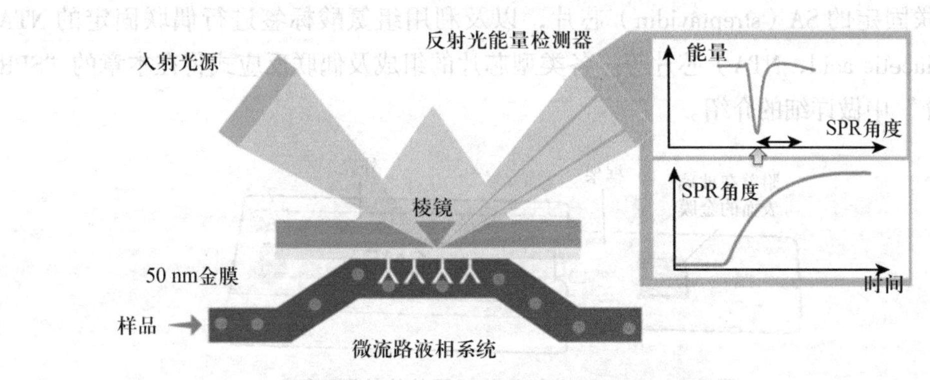

图3-4　Biacore分析仪的光学原理图

到这种变化，根据此变化曲线作图分析，即可得出分子间相互作用的结合速率常数 k_a（association rate constant）、解离速率常数 k_d（dissociation rate constant）或解离平衡常数 K_D。SPR 共振角对金膜溶液侧 100～200 nm 范围内的折光率变化非常敏感，Biacore 分析仪类似于一个高精度的光学天平，通过 SPR 原理放大信号，能检测芯片表面 1 pg/mm^2 的物质变化。

（2）微流控系统（IFC）

Biacore 分析仪的 IFC 由一系列封装在塑料外壳中的微通道和膜阀组成，用于控制液体向传感器芯片表面的输送。样品通过进样针从样品板或者试剂架中转移到 IFC，IFC 直接与检测器流通池相连。进样完毕后，来自流通池的流出物被引导至废液瓶中。

对于 Biacore T200 的 IFC，当传感器芯片与 IFC 对接时，会形成四个独立的流通池（flow cell，Fc）（图 3-5）。IFC 允许在四个流通池中进行单通道或多通道分析，例如，Fc1、Fc2、Fc1+Fc2、Fc3+Fc4 等。一对流通池之间的死体积非常小，从而提高了参考的准确性。此外，Fc1 可用作 Fc2、Fc3、Fc4 的在线参考池，而 Fc3 仅可用于 Fc4。

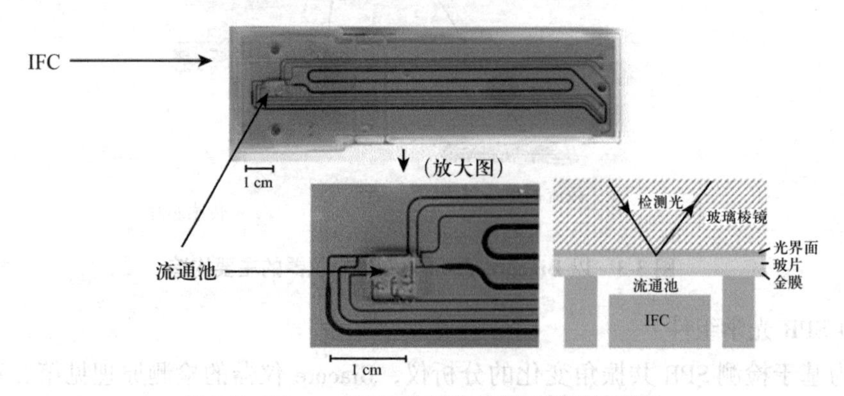

图 3-5　Biacore T200 分析仪的微流控系统展示

（3）传感器芯片

Cytiva 公司共计设计、提供了 16 种不同类型的芯片和 30 余种不同的试剂盒及缓冲溶液产品供使用者根据实验体系的实际情况自行进行选择，包括：利用氨基进行偶联固定的 CM5（carboxy methylated dextran 5）、CM4、CM3、CM7 芯片，利用生物素进行偶联固定的 SA（streptavidin）芯片，以及利用组氨酸标签进行偶联固定的 NTA（nitrilotriacetic acid，NTA）芯片等。各类型芯片的组成及偶联反应式将在本章的“SPR 芯片简介”中做详细的介绍。

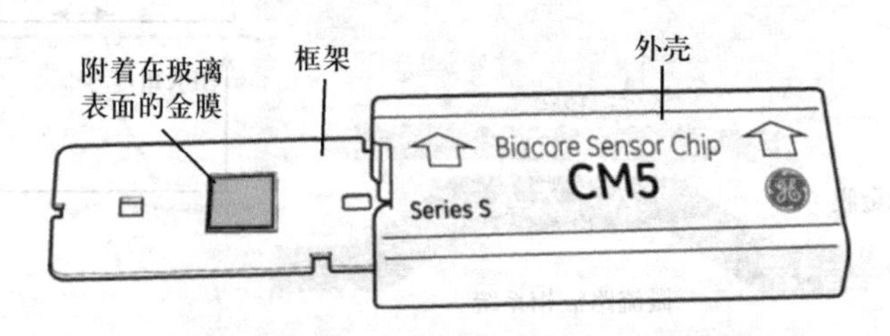

图 3-6　Biacore 分析仪传感器芯片的展示图

2. OpenSPR 生物分子相互作用分析仪

OpenSPR 生物分子相互作用分析仪是由 Nicoya 公司在 2015 年正式推出的新一代高性能表面等离子分析系统，仪器采用最新专利（美国专利号：US8693003B2）中的 LSPR 技术，能够提供高灵敏的蛋白质、抗体、多肽、DNA、RNA 及小分子相互作用的动力学分析[2, 3]。

图 3-7　OpenSPR 生物分子相互作用分析仪

OpenSPR 生物分子相互作用分析仪的主要构造由 LSPR 光学组件、流通池和传感器芯片组成（图 3-7）。

（1）LSPR 光学组件

作为基于局域表面等离子共振技术的 SPR 分析仪，OpenSPR 生物分子相互作用分析仪的检测原理与我们在第二章"SPR 的分类"中介绍的内容相同。简单来讲，当入射光子频率与贵金属纳米粒子传导电子的整体振动频率相匹配时，纳米粒子会对光子能量产生很强的吸收作用，即发生局域表面等离子体共振现象（localized surface plasmon resonance，LSPR），当溶液中的分析物与固定的配体结合时会引起生物分子层厚度的变化，从而会使 LSPR 吸收峰发生位移，通过检测 LSPR 共振吸收峰的位移即波长变化就可以测定分子之间的相互作用（图 3-8）。区别于传统的 SPR 基于折射率的 SPR 角度或反射光强度的改变，LSPR 检测技术具有诸多优势，例如，不受温度及缓冲溶液折射率的影响，且具有可忽略的容积效应（bulk effect），无需专用的参比通道，且检测信号更稳定和更灵敏。

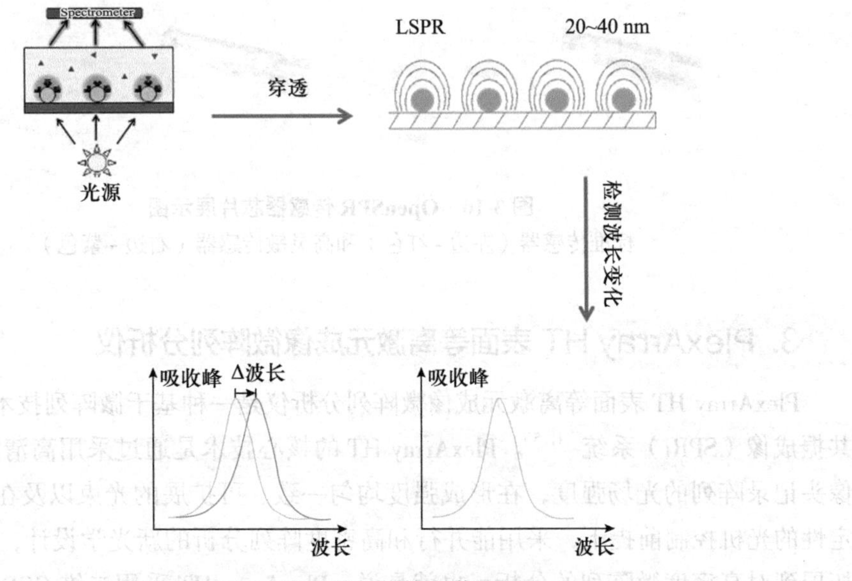

图 3-8　OpenSPR 分析仪的光学原理图

OpenSPR 的光学系统由 LED 光源组成，该光源将光通过流通池和传感器传输到光学探测器中。有两种不同类型的 LED 板与 2- 通道的 OpenSPR 兼容，它们可以很容易地互换。

（2）流通池

OpenSPR 中的流体系统通过流通池与传感器芯片。流通池由一种聚二甲基硅氧烷（polydimethylsiloxane，PDMS）材料组成，其中包含 2 个微流控通道（图 3-9）。

图 3-9　OpenSPR 流通池的展示图

（3）传感器芯片

OpenSPR 传感器芯片的密封是通过电动传感器进行控制。芯片台的对接和取消对接可以使用 OpenSPR 软件进行控制。Nicoya 公司共计提供了 8 种不同类型的芯片由使用者自行选择，并且每种芯片分为标准型和高灵敏型（图 3-10）。芯片表面的修饰基团包括：羧基（carboxyl）、镍离子（NTA）、生物素（biotin）、链霉亲和素（streptavidin）、蛋白 A（protein A）、氨基（amine）、脂质体（liposome binding）、疏水基团（hydrophobic）以及裸金（gold）芯片。

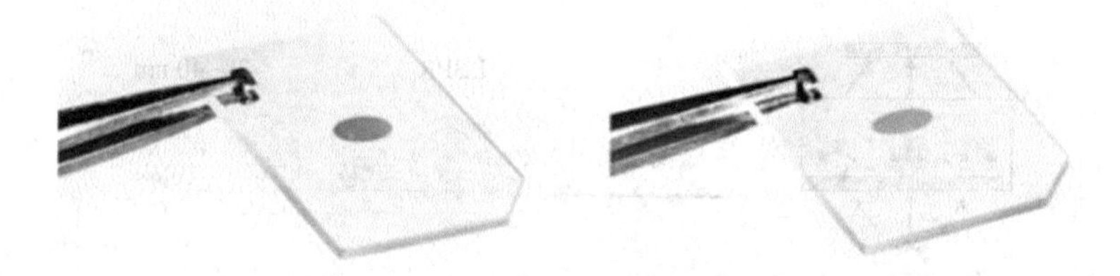

图 3-10　OpenSPR 传感器芯片展示图

标准传感器（左边 - 红色）和高灵敏传感器（右边 - 紫色）

3. PlexArray HT 表面等离激元成像微阵列分析仪

PlexArray HT 表面等离激元成像微阵列分析仪是一种基于微阵列技术的表面等离子共振成像（SPRi）系统[4, 5]。PlexArray HT 的核心技术是通过采用高清晰度的 CCD 摄像头记录阵列的光场强度，在形成强度均匀一致、可扩展的光束以及在高精度、高稳定性的光机控制前提下，采用能并行和高密度阵列分析的新光学设计，将 SPR 的功能拓展到对高密度微阵列的分析。也就是说，PlexArray HT 采用二维 CCD 像拍电影一样对芯片上的数千个样点进行拍摄，能够实时分析多种生物分子之间的相互作用，而无需标记。在现有商业化产品中，该系统具有最高的通量能力，可同时分析数千种抗体或蛋白质的相互作用，向研究者提供高质量的动力学、亲和力、特异性以及浓度等生物学信息，能够全面加速科研工作者的研究与开发进展。PlexArray HT 分析系统作为一个多用途的开放性平台，也已经被广泛应用于各类生物体系的测定，包括多肽、蛋白质、核酸、小分子化合物、有机物、药物、毒物以及病毒和细菌等[6-8]。

PlexArray HT 表面等离激元成像微阵列分析仪的主要构造由 SPR 光学组件、流通池和微阵列芯片组成（图 3-11）。

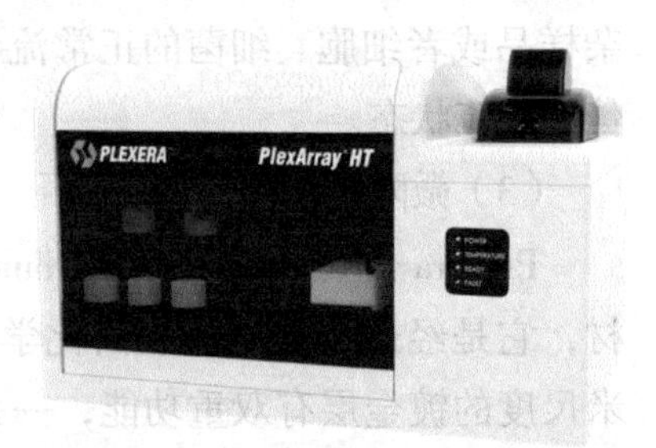

图 3-11　PlexArray HT 表面等离激元成像微阵列分析仪

（1）SPR 光学组件

作为基于检测反射光强度变化的 SPR 分析仪，PlexArray HT 表面等离激元成像微阵列分析仪的检测原理同我们在第二章“SPR 的分类”中介绍的内容相同。简单来讲，其基本原理为通过扫描 SPR 共振角下生物芯片上所有斑点的反射光强度，得到反射光强度与时间的变化曲线，进而通过曲线拟合计算得到生物芯片上所有斑点的结合活性（图 3-12）。通过 PlexArray HT 分析仪同样可以实现实时无标记地观测生物化学分子的动态结合，并能给出完胜于终点测量法的高选择性、高特异性的信号。

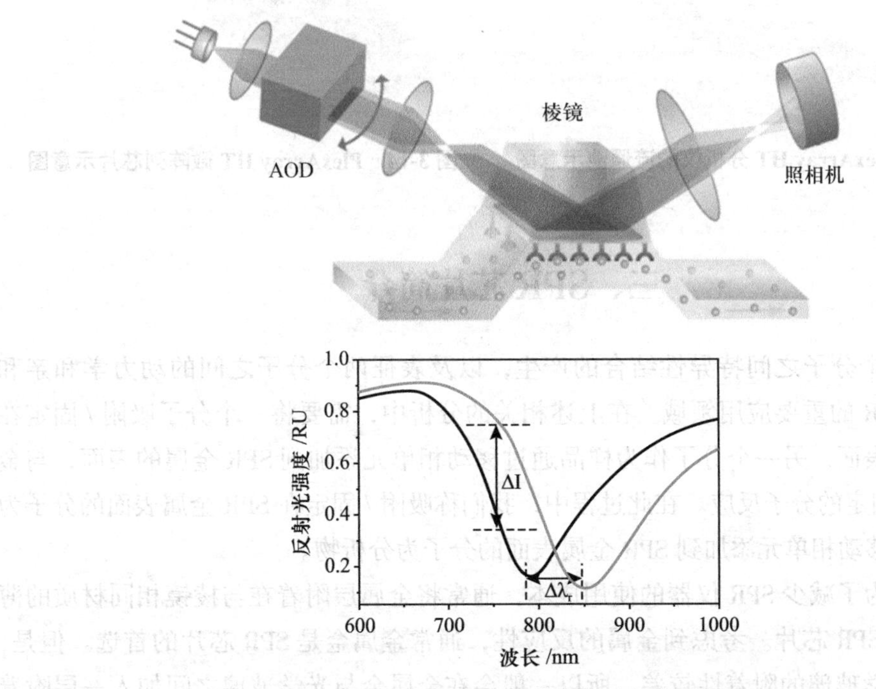

图 3-12　PlexArray HT 分析仪的光学原理图

（2）流通池

PlexArray HT 表面等离激元成像微阵列分析仪针对自身的传感器芯片，自行设计了芯片盖，由此产生了分析物流经的流通池（图 3-13），该流通池直径较大，可以保证复杂样品或者细胞、细菌的正常流经，而不会造成流通池的堵塞，同时该流通池具有更佳的层流状态。

（3）微阵列芯片

Plexera 公司主要提供的 Nanocapture 系列 SPR 芯片是 PlexArray HT 的基本芯片耗材，它是经过或未经过表面化学处理的以生物玻璃为基底的镀金芯片（图 3-14）。纳米尺度的镀金层有双重功能，一是作为激发表面等离子所需的贵金属媒介，二是作为各类表面化学的衬底。Nanocapture 系列的 SPR 芯片，包括适合固定蛋白和抗体的裸金（Nanocapture gold）芯片，以及适合固定各种配体的 2D（Nanocapture SAM）、3D（Nanocapture SIP）和水凝胶（Nanocapture DT）芯片。使用者可根据实验体系的实际情况自行选择。

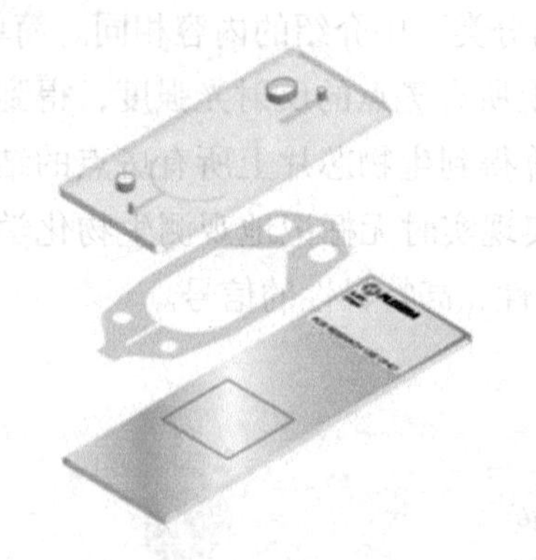

图 3-13　PlexArray HT 分析仪的流通池示意图

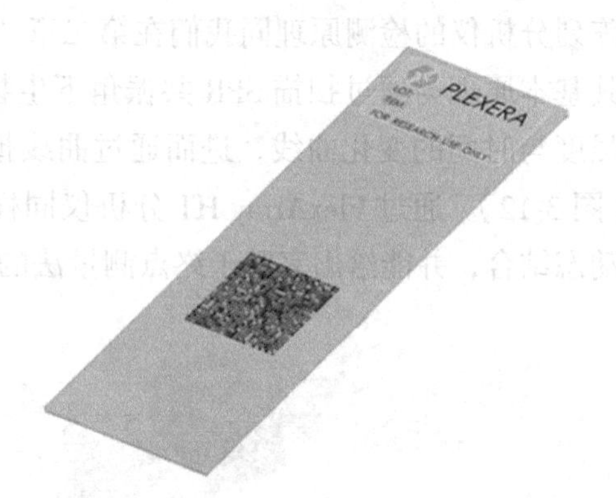

图 3-14　PlexArray HT 微阵列芯片示意图

三、SPR 芯片简介

判断两个分子之间特异性结合的产生，以及表征两个分子之间的动力学和亲和力结合是 SPR 的重要应用领域。在上述相关的分析中，需要将一个分子吸附 / 固定在 SPR 金属的表面，另一个分子作为样品通过移动相单元添加到 SPR 金属的表面，与金属上吸附 / 固定的分子反应。在此过程中，我们称吸附 / 固定在 SPR 金属表面的分子为配体，通过移动相单元添加到 SPR 金属表面的分子为分析物。

另外，为了减少 SPR 仪器的使用成本，通常将金属层附着在与棱镜相同材质的薄片上制作成 SPR 芯片。考虑到金属的反应性，通常金属金是 SPR 芯片的首选。但是，由于金对光学玻璃的附着性较差，所以一般会在金属金与光学玻璃之间加入一层附着层（例如铬等）用以提高金对光学玻璃的附着力。因此，SPR 芯片通常由光学玻璃、附着层（例如铬等）和金层构成。

由于金是惰性金属，缺乏化学活性，所以很多配体无法直接吸附/固定在SPR芯片表面。虽然巯基等含硫的官能团对于金具有较高的静电吸引力，但将配体通过含硫官能团吸附/固定在SPR芯片时，若配体中巯基等含硫的官能团在活性位点附近时，SPR芯片导致的立体障碍将严重影响后续的检测结果。同样，若分析物中含有巯基等官能团时，巯基等官能团与金之间的静电吸引力将导致分析物与芯片表面的非特异性结合，最终也会影响检测结果。此外，当配体或分析物为蛋白质时，金会导致蛋白质失活，从而无法进行检测分析。

为解决上述问题，往往会在SPR芯片的金表面添加一层化学层，这层化学层可以在提供活性官能团的同时，减少SPR芯片表面发生非特异性吸附的概率。SPR芯片按照其表面化学层的形态可大致分为2D平面型和3D立体型（图3-15）。在2D平面型SPR芯片中，官能团或活性物质直接偶联至金层上，表面化学层的厚度只有数纳米厚；而在3D立体型SPR芯片中，官能团或活性物质通过（例如，葡聚糖、藻酸盐、琼脂糖或聚L-赖氨酸等）高聚物与金层连接，表面化学层的厚度通常为30～1500 nm不等。

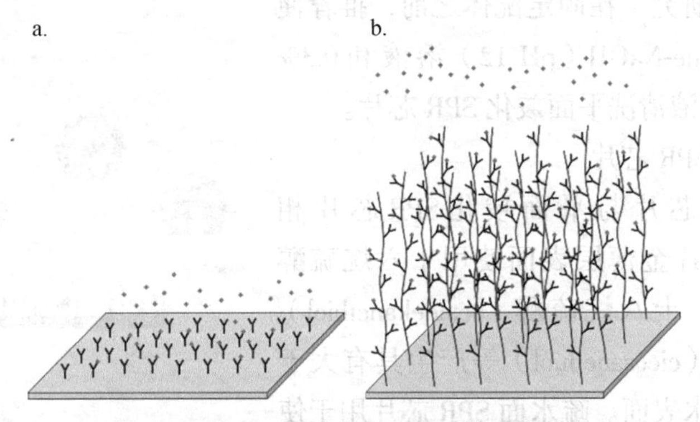

图3-15 SPR芯片表面化学层的形态分类

a. 2D平面型SPR芯片；b. 3D立体型SPR芯片

2D平面型SPR芯片主要应用于低密度配体固定的检测分析。由于配体的最大固定密度限制在一个平面内，因此在分子相互作用阶段几乎不会发生物质迁移限制。并且，在分析物与配体的解离阶段，2D平面型SPR芯片可以最小化分析物与配体的重结合，即二价效应（bivalent effect）。因此，2D平面型SPR芯片非常适合用于，病毒、细胞等颗粒状分析物的检测分析。与2D平面型SPR芯片相比较，3D立体型SPR芯片则会提供更多的配体固定位点以及可以有效抑制分析物的非特异性吸附。在本章节中，将依次介绍市面上常见的几种SPR芯片。

1. 2D平面型SPR芯片

（1）纯金SPR芯片

纯金SPR芯片由光学玻璃、附着层（例如铬等）和金层构成，表面没有进行任何修饰，是最基础的SPR芯片形式。使用者可根据需求，自主地对纯金SPR芯片进行表面修饰，例如 SAM（self-assembled monolayer，自组装层）等。

（2）平面羧化 SPR 芯片

如前文所述，为了避免金层对敏感配体的损害以及避免含巯基等官能团分析物对金层的非特异性的吸附，通常会使用生物惰性材料修饰 SPR 芯片表面，生物惰性材料中含有羧基等可用于配体固定的官能团，并且具有亲水性。

平面羧化 SPR 芯片是在 SPR 芯片的金薄层表面使用 5- 羧基 -1- 戊硫醇（5-carboxy-1-pentanethiol）、7- 羧基 -1- 庚烷硫醇（7-carboxy-1-heptanethiol）、10- 羧基 -1- 癸烷硫醇（10-carboxy-1-decanethiol）以及 15- 羧基 -1- 十五烷硫醇（15-carboxy-1-pentadecanethiol）等修饰了一层带有羧基的 SAM。带有羧基的 SAM 提供了一个较弱的亲水性，也因此可能会增加某些样品的非特异性结合，此类型的非特异性吸附通常通过在缓冲溶液中加入适当浓度（例如 0.2 mg/ml）的牛血清白蛋白（BSA）来避免或者降低。一般来讲，平面羧化 SPR 芯片常用于分析细胞和病毒颗粒等大型样品的分子相互作用研究。在固定配体之前，推荐使用 0.1 mol/L Glycine-NaOH（pH 12）溶液和 0.3% 的 Triton X-100 溶液清洗平面羧化 SPR 芯片。

（3）疏水面 SPR 芯片

疏水面 SPR 芯片与平面羧化 SPR 芯片相似，是在 SPR 芯片金薄层表面使用十六烷硫醇（hexadecanethiol）、十八烷硫醇（octadekanethiol）、以及二十烷硫醇（eicosanethiol）等产生具有大于 100° 接触角的疏水表面。疏水面 SPR 芯片用于使用者在其表面制作极性脂质单层，疏水面 SPR 芯片能够促进极性脂质单层的疏水吸附。如图 3-16 所示，在制作过程中，除了加入形成脂质层所必需的成分外，还可以掺入其他膜结合分子。在极性脂质的疏水吸附过程完成后，掺入的其他分子嵌入脂质单层中，提供表面特定的结合位点。用极性脂质单层覆盖的表面一方面能够减少蛋白质等分子的非特异性疏水结合，另一方面可以提供有利于分子间相互作用研究的表面环境。

在较高的温度下（25℃以上），极性脂质易与液体中的微小气泡吸附。因此，在使用疏水面 SPR 芯片时，分析温度应低于 25℃，且需要对相关溶液进行脱气处理。此外，值得注意的是，在选择再生缓冲溶液（regeneration buffer）时，再生

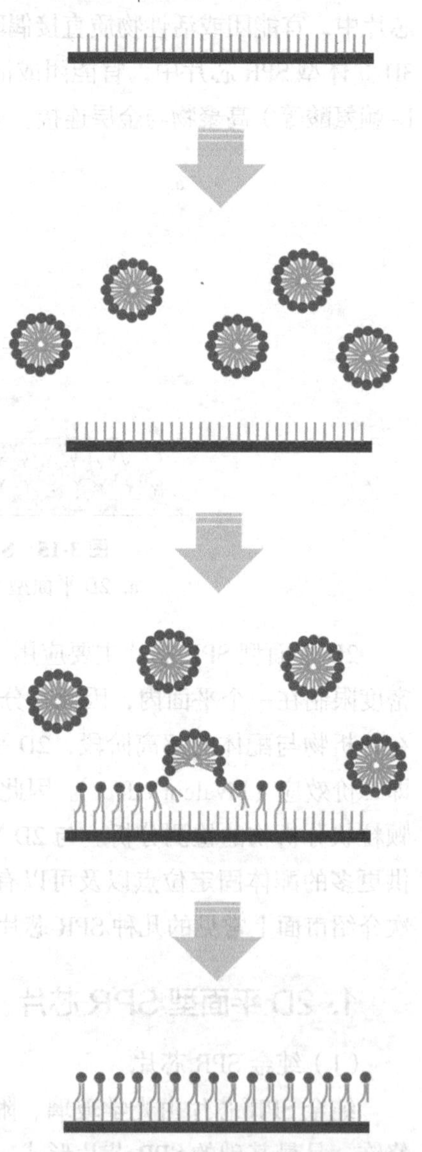

图 3-16　疏水面 SPR 芯片的应用示意图

缓冲溶液中不可含有界面活性剂等洗涤剂。另外，需要注意的是，平面羧化 SPR 芯片与疏水面 SPR 芯片表面的 SAM 层的长期稳定性较差，长时间暴露于缓冲溶液或血清等液体内会出现 SAM 层的脱落。

（4）特定序列 ssDNA 预组装 SPR 芯片

如图 3-17 所示，特定序列 ssDNA 预组装 SPR 芯片上已固定有特定序列的 ssDNA。在使用特定序列 ssDNA 预组装的 SPR 芯片时，首先加入标记有互补 ssDNA 的链霉亲和素（streptavidin）或中性亲和素，通过两段互补 ssDNA 结合形成 dsDNA，使链霉亲和素或中性亲和素固定于芯片表面，随后加入生物素（biotin）标记的配体，通过链霉亲和素和生物素的相互作用，使配体固定于芯片表面，最后加入分析物完成分子间相互作用的分析。

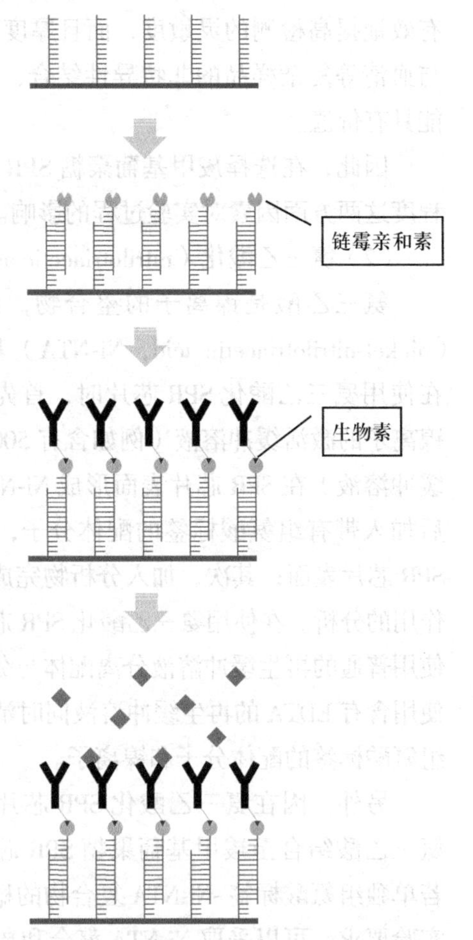

图 3-17 特定序列 ssDNA 预组装 SPR 芯片的应用示意图

2. 3D 立体型 SPR 芯片

（1）羧甲基葡聚糖（carboxy methylated dextran）SPR 芯片

羧甲基葡聚糖 SPR 芯片是最常用的 SPR 芯片之一。在羧甲基葡聚糖 SPR 芯片中，根据所使用的葡聚糖链的长度不同，对应芯片表面的化学层厚度在 30～500 nm 之间。

表面化学层厚度约为 100 nm 的羧甲基葡聚糖 SPR 芯片是最常用的羧甲基葡聚糖 SPR 芯片，其可以应用于有机小分子、蛋白质、脂质、糖和核酸等所有类型的生物分子的相互作用分析与定量分析。含有氨基、巯基、醛基和羧基的配体可以通过葡聚糖上的羧基与 SPR 芯片表面共价偶联，即通过氨基偶联的方式固定在 SPR 芯片表面（amino coupling）。由于羧甲基葡聚糖 SPR 芯片具有 3D 立体构造，所以，其配体的固定量远大于平面羧化 SPR 芯片。

在厚度约 100 nm 的羧甲基葡聚糖 SPR 芯片中，通常葡聚糖的每个葡萄糖单位对应一个羧基。但当分析物具有较高的正电荷，或分析物是细胞培养上清液或细胞匀浆液等未纯化的样品时，往往会通过降低芯片的羧化程度来减少非特异性结合。但当配体是小分子或分子的活性片段时，又往往会通过提高芯片的羧化程度来助力配体的固定。

表面化学层厚度较小（30～50 nm）的羧甲基葡聚糖 SPR 芯片适用于配体为大分子、分子复合物、病毒或细胞等大分子量样品的固定。由于芯片厚度较小，因此可以有效地提高检测的灵敏度，而且厚度较小的羧甲基葡聚糖 SPR 芯片可以有效减少芯片与血清等复杂样品的非特异性结合，并在测试葡聚糖厚度对动力学检测的影响方面可能具有价值。

因此，在选择羧甲基葡聚糖 SPR 芯片时，应同时考虑表面化学层的厚度与羧基化程度这两方面因素对实验过程的影响。

（2）氨三乙酸化（nitrilotriacetic acid，NTA）SPR 芯片

氨三乙酸是镍离子的螯合物，由六个组氨酸残基组成的标签与镍 - 氨三乙酸（nickel-nitrilotriacetic acid，Ni-NTA）基团具有较高的亲和力（$K_D = 10^{-13}$ M，pH 8.0）。在使用氨三乙酸化 SPR 芯片时，首先，加入含有镍离子的激活缓冲溶液（例如含有 500 μM $NiCl_2$ 的缓冲溶液）在 SPR 芯片表面形成 Ni-NTA 基团；随后加入带有组氨酸标签的配体分子，使其固定至 SPR 芯片表面；其次，加入分析物完成分子间相互作用的分析。在使用氨三乙酸化 SPR 芯片时，可以使用普通的再生缓冲溶液分离配体与分析物，也可使用含有 EDTA 的再生缓冲溶液同时清除所有带有组氨酸标签的配体分子和镍离子。

另外，因在氨三乙酸化 SPR 芯片中，通常将氨三乙酸结合至羧甲基葡聚糖 SPR 芯片上，因此若单独组氨酸标签 -Ni-NTA 复合物的稳定性达不到实验要求，可以采取 Ni-NTA 螯合和羧甲基葡聚糖 SPR 芯片中氨基偶联的方式，同时固定带组氨酸标签的配体。

（3）亲脂性 SPR 芯片

亲脂性 SPR 芯片是使用亲脂性物质（例如烷基链等）对羧甲基葡聚糖 SPR 芯片改性后得到的 SPR 芯片。在亲脂性 SPR 芯片上，如图 3-18 所示，脂质体囊泡扩散到葡聚糖表面并直接连接到 SPR 芯片表面，无需在脂质体囊泡内掺入锚定分子。脂质体囊泡表面模拟生物膜，可以用于膜系统的研究。在脂质体囊泡结合之前或之后，可以通过掺入膜结合分子来修饰脂质体囊泡。

与使用疏水面 SPR 芯片相同，在使用亲脂性 SPR 芯片时，应避免高温及需要对相关溶液进行脱气处理，并且再生缓冲溶液中不可含有界面活性剂等洗涤剂。

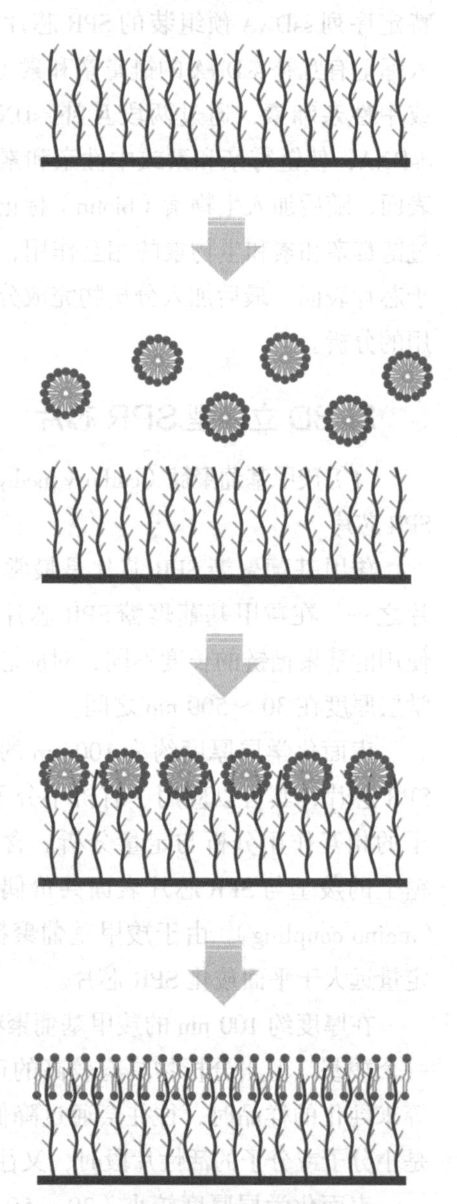

图 3-18　脂质体囊泡与亲脂性 SPR 芯片结合固定的示意图

（4）链霉亲和素 / 中性亲和素 / 生物素（streptavidin/neutravidin/biotin）化 SPR 芯片

鉴于链霉亲和素与生物素之间、中性亲和素与生物素之间都具有较高的亲和力（$K_D = 10^{-15}$ mol/L），因此它们被广泛地应用于蛋白质、核酸和脂质体的检测以及蛋白质纯化等多个领域。大多数情况下，链霉亲和素或中性亲和素首先结合至羧甲基葡聚糖 SPR 芯片上，随后通过链霉亲和素与生物素或中性亲和素与生物素的结合将生物素化的配体分子固定至 SPR 芯片表面。少数情况下也首先将生物素结合至羧甲基葡聚糖 SPR 芯片上，再将带有链霉亲和素或中性亲和素标签的配体分子通过生物素偶联至芯片上。

相较于链霉亲和素是一种具有接近中性等电点（pI = 6.8～7.5）的四聚体蛋白，中性亲和素是一种去糖基化的四聚体亲和素，因此具有更接近中性的等电点（pI = 6.3）。并且，因中性亲和素的一级结构序列中不含有在多数细胞膜受体中存在的 RGD（Arg-Gly-Asp）序列，而链霉亲和素中含有，因此中性亲和素比链霉亲和素具有更低的非特异性结合特性，也因此，中性亲和素常作为使用链霉亲和素过程中发生非特异性吸附时的替代品使用。

（5）抗体固定型 SPR 芯片

蛋白 A、蛋白 G 和蛋白 L 对特定的抗体具有特异性结合。在抗体固定型 SPR 芯片中，首先蛋白 A、蛋白 G 或蛋白 L 通过氨基偶联的方式固定至羧甲基葡聚糖 SPR 芯片上，随后通过结合反应将抗体类的配体分子固定至 SPR 芯片表面。在此应注意的是，蛋白 A 可以与人源 IgG_1、IgG_2、IgG_4 结合，但不能与人源 IgG_3 结合。蛋白 G 可以与人源、鼠源、兔源等多种哺乳动物的 IgG 结合，但不能与鸡源的 IgG 和人源的 IgA、IgD、IgE 和 IgM 反应。蛋白 L 则主要用于人源或鼠源的抗原结合片段 Fabs、单链抗体可变区基因片段（single-chain variable fragments，scFv）、单域抗体（domain antibodies，dAbs）等的结合。

四、SPR 分析中相关的物理化学反应

在第二章中已做过介绍，如图 3-19 所示，入射光在垂直于界面处会产生一个固定体积的渐逝场，固定体积的渐逝场形成了 SPR 检测中的折射率敏感体积。因此，不仅限于金属的表面，当敏感体积内的折射率发生改变时都会影响 SPR 的结果[9, 10]。

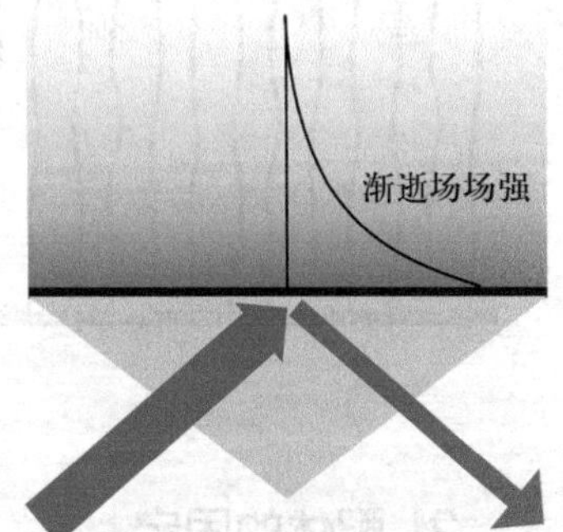

图 3-19　SPR 检测中的折射率敏感体积，渐逝场的场强随金属层距离的增加呈指数衰减

当使用 SPR 分析仪对配体和分析物之间的相互作用进行研究分析时，需要将配体固定在 SPR 芯片表面。在固定配体时，如何保证配体分子的活性，以及如何控制配体分子的固定量都是 SPR 实验过程需要考虑的重要问题。同时，分析物到达 SPR 芯片表面的方式，以及分析物到达芯片表面后是否会发生非特异性吸附等也会对 SPR 的检测结果产生极大的影响。本部分，我们将介绍和说明 SPR 分析中相关的物理化学反应以加深对 SPR 检测分析的了解。

1. 移动相的影响

SPR 实验过程中需要多种溶液，例如推送分析物等溶液的缓冲溶液；分离分析物与配体结合产物的再生缓冲溶液等。如果这些溶液未经过脱气处理或者溶液中含有未溶解的颗粒时均会影响检测的结果，因此建议在使用缓冲溶液和试剂溶液前，使用孔径小于 0.22 μm 的滤膜过滤后对样品进行脱气处理，当然现在有部分品牌的 SPR 分析仪自带在线脱气装置。液体的折射率与温度有关，多数的 SPR 仪器中带有温控单元，因此温度的影响可以不予考虑，但是也应避免向 SPR 仪器中加入温度与 SPR 仪器设定温度相差较大的溶液。此外，移动相流速的改变也会造成 SPR 传感图的漂移（drift）和移位（shift）。因此，在 SPR 实验过程中如果有移动相流速变动的设定，应注意因流速变动而造成的影响，需要适当地延长稳定时间。

在 SPR 的实验过程中伴随有多种缓冲溶液的切换，例如在配体固定过程中，在使用缓冲溶液稳定好 SPR 芯片后，需要首先加入一种或多种活化芯片表面官能团的试剂溶液，随后再加入配体溶液进行固定，在完成配体固定后还需加入封闭液封闭芯片表面未被配体占有的活化官能团。又例如在分子间相互作用的检测分析过程中，需要重复若干轮缓冲溶液、分析物溶液、再生缓冲溶液的切换。因为这些溶液中的成分差异会使溶液具有不同的折射率，所以伴随着溶液的切换会引发 SPR 传感图的移位。我们将这种因溶液成分不同而引发的 SPR 传感图的移位称为容积效应（bulk effect）。

在使用 3D 立体型 SPR 芯片（例如羧甲基葡聚糖 SPR 芯片等）时，如图 3-20 所示，溶液中 pH 或离子强度的变化会导致 SPR 芯片表面上的葡聚糖基质发生延伸变化，我们将这种变化称为基质效应（matrix effect）。基质效应对分析物绝对响应方面的影响通常很小，但在高灵敏度的实验中需要考虑基质效应。基质效应的时间可能从几秒（例如 pH 值或离子强度变化微小时）到几分钟甚至几小时（例如在极端条件下再生后）。通常，基质效应与固定的配体的质量浓度直接相关，浓度越高，基质效应越大。当基质效应影响实验时，可以使用没有葡聚糖层的 SPR 芯片。

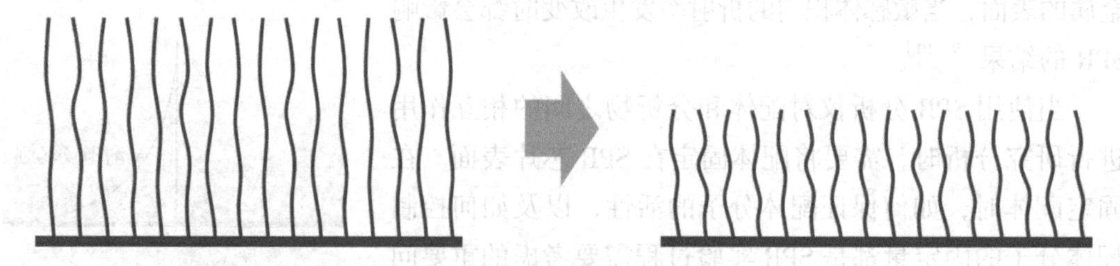

图 3-20　基质效应的示意图

2. 配体的固定

在使用 SPR 进行研究分析时，根据配体的特点，选择合适的方法将配体固定在 SPR 芯片上是实验过程中最关键的步骤之一。根据偶联的方式不同，可以将配体的固定方法分为吸附固定、共价偶联固定和捕获分子介导的偶联固定。

配体的低密度固定可以减少配体的空间位阻和物质迁移限制对 SPR 实验过程中分析物和配体特异性结合的产生、动力学和亲和力分析等的影响，从而有利于获得高质量的实验结果。但在使用 SPR 对分析物进行定量分析时，配体的高密度固定量会有利于得到线性更好、线性范围更广的实验结果。

当固定到 SPR 芯片上的所有配体均与分析物结合时的结合量称为理论最大结合量（R_{max}）。理论最大结合量数值可由下式计算获得

$$R_{max}\text{（RU）}=\frac{\text{分析物的分子量}}{\text{配体的分子量}}\times\text{配体的固定量（RU）}\times S \quad (3.1)$$

其中，S 表示为配体具有结合活性的位点数量。

一般而言，在使用 SPR 分析研究配体与分析物结合时的结合速率常数 k_a（单位：$M^{-1}s^{-1}$）与解离速率常数 k_d（单位：s^{-1}）时，为了保证检测的准确性，通常配体的固定量在 100～10 000 RU 之间。以使用 SPR 分析蛋白 A 与 IgG 抗体结合时的 k_a 与 k_d 为例，蛋白 A 作为配体固定在 SPR 芯片表面，蛋白 A 的分子量约为 42 000 Da，IgG 抗体的分子量约为 150 000 Da，蛋白 A 的活性结合位点的数量为 1。根据式 3.1 计算可得，蛋白 A 的固定量应在 56～280 RU 之间。

在将配体固定到 SPR 芯片后，需要确认固定后的配体的活性。此时可以加入足够高浓度的分析物以饱和 SPR 芯片上固定的配体，然后比较 R_{max} 的实验值与理论值。当实验值低于理论值时，配体分子在固定过程中可能丧失了部分活性或者可能因固定阻断了配体分子的部分活性位点。但当实验值高于理论值时，应考虑配体分子上是否存在更多的结合位点，或者分析物是否变为多聚体，或者分析物是否存在非特异性结合。

（1）吸附固定

吸附固定通常是指通过疏水作用或者静电作用将配体固定在低能表面或静电表面。疏水作用是固相分析中最简单的方法，例如将含有蛋白质的缓冲溶液与疏水表面接触即可自然发生吸附。疏水作用不易控制，因为它不是吸引力，而是通过排除高能溶剂（例如水）中具有低表面能的疏水域引起的。疏水相互作用是由分子的组织度变化引起的，因此是熵效应。当发生疏水作用时，整个系统的熵将增加。利用疏水作用进行吸附固定的一个缺点是所得表面对非特异性相互作用的稳定性极差，并且在配体与分析物结合后无法完全再生（regeneration）。因此，此类表面通常必须用合适的封闭剂蛋白封闭，并且只能使用一次。由于稳定的吸附需要若干个表面亲和官能团的协同作用，因此被吸附的配体必须具有足够数量的此类残基，并且分子量至少应为 10 kDa。因此，该方法通常不适用于固定未衍生的核苷酸、肽和小分子。此外，由于疏水作用可能会导致吸附固定的蛋白质中的部分区域展开，从而导致蛋白活性下降。因此，除了用于固定膜蛋白以外，应尽可能地降低 SPR 芯片表面的疏水性。

G 蛋白偶联受体（G protein-coupled receptors，GPCRs）等膜相关蛋白是目前 50% 以上的新药研发的重要靶点[11]。大多数膜蛋白离开脂双层膜后会变形失活，因此大多

数膜蛋白需要部分或完整的膜环境才能显示其正常功能。如图 3-4 和图 3-6 所示，使用平面羧化 SPR 芯片可以使脂质体吸附在表面并形成脂质单层，而使用亲脂性 SPR 芯片可以使脂质体吸附在表面并形成脂质双层。

疏水吸附固定配体分子的实验流程示例

SPR 芯片、试剂与仪器

SPR 芯片：

疏水面 SPR 芯片或亲脂性 SPR 芯片

缓冲溶液：

HBS-N 缓冲溶液（10 mmol/L HEPES、150 mmol/L NaCl、pH 7.4）或 PBS 缓冲溶液（137 mmol/L NaCl、2.7 mmol/L KCl、8 mmol/L Na_2HPO_4、2 mmol/L KH_2PO_4、pH 7.4）或其他不含界面活性剂的缓冲溶液

脂质：

10 mmol/L 2- 油酰 -1- 棕榈酰甘油 -3- 磷酸胆碱（1-palmitoyl-2-oleoyl-sn-glycero-3-phosphocholine，POPC）的氯仿（chloroform）溶液或 10 mmol/L 1,2- 十四酰基磷脂酰乙醇胺（1,2-dimyristoyl-sn-glycero-3-phosphocholine，DMPC）的氯仿溶液等。

配体：

将配体加入脂质的氯仿溶液中，浓度在 1%～5% 之内。

SPR 芯片清洗剂：

疏水面 SPR 芯片：40 mmol/L n- 辛基 -β- 吡喃葡萄糖苷（n-octyl-β-glucoside）

亲脂性 SPR 芯片：20 mmol/L 3-［（3- 胆酰胺丙基）二甲氨基］丙磺酸内盐 {3-［（3-cholamidopropyl）dimethylammonium］-1-propanesulfonate，CHAPS} 或 40 mmol/L n- 辛基 -β- 吡喃葡萄糖苷

条件缓冲溶液（conditioning buffer）：

50 mmol/L NaOH

配体固定确认 BSA 溶液：

100 μg/ml BSA 溶于缓冲溶液

仪器：

蒸发仪、真空泵、震荡混匀仪、液氮或干冰等制冷剂、脂质体（liposome）制备器

脂质体的制备实验流程

1. 取 0.5 ml 的 10 mmol/L POPC 的氯仿溶液或 10 mmol/L DMPC 的氯仿溶液，加入配体，使配体浓度在 1%～5% 之内。

2. 使用蒸发仪除去氯仿，随后使用真空泵进一步除去溶剂。

3. 加入 0.5 ml 的 PBS 溶液，使用震荡混匀仪充分混合。

4. 重复 5 次将脂质体与配体混合溶液放入液氮或干冰等制冷剂中冷冻成为固体，随后取出融化脂质体与配体混合溶液。

5. 使用脂质体制备器制作脂质体。

6. 在进行吸附固定前使用缓冲溶液将脂质体与配体混合溶液稀释至 0.5 mmol/L（POPC 或 DMPC 的浓度）。

实验前准备

实验前清洗 SPR 移动相单元。

吸附固定实验流程

试剂	试剂量（μl）/ 流速（μl/min）
缓冲溶液	适量 / 5
SPR 芯片清洗剂	100 / 5
缓冲溶液	适量 /（2～10）
脂质体 / 配体混合液	150 /（2～10）
条件缓冲溶液	100 / 5
BSA 溶液	100 / 5

注：1. 当 POPC 或 DMPC 完全覆盖 SPR 芯片表面时，BSA 的附着量在 100 RU 以下。2. 固定过程中涉及的缓冲溶液种类、试剂量和流速均可根据实验体系的实际情况进行调整。

如果芯片表面和预固定的配体均带有电荷，则可以通过改变缓冲溶液的离子强度和 pH 值，在相对较宽的范围内控制静电相互作用的程度。增加盐离子的浓度，也就是提高离子强度会屏蔽带电基团，并且因为形成了可以中和带电区域的离子对，所以通常会对亲水性和带电固定的芯片表面和配体之间产生与 pH 无关的排斥作用。在低离子强度（即低于 0.1 mol/L）下，缓冲溶液的 pH 值非常重要，因为在此状态下占主导地位的静电相互作用受配体的总电荷支配，即缓冲溶液的 pH 值大于配体的等电点时，配体带负电荷，缓冲溶液的 pH 值小于配体的等电点时，配体带正电荷。静电固定常用于将寡核苷酸附着到多胺涂层的微阵列基板上，需要注意的是，与疏水作用的吸附固定一样，利用静电作用进行吸附固定所得的表面对非特异性相互作用的稳定性极差。

静电作用的一个非常重要的应用方法就是在配体与 SPR 芯片通过共价键进行偶联前对配体进行静电预浓缩（electrostatic preconcentration）。将偶联缓冲溶液的 pH 值调至低于（对于带负电的芯片表面）或高于（对于带正电的芯片表面）配体的等电点，从而使配体的净电荷与SPR芯片表面化学修饰层的电荷相反。如果偶联缓冲溶液的离子强度足够低（即通常低于20 mmol/L），并且配体的等电点接近或高于SPR芯片表面化学修饰层的等电点，则配体和SPR芯片表面化学修饰层之间的静电引力将超过亲水稳定性，即超过分子间的空间位阻。在这些条件下，配体将在SPR芯片表面化学修饰层积聚直至达到静电中性，我们将这一过程称为静电预浓缩。静电预浓缩的作用非常强并且与配体的浓度无关。因此，即使配体的浓度低至几微克每毫升时，静电预浓缩也会持续将偶联缓冲溶液中的配体几乎耗尽为止。由于静电作用以协同的方式起作用，因此静电预浓缩的效率与配体的分子量成正比。最终静电预浓缩的配体密度主要取决于SPR芯片表面化学修饰层的纳米结构。对于3D立体型SPR芯片，配体的密度主要取决于葡聚糖的厚度和密度。

在使用SPR进行特异性结合分析、动力学分析，以及亲和力分析等大多数的应用中，需要低密度的配体固定量，而在使用SPR对分析物进行结合与否的定性分析时，需要高密度的配体固定量。因此，控制配体的密度在配体的固定过程中极为重要。通常，除了改变配体的浓度和与芯片表面的接触时间外，还可以通过调节偶联缓冲溶液中的离子强度或者改变SPR芯片表面化学修饰层的活化水平来控制最终的配体固定密度。降低SPR芯片表面化学修饰层的活化基团的密度可以有效地降低多位偶联，从而避免不希望的交联和配体失活。也因此，控制SPR芯片表面化学修饰层的活化水平是控制最终的配体固定密度的最优方案。

静电预浓缩的实验流程示例

SPR芯片、试剂与仪器

SPR芯片：

羧甲基葡聚糖SPR芯片

配体静电预浓缩缓冲溶液：

10 mmol/L 乙酸缓冲溶液（pH 4.0）

10 mmol/L 乙酸缓冲溶液（pH 5.0）

10 mmol/L 乙酸缓冲溶液（pH 6.0）

缓冲溶液：

HBS-EP缓冲溶液（10 mmol/L HEPES、150 mmol/L NaCl、3 mmol/L EDTA、0.005% surfactant P20、pH 7.4）

清洗液：

50 mmol/L NaOH水溶液

配体溶液的制备

分别使用不同pH的配体静电预浓缩缓冲溶液制备终浓度为20 μg/ml的配体溶液200 μl。

静电预浓缩确认实验流程

试剂　　　　　　　　　　　　　　　　　　　试剂量（μl）/ 流速（μl/min）

缓冲溶液 ………………………………………………………… 适量 / 10

配体溶液（pH 6.0）…………………………………………… 100 /（5～10）

缓冲溶液 ………………………………………………………… 适量 / 10

配体溶液（pH 5.0）…………………………………………… 100 /（5～10）

缓冲溶液 ………………………………………………………… 适量 / 10

配体溶液（pH 4.0）…………………………………………… 100 /（5～10）

缓冲溶液 ………………………………………………………… 适量 / 10

50 mmol/L NaOH 水溶液 ……………………………………… 100 / 10

缓冲溶液 ………………………………………………………… 适量 / 10

在对配体进行固定时，应使用获得效果最大的配体静电预浓缩缓冲溶液。根据静电预浓缩的实验结果示意图，在此应选择 pH 5.0 的 10 mmol/L 乙酸缓冲溶液（图 3-21）。

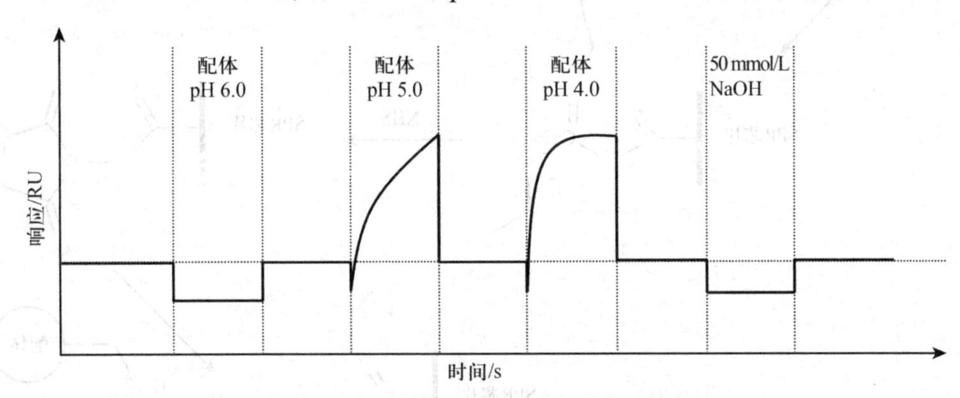

图 3-21　静电预浓缩的实验结果示意图

注：固定过程中涉及的缓冲溶液种类、试剂量和流速均可根据实验体系的实际情况进行调整。

（2）共价偶联固定

共价偶联固定是最常用的固定方法，因为它通常可以提供很高的偶联产率，并且能够在配体和合适的生物相容性 SPR 芯片表面的化学修饰层之间形成稳定的共价键。共价偶联固定的缺点是随机偶联，该偶联均等地发生在配体的活性和非活性位点，因此可能会影响固定后的配体的活性。在极端情况下，特别是对于小分子量的配体（例如肽），甚至可能会导致配体的完全失活。

a. 利用活性酯与配体中氨基形成的共价键偶联固定

利用配体（特别是蛋白质、肽）分子中的氨基（伯胺）与 SPR 芯片表面化学修饰层的羧基形成共价偶联是最常见的配体固定方法。通常，SPR 芯片表面化学修饰层的羧基首先被 1-（3- 二甲氨基丙基）-3- 乙基碳二亚胺［1-（3-dimethylaminopropyl）-3-ethylcarbodiimide，EDC］与 N- 羟基琥珀酰亚胺（N-hydroxysuccinimide，NHS）等活化并转化为活性酯中间体，然后活性酯中间体与配体（特别是蛋白质，肽）分子中的赖氨酸、精氨酸或配体分子 N 末端的伯胺反应形成共价键。

如图 3-22 所示，EDC 等碳二亚胺（carbodiimide）试剂首先与羧基反应生成中间体 O- 酰基异硫脲，类似于引入酯基活化羧酸，随后 O- 酰基异硫脲与胺反应生成目标产物酰胺和脲。由于中间体 O- 酰基异硫脲极不稳定，在水溶液中会快速地水解，因此会一同使用 NHS 或其磺化衍生物 N- 羟基磺基琥珀酰亚胺（N-hydroxysulfosuccinimide，sulfo-NHS），将中间体 O- 酰基异硫脲反应转化为更稳定的 NHS 活性酯。

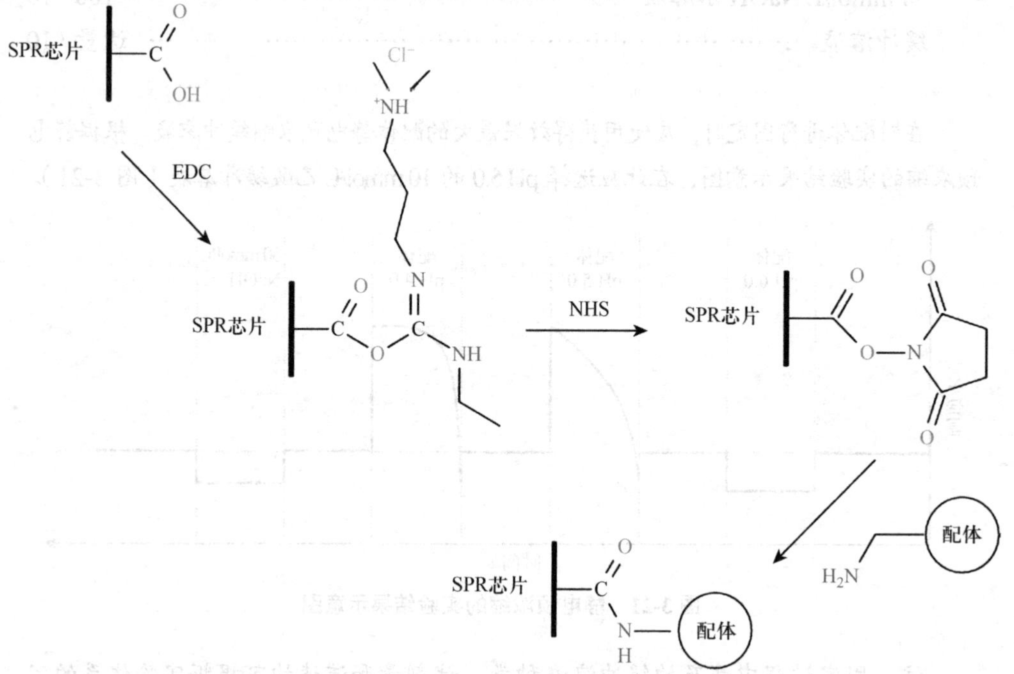

图 3-22　羧基活化与 EDC-NHS 和配体的偶联反应路线图

在碳二亚胺类的试剂中，具有水溶性的 EDC 是最常应用于生物活性分子结合的试剂[12]。实际操作中，通常使用的为 EDC 的盐酸盐。因 EDC 的盐酸盐极易潮解，而其通常又是储存在 -20℃的干燥容器中，因此在使用 EDC 的盐酸盐时，为了防止 EDC 的盐酸盐潮解，应该将装有 EDC 盐酸盐的容器升温至室温后再打开取出 EDC 盐酸盐。并且，由于 EDC 溶于水后易分解，应在使用前制备 EDC 溶液，尽量避免使用旧的 EDC 溶液。虽然 O- 酰基异硫脲与 NHS 的反应非常快，但是，在使用羧甲基葡聚糖 SPR 芯片时，应注意避免大量羟基的酯化反应等副作用。在配体偶联反应完成后，通常使用乙醇胺（ethanolamine，EA）封闭活化的活性酯。乙醇胺无法封闭所有的活性酯，因此应注意避免残存的活性酯与配体发生多位偶联。

在使用NHS活性酯偶联多肽等分子量较小的配体时，NHS活性酯在弱碱性（pH 8～10）的条件下可以与伯胺反应，产生稳定的酰胺键。对于NHS活性酯偶联蛋白质等分子量较大的配体时，通常使用弱酸性（pH 4～6）的偶联缓冲溶液。选择弱酸性的偶联缓冲溶液首先易于使配体与芯片表面产生上述的静电预浓缩现象，其次由于蛋白质N末端的伯胺的等电点低于赖氨酸侧链的伯胺的等电点。因此，为了防止蛋白质中的赖氨酸会产生多位偶联，弱酸性的偶联缓冲溶液有利于N末端的伯胺选择性地与NHS活性酯发生偶联。

利用活性酯与配体中氨基形成的共价键偶联固定的实验流程示例

SPR芯片、试剂与仪器

SPR芯片：

羧甲基葡聚糖SPR芯片

配体溶液（选择有利于静电预浓缩的pH的缓冲溶液作为溶剂）：

20 μg/ml配体的10 mmol/L 乙酸缓冲溶液（pH 5.0）

缓冲溶液：

HBS-EP缓冲溶液（10 mmol/L HEPES、150 mmol/L NaCl、3 mmol/L EDTA、0.005% surfactant P20、pH 7.4）

偶联活化试剂：

终浓度50 mmol/L NHS / 200 mmol/L EDC的水溶液（使用前制备）

表面封闭液：

1 mol/L 乙醇胺盐酸（ethanolamine hydrochloride）缓冲溶液（pH 8.5）

偶联固定实验流程

试剂	试剂量（μl）/ 流速（μl/min）
缓冲溶液	适量 / 10
偶联活化试剂	200/ 10
配体溶液	200 /（5～10）
表面封闭液	200 / 10
缓冲溶液	适量 / 10

适当地缩短或延长NHS/EDC与SPR芯片的接触时间可以减小或增加配体的固定量。但是，随着SPR芯片表面活性酯的比例增加，静电预浓缩的效果将减弱。

注：固定过程中涉及的缓冲溶液种类、试剂量和流速均可根据实验体系的实际情况进行调整。

b. 利用还原胺化作用的共价偶联固定

如图 3-23 所示，在使用羧甲基葡聚糖 SPR 芯片等表面由多糖修饰的 SPR 芯片时，可以先使用高碘酸钠（sodium periodate）等高碘酸盐氧化多糖形成环状半缩醛。醛、酮和乙二醛等羰基可与胺反应形成不稳定的席夫碱（Schiff base）中间体，随后被还原为

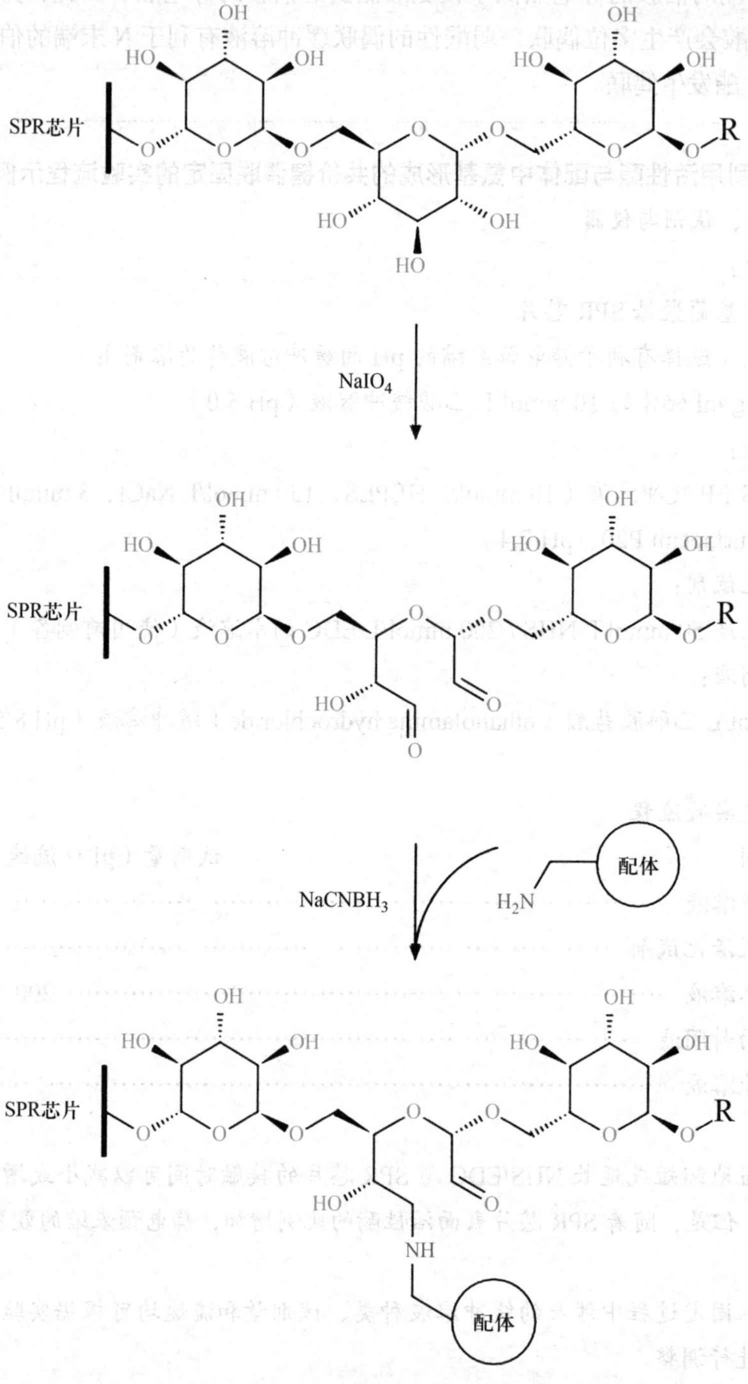

图 3-23　利用还原胺化作用偶联固定含有胺的配体的反应路线图

稳定的仲胺，从而将含胺的配体偶联固定至SPR芯片表面。

席夫碱的还原胺化反应是一种高度选择性的反应，可以在温和条件下平稳进行。硼氢化钠（sodium borohydride）与氰基硼氢化钠（sodium cyanoborohydride）是还原胺化反应中最常用的还原剂，氰基硼氢化钠比硼氢化钠反应温和，并且不会减少游离的醛基。因此，氰基硼氢化钠可以通过将反应平衡倾向于产物侧从而获得更高的偶联收率。利用还原胺化作用的共价偶联固定可用于非静电预浓缩条件下的配体固定。

利用还原胺化作用的共价偶联固定配体的实验流程示例

SPR芯片、试剂与仪器

SPR芯片：

羧甲基葡聚糖SPR芯片

配体溶液：

20 μg/ml 配体、10 mmol/L 氰基硼氢化钠（剧毒！）的磷酸缓冲溶液（pH 8.0）

缓冲溶液：

HBS-EP 缓冲溶液（10 mmol/L HEPES、150 mmol/L NaCl、3 mmol/L EDTA、0.005% surfactant P20、pH 7.4）

偶联活化试剂：

10 mmol/L 高碘酸钠的水溶液（使用前制备）

表面封闭液：

1 mol/L 乙醇胺盐酸、10 mmol/L 氰基硼氢化钠缓冲溶液（pH8 .0）

偶联固定实验流程

试剂	试剂量（μl）/ 流速（μl/min）
缓冲溶液	适量 / 10
偶联活化试剂	300 / 10
配体溶液	100 /（5～10）
表面封闭液	600 / 10
缓冲溶液	适量 / 10

减小 / 增加高碘酸钠水溶液的浓度，或者适当地缩短 / 延长高碘酸钠溶液与SPR芯片的接触时间可以减小 / 增加配体的固定量。

注：固定过程中涉及的缓冲溶液种类、试剂量和流速均可根据实验体系的实际情况进行调整。

c. 利用二硫键与巯基形成的共价偶联固定

除了使用配体分子中的氨基实现共价偶联固定以外，还可以选择使用配体分子中的巯基实现共价偶联固定。特别是配体分子上没有合适的伯胺，或者在配体分子上远离活性位点的位置含有巯基或二硫键时，利用巯基或二硫键完成配体的共价偶联固定是一个不错的方法。

如图 3-24 所示，利用二硫键与巯基共价偶联固定时，首先，使用 EDC 和 NHS 等使 SPR 芯片表面化学修饰层中的羧基形成 NHS 活性酯。随后，NHS 活性酯与 2- 氨基乙硫醇（2-aminoethanethiol）等氨基烷硫醇（amido alkanethiol）反应使 SPR 芯片表面化学修饰层中含有足够的巯基。其次，加入 2,2′- 二吡啶二硫醚（2,2′-dipyridyl disulfide）形成吡啶基二硫化物。或者，可以直接使用 2-（2- 吡啶基二硫基）乙胺［2-（2-pyridinyldithio）ethanamine，PDEA］与 NHS 活性酯反应形成吡啶基二硫化物来替代上述两步反应。最后，加入含有巯基的配体与吡啶基二硫化物反应完成共价偶联固定。因为上述反应可以在能够实现静电预浓缩的广泛的 pH 范围和具有低离子强度的各种缓冲溶液中进行，因此利用巯基形成的共价偶联固定也是 SPR 实验中配体固定的常用方法。

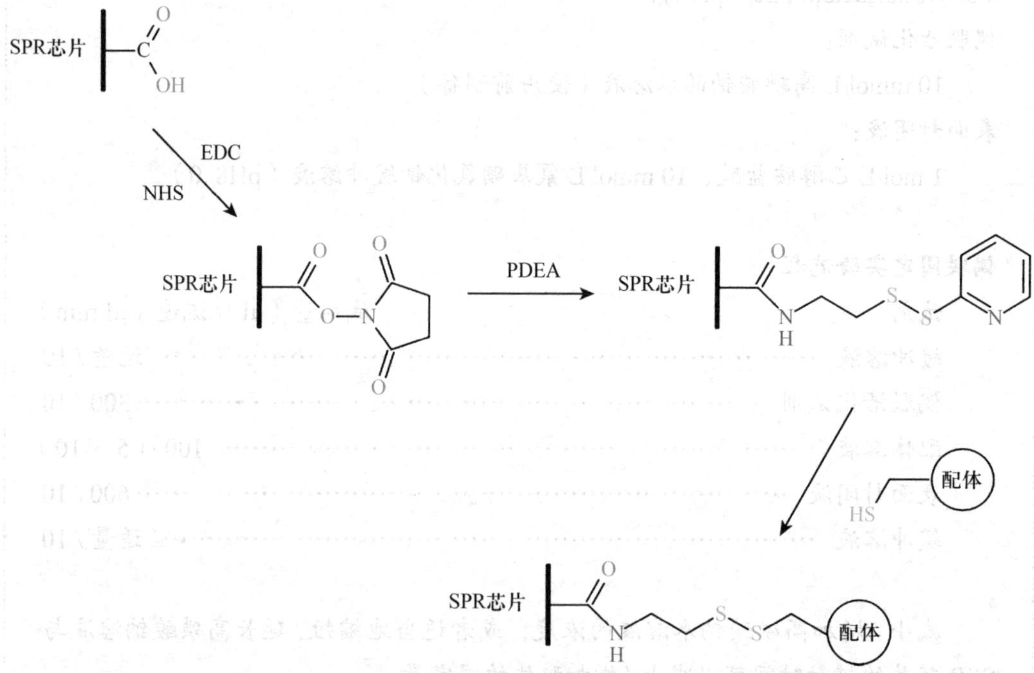

图 3-24　利用二硫键与巯基形成的共价偶联固定配体的反应路线图

当用于固定的配体分子内没有合适的巯基或只有二硫键时，可以首先使用二硫苏糖醇（dithiothreitol，DTT）、二硫赤藓糖醇（dithioerythritol，DTE）、2- 巯基乙醇（2-mercaptoethanol）、2- 巯基乙酸（2-mercaptoacetic acid）或 2- 巯基乙胺（2-mercaptoacetamide）等含有巯基的化合物还原二硫键，使二硫键形成巯基，但值得注意的是，还原后的配体需要脱去还原剂，以避免还原剂对之后操作产生影响。

利用二硫键与巯基形成的共价偶联固定配体的实验流程示例

SPR 芯片、试剂与仪器

SPR 芯片：

羧甲基葡聚糖 SPR 芯片

配体溶液（选择有利于静电预浓缩的 pH 值的缓冲溶液作为溶剂）：

20 μg/ml 配体的 10 mmol/L 乙酸缓冲溶液

缓冲溶液：

HBS-EP 缓冲溶液（10 mmol/L HEPES、150 mmol/L NaCl、3 mmol/L EDTA、0.005% surfactant P20、pH 7.4）

NHS/EDC 活化试剂：

终浓度 50 mmol/L NHS / 200 mmol/L EDC 的水溶液（使用前制备）

PDEA 活化试剂：

80 mmol/L PDEA 的 50 mmol/L 硼酸钠缓冲溶液（使用前制备）

表面封闭液：

50 mmol/L L- 半胱氨酸（L-cysteine）水溶液

偶联固定实验流程

试剂	试剂量（μl）/ 流速（μl/min）
缓冲溶液	适量 / 10
NHS/EDC 活化试剂	200 / 10
PDEA 活化试剂	200 / 10
配体溶液	100 /（5～10）
表面封闭液	200 / 10
缓冲溶液	适量 / 10

注：固定过程中涉及的缓冲溶液种类、试剂量和流速均可根据实验体系的实际情况进行调整。

d. 利用二硫键与羧基反应形成的共价偶联固定

通常，在静电预浓缩的条件下有利于配体与 SPR 表面的官能团发生偶联反应。但是对于一些酸性蛋白质等含有大量羧基的酸性配体分子而言，是很难通过降低偶联缓冲溶液的 pH 值来产生静电预浓缩作用，因此在这种情况下可以使用二硫键与羧基形成的共价偶联反应进行固定。

如图 3-25 所示，在此方法中，首先，使用 EDC 和 NHS 等使 SPR 芯片表面化学修饰层中的羧基形成 NHS 活性酯。随后，将 NHS 活性酯与 2- 氨基乙硫醇（2-aminoethanethiol）等氨基烷硫醇（amido alkanethiol）试剂反应，使 SPR 芯片表面化学修饰层中含有足够的巯基。另一方面，将含有大量羧基的酸性配体分子使用 EDC 与 PDEA 处理，使酸性配体分子上形成吡啶基二硫化物。由于酸性配体分子中的羧基转化为吡啶基二硫化物，所以此时的配体较易产生静电预浓缩。其次，在静电预浓缩下，配体分子中的吡啶基二硫化物与 SPR 芯片上的巯基反应完成共价偶联固定。最后，加入含有巯基的化合物封闭配体分子上未反应的吡啶基二硫化物。

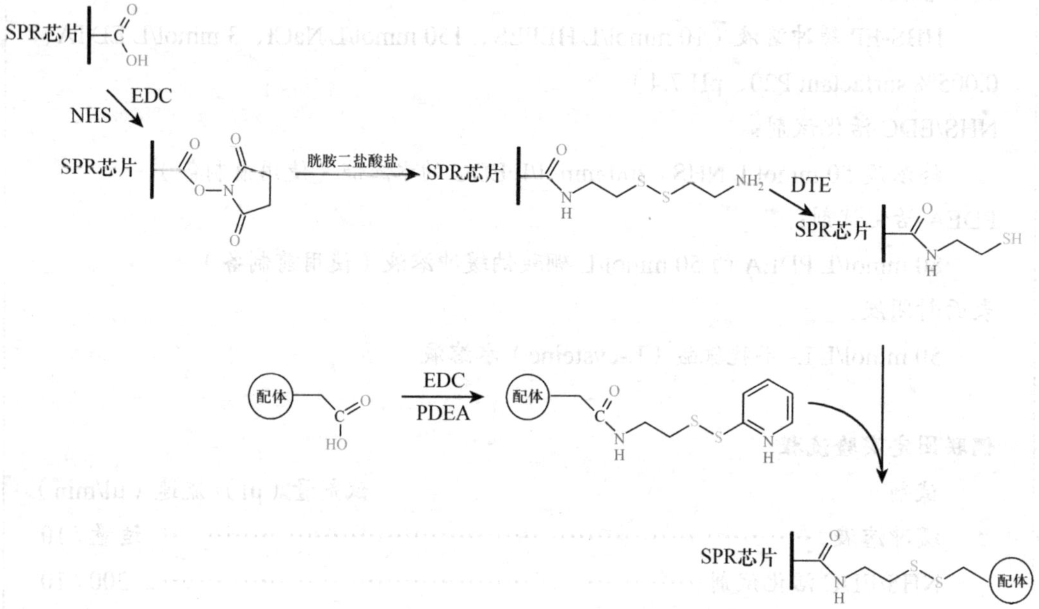

图 3-25　利用二硫键与羧基形成的共价偶联固定配体的反应路线图

利用二硫键与羧基形成的共价偶联固定配体的实验流程示例

SPR 芯片、试剂与仪器

SPR 芯片：

羧甲基葡聚糖 SPR 芯片

缓冲溶液：

HBS-EP 缓冲溶液（10 mmol/L HEPES、150 mmol/L NaCl、3 mmol/L EDTA、0.005% surfactant P20、pH 7.4）

NHS/EDC 活化试剂：

终浓度 50 mmol/L NHS / 200 mmol/L EDC 的水溶液（使用前制备）

胱胺化试剂：

40 mmol/L 胱胺二盐酸盐（cystamine dihydrochloride）的 150 mmol/L 硼酸缓冲溶液（pH 8.5）

还原试剂：

100 mmol/L 二硫赤藓醇（1,4-dithioerythritol，DTE）的 150 mmol/L 硼酸缓冲溶液（pH 8.5）

配体活化试剂：

100 mmol/L MES 缓冲溶液（pH 5.0）

15 mg/ml PDEA 的 100 mmol/L MES 缓冲溶液（pH 5.0）

400 mmol/L EDC 水溶液

配体溶液（选择有利于静电预浓缩的 pH 的缓冲溶液作为溶剂）：

10 mmol/L 乙酸缓冲溶液

配体纯化柱：

NAP-5 column 或 MicroSpin G-25 column 等

表面封闭液：

20 mmol/L PDEA、1 mol/L NaCl 的 100 mmol/L 乙酸缓冲溶液（pH 4.0）

配体溶液的制备流程

1. 准备含 1 mg/ml 配体的 100 mmol/L MES 缓冲溶液（pH 5.0）500 μl。

2. 向 500 μl 含 1 mg/ml 配体的 100 mmol/L MES 缓冲溶液（pH 5.0）中分别加入 0.25 ml 含 15 mg/ml PDEA 的 100 mmol/L MES 缓冲溶液（pH 5.0）和 25 μl 的 400 mmol/L EDC 水溶液。

3. 充分混合后，25℃反应 10 min。

4. 使用 NAP-5 column 或 MicroSpin G-25 column 等纯化配体溶液。

5. 使用 pH 值适宜的 10 mmol/L 乙酸缓冲溶液制备终浓度为含 20 μg/ml 配体的 10 mmol/L 乙酸缓冲溶液。

偶联固定实验流程

试剂	试剂量（μl）/ 流速（μl/min）
缓冲溶液	适量 / 10
NHS/EDC 活化试剂	200 / 10
胱胺化试剂	100 / 10
还原试剂	100 / 10
PDEA 化的配体溶液	100 /（5～10）
表面封闭液	200 / 10

缓冲溶液 ………………………………………………………………… 适量 / 10

注：固定过程中涉及的缓冲溶液种类、试剂量和流速均可根据实验体系的实际情况进行调整。

e. 利用马来酰亚胺与巯基反应形成的共价偶联固定

在利用巯基形成的共价键进行配体偶联固定时，如图 3-26 所示，可以利用马来酰亚胺与巯基形成的不可逆共价键偶联固定。在此，马来酰亚胺的烯烃基团与巯基发生烷基化反应，形成稳定的硫醚键。在中性 pH 值下，此类偶联反应对巯基的特异性很高，而在较高的 pH 下，马来酰亚胺的烯烃基团可能会与氨基发生副反应。在 pH 7 时，马来酰亚胺与巯基的反应速度比与氨基的反应速度快约 1000 倍[13]。

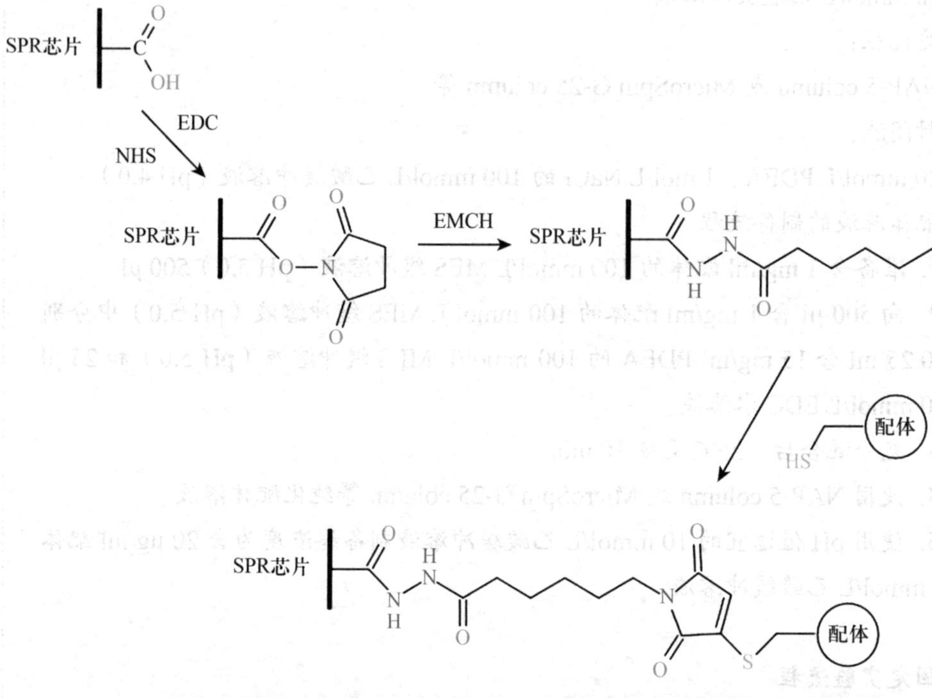

图 3-26　利用马来酰亚胺与巯基形成的共价偶联固定配体的反应路线图

利用马来酰亚胺与巯基形成的共价偶联固定配体的实验流程示例

SPR 芯片、试剂与仪器

SPR 芯片：

羧甲基葡聚糖 SPR 芯片

配体溶液（选择有利于静电预浓缩的 pH 的缓冲溶液作为溶剂）：

含 20 μg/ml 配体的 10 mmol/L 乙酸缓冲溶液

缓冲溶液：

HBS-EP 缓冲溶液（10 mmol/L HEPES、150 mmol/L NaCl、3 mmol/L EDTA、0.005% surfactant P20、pH 7.4）

NHS/EDC 活化试剂：

终浓度 50 mmol/L NHS / 200 mmol/L EDC 的水溶液（使用前制备）

马来酰亚胺化试剂：

含 50 mmol/L EMCH（N-ε-maleimidocaproic acid hydrazide）、1 mol/L NaCl 的 10 mmol/L 硼酸缓冲溶液（pH 8.5）

NHS 封闭液：

含 1 mol/L 乙醇胺的 0.1 mol/L 磷酸缓冲溶液（pH 7.0）

马来酰亚胺封闭液：

含 50 mmol/L L- 半胱氨酸、1 mol/L NaCl 的 100 mmol/L 乙酸缓冲溶液（pH 4.0）

偶联固定实验流程

试剂	试剂量（μl）/ 流速（μl/min）
缓冲溶液	适量 / 10
NHS/EDC 活化试剂	200 / 10
马来酰亚胺化试剂	200 / 10
NHS 封闭液	200 / 10
配体溶液	100 /（5 ～ 10）
马来酰亚胺封闭液	200 / 10
缓冲溶液	适量 / 10

注：固定过程中涉及的缓冲溶液种类、试剂量和流速均可根据实验体系的实际情况进行调整。

f. 利用酰肼基与醛基反应形成的共价偶联固定

当固定的配体是糖或糖蛋白时，由于糖基团通常与配体的结合位点有一定的距离，因此通过糖上的醛基进行配体固定是维持固定后糖蛋白活性的有效方法。如图 3-27 所示，在利用酰肼基与醛基反应形成的共价偶联固定中，首先，使用 EDC 和 NHS 等使 SPR 芯片表面化学修饰层中的羧基形成 NHS 活性酯。随后，将 NHS 活性酯与肼（hydrazine）、碳酸二酰肼（carbohydrazide）或己二酸二酰肼（adipic dihydrazide）等反应，使 SPR 芯片表面化学修饰层中含有足够的酰肼基。最后，加入含有醛基的配体与

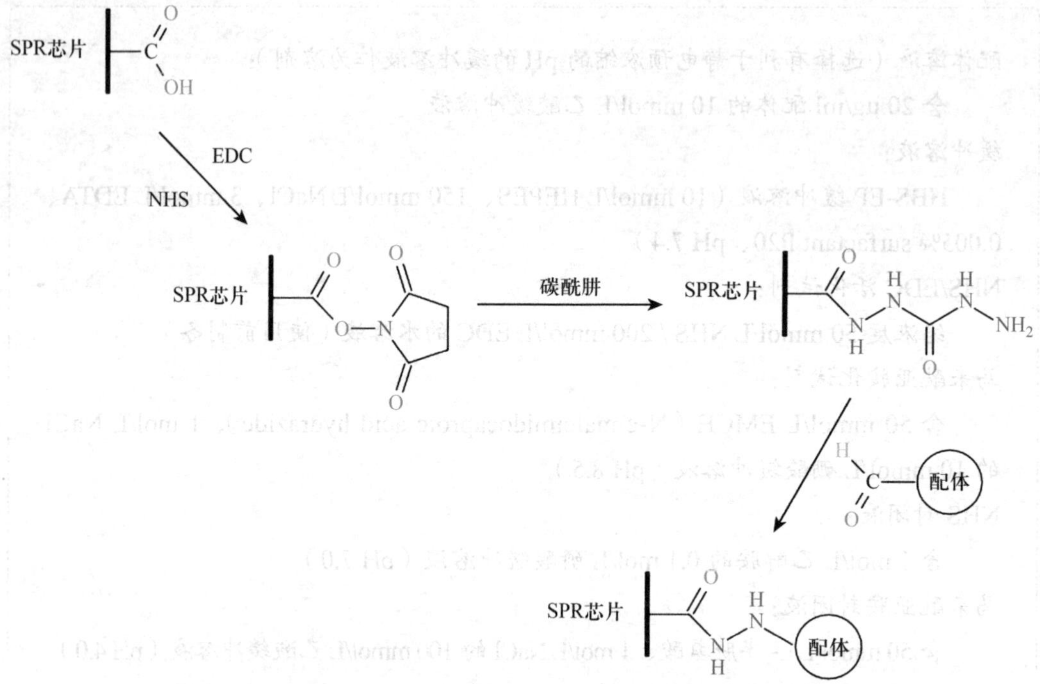

图 3-27　利用酰肼基与醛基反应形成的共价偶联固定配体的反应路线图

酰肼基反应完成共价偶联固定。

SPR 芯片表面化学修饰层中酰肼基的含量以及固定的配体密度可以通过 EDC 与 NHS 混合物的浓度和反应时间来控制。并且，在使用 3D 立体型 SPR 芯片时，为了避免表面结构的交联，应加入较高浓度的酰肼基化合物。在反应过程中可以加入适量的硫酸盐作为催化剂以加快反应速度。为了使偶联反应在静电预浓缩的条件下进行，应使用弱酸性的偶联缓冲溶液。

利用酰肼基与醛基反应形成的共价偶联固定的实验流程示例

SPR 芯片、试剂与仪器

SPR 芯片：

羧甲基葡聚糖 SPR 芯片

缓冲溶液：

HBS-EP 缓冲溶液（10 mmol/L HEPES、150 mmol/L NaCl、3 mmol/L EDTA、0.005% surfactant P20、pH 7.4）

NHS/EDC 活化试剂：

终浓度 50 mmol/L NHS / 200 mmol/L EDC 的水溶液（使用前制备）

酰肼基化试剂：

5 mmol/L 碳酸二酰肼的水溶液

表面封闭液：

1 mol/L 乙醇胺盐酸（ethanolamine hydrochloride）缓冲溶液（pH 8.5）

表面还原试剂：

含 100 mmol/L 氰基硼氢化钠（sodium cyanoborohydride）的 100 mmol/L 乙酸缓冲溶液（pH 4.0）

配体醛基化试剂：

含 50 mmol/L 高碘酸钠（sodium periodate）的 100 mmol/L 乙酸缓冲溶液（pH 5.5）

配体溶液（选择有利于静电预浓缩的 pH 的缓冲溶液作为溶剂）：

10 mmol/L 乙酸缓冲溶液

配体纯化柱：

NAP-5 column 或 MicroSpin G-25 column 等

配体溶液的制备流程

1. 准备含 1 mg/ml 配体的 100 mmol/L 乙酸缓冲溶液（pH 5.5）500 μl。

2. 向 500 μl 含 1 mg/ml 配体的 100 mmol/L 乙酸缓冲溶液（pH 5.5）中加入 10.2 μl 的 50 mmol/L 高碘酸钠的 100 mmol/L 乙酸缓冲溶液（pH 5.5），使高碘酸钠的终浓度为 1 mmol/L。

3. 充分混合后，冰水中反应 20 min。

4. 使用 NAP-5 column 或 MicroSpin G-25 column 等纯化配体溶液。

5. 使用 pH 值适宜的 10 mmol/L 乙酸缓冲溶液制备终浓度为含 20 μg/ml 配体的 10 mmol/L 乙酸缓冲溶液。

偶联固定实验流程

试剂	试剂量（μl）/ 流速（μl/min）
缓冲溶液	适量 / 10
NHS/EDC 活化试剂	200 / 10
酰肼基化试剂	200 / 10
表面封闭液	200 / 10
配体溶液	100 /（5～10）
表面还原试剂	200 / 10
缓冲溶液	适量 / 10

注：固定过程中涉及的缓冲溶液种类、试剂量和流速均可根据实验体系的实际情况进行调整。

g. 利用氨基与羟基反应形成的共价偶联固定

在小分子配体中，可用于共价偶联固定的官能团较少。在氨基与羟基形成的共价偶联固定方法中，是利用小分子配体中的羟基进行固定。如图 3-28 所示，在利用氨基与羟基形成的共价偶联固定中，首先，使用 EDC 与 NHS 等使 SPR 芯片表面化学修饰层中的羧基形成 NHS 活性酯。随后，将 NHS 活性酯与乙二胺（ethylenediamine）等反应，使 SPR 芯片表面化学修饰层中含有足够的氨基。另外，在 4- 二甲氨基吡啶（4-dimethylaminopyridine，DMAP）催化下，将小分子配体中的羟基通过与 N,N′- 二琥珀酰亚胺基碳酸酯（N,N′-disuccinimidyl carbonate，DSC）反应生成 NHS 活性酯。最后，将羟基转化为 NHS 活性酯的小分子配体与 SPR 芯片上的氨基反应完成共价偶联固定。

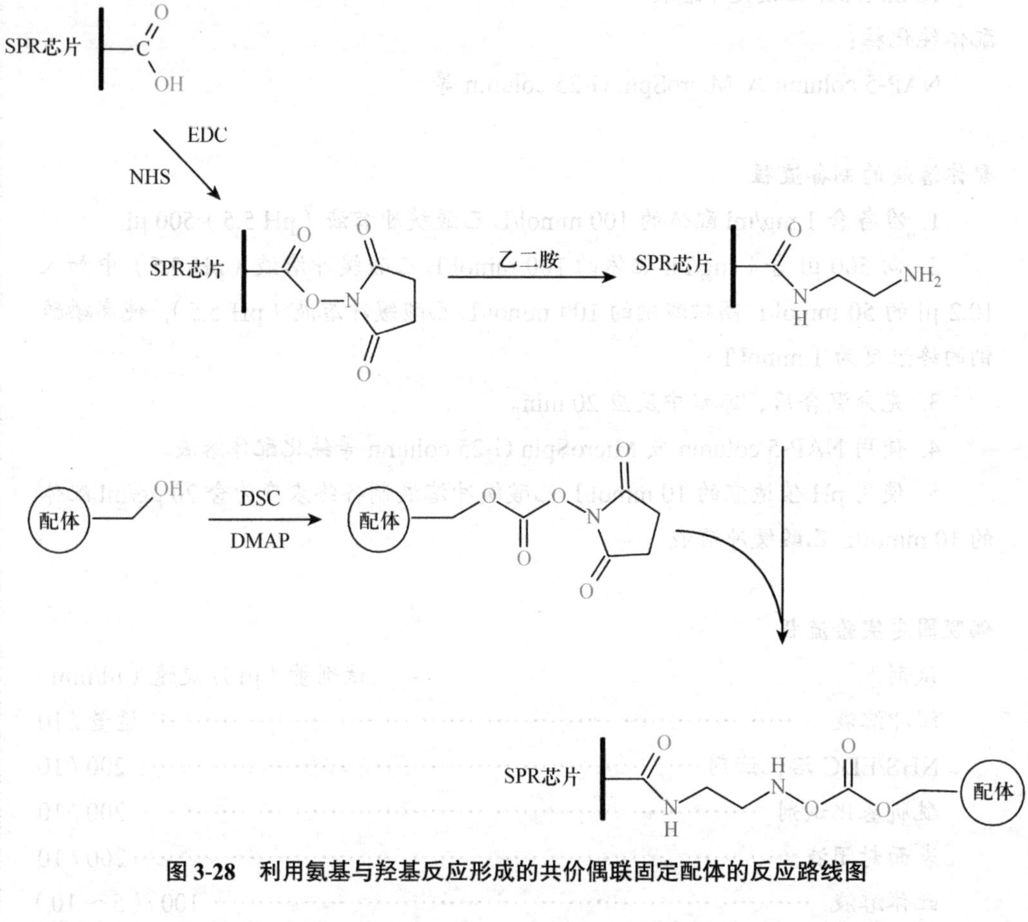

图 3-28　利用氨基与羟基反应形成的共价偶联固定配体的反应路线图

利用氨基与羟基反应形成的共价偶联固定配体的实验流程示例

SPR 芯片、试剂与仪器

SPR 芯片：

羧甲基葡聚糖 SPR 芯片

缓冲溶液：

HBS-EP 缓冲溶液（10 mmol/L HEPES、150 mmol/L NaCl、3 mmol/L EDTA、0.005% surfactant P20、pH 7.4）

NHS/EDC 活化试剂：

终浓度为 50 mmol/L NHS / 200 mmol/L EDC 的水溶液（使用前制备）

乙二胺缓冲溶液：

含 100 mmol/L 乙二胺、1 mol/L NaCl 的 10 mmol/L 硼酸缓冲溶液（pH 8.5）

表面封闭液：

1 mol/L 乙醇胺盐酸（ethanolamine hydrochloride）缓冲溶液（pH 8.5）

配体修饰试剂：

含 0.2 mol/L DMAP 的吡啶（pyridine）溶液

含 0.2 mol/L DSC 的 DMSO（dried）溶液

100 mmol/L 硼酸缓冲溶液（pH 8.5）

配体溶液制备

1. 准备含 1 ~ 10 mmol/L 配体的 DMSO（dried）溶液 50 μl。

2. 向 50 μl 的配体溶液中加入 50 μl 的含 0.2 mol/L DMAP 的吡啶溶液和 50 μl 含 0.2 mol/L DSC 的 DMSO（dried）溶液。

3. 充分混合后室温反应 30 min。

4. 反应结束后，向 150 μl 的反应混合液中加入 150 μl 的含 100 mmol/L 硼酸缓冲溶液（pH 8.5）并充分混合。

偶联固定实验流程

1. SPR 仪器内的操作

试剂	试剂量（μl）/ 流速（μl/min）
缓冲溶液	适量 / 10
NHS/EDC 活化试剂	200 / 10
乙二胺缓冲溶液	200 / 10
表面封闭液	200 / 10

2. SPR 仪器外的操作

将 SPR 芯片取出，在 SPR 芯片上加入适量的超纯水，30 s 后将超纯水吸出。

在 SPR 芯片上加入适量的配体溶液，放入密封保湿盒内避免 SPR 芯片表面干燥。

室温反应 30 min。

将 SPR 芯片上的配体溶液吸出，用超纯水充分清洗。

将 SPR 芯片安装进 SPR 仪器中。

注：固定过程中涉及的缓冲溶液种类、试剂量和流速均可根据实验体系的实际情况进行调整。

3. 配体异质性

如前文所述，共价偶联固定是最常用的配体固定方法，在配体和合适的生物相容性 SPR 芯片表面化学修饰层之间形成稳定的共价键，同时可以获得较高的偶联产率。但是，共价偶联固定是随机的偶联，如图 3-29 所示，配体上发生共价偶联的位点可能会对配体的活性产生很大的影响，从而导致固定的配体具有不同的活性，我们将这一现象称为配体异质性（ligand heterogeneity）。当配体异质性较严重时，可以选择其他的共价偶联固定方法或者使用捕获分子介导的偶联固定。

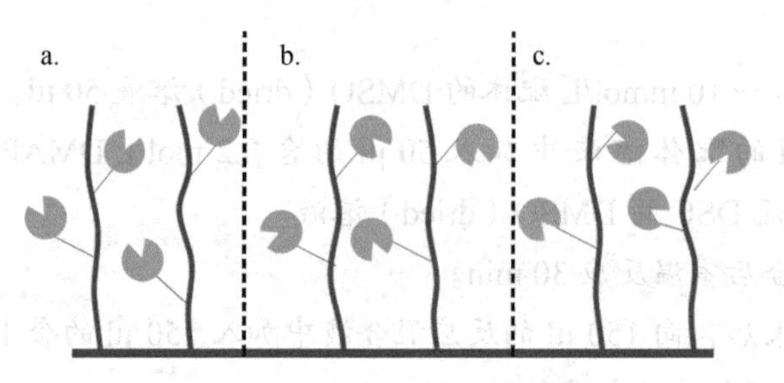

图 3-29　配体异质性示意图

a. 配体活性位置充分暴露，有利于后续检测分析；b. 配体活性位置不利于与分析物结合；c. 与配体活性位置发生偶联造成的配体失活

此外，还需要注意的是，有些类似于配体异质性的现象是由于配体样品自身的原因造成的。例如，配体样品中含有其他成分或者部分配体分子失活等，这些都可以通过电泳等方法予以确认。

（1）捕获分子介导的偶联固定

通过使用捕获分子偶联固定配体分子可以确定配体固定位点的特异性，从而保障配体的活性和结构，减小配体的异质性。在 SPR 实验中，捕获分子通常使用结合蛋白（链霉亲和素、蛋白 A 等）、抗体以及螯合物基团（NTA）等具有较高亲和力的物质。在前文《SPR 芯片简介》中对常见的已制备的含有捕获分子的 SPR 芯片做了简单的介绍，在此处将对其应用进行补充介绍。使用捕获分子偶联固定配体分子的操作方便，并且可以保障配体的活性和结构，能够减小配体异质性。但是使用捕获分子偶联固定配体分子也具有一定的局限性，例如，在 SPR 检测分析中，SPR 的检测分析范围仅限于渐逝场的敏感体积，而使用捕获分子偶联固定配体时，捕获分子将会占据很大一部分的敏感体积，因此渐逝场的敏感体积有可能无法用于配体与分析物（特别是高分子量分析物）之间的检测分析。另外，较大的捕获分子可能会改变固定的配体的亲和力或诱导非特异性的相互作用。

a. 利用链霉亲和素（中性亲和素）等对生物素标示的配体进行偶联固定

在前文中已经对链霉亲和素（中性亲和素）修饰的SPR芯片做了简单的介绍。尽管通常条件下，在静电预浓缩的环境里有利于配体与SPR表面的官能团发生偶联反应，但是对于一些，例如像酸性蛋白质等含有大量羧基的酸性配体分子而言，很难通过降低偶联缓冲溶液的pH而产生静电预浓缩现象，因此，在这种情况下可以考虑使用链霉亲和素（中性亲和素）等方法对配体进行偶联固定。

在使用链霉亲和素（中性亲和素）修饰的SPR芯片时还需要考虑如何对配体进行生物素标记。在生物素标记中，通常使用NHS活化的生物素衍生物与配体分子上的氨基反应完成标记。因此，配体分子上的某些赖氨酸基团会随机转化为不带电荷的酰胺。此外，在生物素标记中，应尽可能降低配体生物素标记化程度，从而避免配体偶联固定时引发交联。

利用链霉亲和素（中性亲和素）等对生物素标示的配体进行偶联固定的实验流程示例

SPR芯片、试剂与仪器

SPR芯片：

链霉亲和素/中性亲和素化SPR芯片

缓冲溶液：

HBS-EP缓冲溶液（10 mmol/L HEPES、150 mmol/L NaCl、3 mmol/L EDTA、0.005% surfactant P20、pH 7.4）

SPR芯片清洗剂：

含50 mmol/L NaOH和1 mol/L NaCl的水溶液

生物素标示试剂：

生物素-NHS或生物素-LC-NHS等

N,N-二甲基甲酰胺（N,N-dimethylformamide，DMF）

50 mmol/L碳酸缓冲溶液（pH 8.5）

配体纯化柱：

NAP-5 column或MicroSpin G-25 column等

配体溶液：

缓冲溶液或有利于静电预浓缩的pH的缓冲溶液（10 mmol/L乙酸缓冲溶液等）或离子强度高的缓冲溶液（用于碱性蛋白质配体，例如含有500 mmol/L NaCl以上的缓冲溶液）

配体（蛋白质）溶液的制备流程

1. 准备 2.5 mmol/L 生物素 -NHS 或生物素 -LC-NHS 的 DMF 溶液。

2. 将 1～2 mg 的配体（蛋白质）溶于 50 mmol/L 碳酸缓冲溶液（pH 8.5）中。

3. 以配体的物质的量的 1～10 倍加入适量的 2.5 mmol/L 生物素 -NHS 或生物素 -LC-NHS 的 DMF 溶液。

4. 充分混合后，冰水中反应 2 小时。

5. 使用 NAP-5 column 或 MicroSpin G-25 column 等纯化配体溶液。

6. 使用配体溶液稀释配体浓度至数 p mol/L。

偶联固定实验流程

试剂	试剂量（μl）/ 流速（μl/min）
缓冲溶液	适量 / 10
SPR 芯片清洗剂	200 / 10
配体溶液	100 /（5～10）
缓冲溶液	适量 / 10

在加入配体固定前需要充分清洗 SPR 芯片表面，否则将会导致基线漂移或者配体无法固定。

注：固定过程中涉及的缓冲溶液种类、试剂量和流速均可根据实验体系的实际情况进行调整。

b. 利用氨三乙酸化 SPR 芯片对组氨酸标签标示的配体进行偶联固定

在人工表达天然蛋白或重组蛋白时，通常会加入组氨酸标签用于后续的检测和纯化。当配体分子含有组氨酸标签时，可以考虑使用氨三乙酸化 SPR 芯片对配体进行偶联固定。在前文中也已经对氨三乙酸化 SPR 芯片做了简单的介绍。

用氨三乙酸化 SPR 芯片对组氨酸标签标示的配体进行偶联固定的实验流程示例

SPR 芯片、试剂与仪器

SPR 芯片：

氨三乙酸化 SPR 芯片

缓冲溶液：

10 mmol/L HEPES、150 mmol/L NaCl、50 μmol/L EDTA、0.005% surfactant

P20 水溶液（pH 7.4）

芯片活化溶液：

500 μmol/L $NiCl_2$、10 mmol/L HEPES、150 mmol/L NaCl、0.005% surfactant P20 水溶液（pH 7.4）

配体溶液：

使用缓冲溶液制备浓度小于 200 nmol/L 的配体溶液

偶联固定实验流程

试剂	试剂量（μl）/ 流速（μl/min）
缓冲溶液	适量 / 10
芯片活化溶液	100 / 10
配体溶液	100 /（5～10）
缓冲溶液	适量 / 10

使用氨三乙酸化 SPR 芯片对组氨酸标示的配体进行偶联固定，再生缓冲溶液可使用 10 mmol/L HEPES、150 mmol/L NaCl、0.35 mol/L EDTA、0.005% surfactant P20 水溶液（pH 7.4）等将 SPR 芯片表面的配体全部清除。当高浓度 EDTA 的缓冲溶液的再生效果不好时，可尝试使用酸性或碱性的再生缓冲溶液。

注：固定过程中涉及的缓冲溶液种类、试剂量和流速均可根据实验体系的实际情况进行调整。

c. 利用抗体对抗原配体进行偶联固定

利用抗体对抗原配体进行偶联固定以确定配体固定位点的特异性，保障配体的活性和结构，减小配体异质性，是在配体固定过程中常用的方法之一。其中 IgG 抗体是最常用的一种抗体。此方法需要注意的是在使用 IgG 抗体偶联固定配体时，IgG 抗体会占据很大一部分敏感体积，渐逝场的敏感体积有可能无法用于配体与分析物（特别是高分子量分析物）之间的检测分析。此外，IgG 抗体可能会改变所固定的配体的亲和力或诱导非特异性的相互作用[14]。

在应用中，为了确保固定后的配体的活性和结构，通常选择抗体识别位点远离配体活性位点的 IgG 抗体作为捕获分子。例如，使用抗 Fc 的 IgG 抗体作为捕获分子用于对配体的偶联固定，或者选择能够识别各种标签的 IgG 抗体作为捕获分子对带有相应抗原标签的配体进行偶联固定，例如，使用抗组氨酸标签或者抗谷胱甘肽 S 转移酶（glutathione S-transferase，GST）标签的 IgG 抗体作为捕获分子用于对带有组氨酸标签或 GST 标签的配体进行偶联固定。

利用抗体对抗原配体进行偶联固定的实验流程示例

SPR 芯片、试剂与仪器

SPR 芯片：

羧甲基葡聚糖 SPR 芯片

缓冲溶液：

HBS-EP 缓冲溶液（10 mmol/L HEPES、150 mmol/L NaCl、3 mmol/L EDTA、0.005% surfactant P20、pH 7.4）

NHS/EDC 活化试剂：

终浓度 50 mmol/L NHS /（200 mmol/L EDC）的水溶液（使用前制备）

抗 GST 抗体的溶液：

含 30 μg/ml 抗 GST 抗体的 10 mmol/L 乙酸缓冲溶液（pH 5.0）

表面封闭液：

1 mol/L 乙醇胺盐酸缓冲溶液（pH 8.5）

配体溶液：

使用缓冲溶液制备浓度为 5～20 μg/ml 的配体溶液。

偶联固定实验流程

试剂	试剂量（μl）/ 流速（μl/min）
缓冲溶液	适量 / 10
NHS/EDC 活化试剂	200 / 10
抗 GST 抗体溶液	100 /（5～10）
表面封闭液	200 / 10
配体溶液	100 /（5～10）
缓冲溶液	适量 / 10

注：固定过程中涉及的缓冲溶液种类、试剂量和流速均可根据实验体系的实际情况进行调整。

d. 利用蛋白 A、蛋白 G 和蛋白 L 等对抗体配体进行偶联固定

蛋白 A、蛋白 G 和蛋白 L 被广泛地应用于抗体的分析和纯化中。蛋白 A、蛋白 G 和蛋白 L 可以定向偶联固定 IgG 抗体，并且分子结构稳定，可以耐受数百次相应再生缓冲溶液的洗脱。

利用蛋白A、蛋白G和蛋白L等对抗体配体
进行偶联固定的实验流程示例

SPR芯片、试剂与仪器

SPR芯片：

羧甲基葡聚糖SPR芯片

缓冲溶液：

HBS-EP缓冲溶液（10 mmol/L HEPES、150 mmol/L NaCl、3 mmol/L EDTA、0.005% surfactant P20、pH 7.4）

NHS/EDC活化试剂：

终浓度50 mmol/L NHS / 200 mmol/L EDC的水溶液（使用前制备）

蛋白A溶液：

含20 μg/ml蛋白A的10 mmol/L乙酸缓冲溶液（pH 5.0）

表面封闭液：

1 mol/L乙醇胺盐酸缓冲溶液（pH 8.5）

配体溶液：

使用缓冲溶液制备浓度为5～20 μg/ml的配体溶液

偶联固定实验流程

试剂	试剂量（μl）/ 流速（μl/min）
缓冲溶液	适量 / 10
NHS/EDC活化试剂	200 / 10
蛋白A溶液	100 / 10
表面封闭液	200 / 10
配体溶液	100 /（5～10）
缓冲溶液	适量 / 10

注：固定过程中涉及的缓冲溶液种类、试剂量和流速均可根据实验体系的实际情况进行调整。

e. 利用ssDNA对配体进行偶联固定

单链DNA（ssDNA）与互补DNA（cDNA）的杂交是可逆且特异性很高的结合方式，利用ssDNA与cDNA这一特性可以稳定地对含有cDNA的配体进行偶联固定。该方法的缺点是固定的配体对破坏DNA-DNA相互作用的条件很敏感，从而限制了该方法的应用。

利用 ssDNA 对配体进行偶联固定的实验流程示例

SPR 芯片、试剂与仪器

SPR 芯片：

biotin capture（CAP）SPR 芯片

缓冲溶液：

HBS-EP 缓冲溶液（10 mmol/L HEPES、150 mmol/L NaCl、3 mmol/L EDTA、0.005% surfactant P20、pH 7.4）

biotin capture 试剂：

在 HBS-EP 缓冲溶液中浓度为 50 μg/ml 的带有与芯片上 ssDNA 互补 DNA 链的链霉亲和素

再生试剂 1：

8 mol/L 盐酸胍

再生试剂 2：

1 mol/L 氢氧化钠（sodium hydroxide）

运行再生试剂：

8 mol/L 盐酸胍与 1 mol/L 氢氧化钠按照体积比 3∶1 进行混合的混合溶液

配体溶液：

使用缓冲溶液制备浓度为 5～20 μg/ml 的配体溶液（配体需要提前生物素化）

偶联固定实验流程

试剂	试剂量（μl）/ 流速（μl/min）
缓冲溶液	适量 / 10
运行再生试剂	200 / 10
缓冲溶液	100 / 10
biotin capture 试剂	200 / 2
配体溶液	100 /（5～10）
缓冲溶液	适量 / 10

注：固定过程中涉及的缓冲溶液种类、试剂量和流速均可根据实验体系的实际情况进行调整。

4. 分析物与配体的相互作用

（1）物质迁移与物质迁移限制

如图 3-30 所示，在分析物与 SPR 芯片表面上偶联固定的配体发生结合之前，分析物首先要从本体溶液（bulk solution）中转移到 SPR 芯片表面，转移到 SPR 芯片表面的分析物进而与 SPR 芯片表面上偶联固定的配体结合。我们将分析物由本体溶液转移到 SPR 芯片表面的过程称为物质迁移。通常物质迁移是通过对流和扩散进行，物质迁移的速度取决于样品池或流通池的大小、分析物的扩散系数和本体溶液的流速。

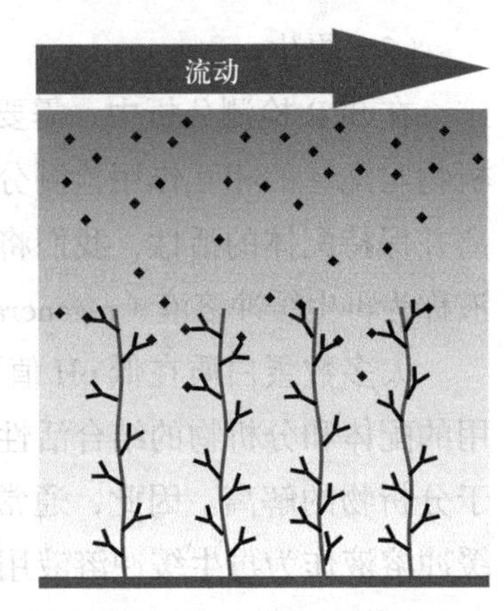

图 3-30　物质迁移示意图

当分析物与配体的结合速度很快时，分析物由物质迁移无法及时到达 SPR 芯片表面，从而导致 SPR 芯片表面上局部分析物浓度小于本体溶液中分析物浓度的现象称为物质迁移限制。当发生物质迁移限制时，由于 SPR 芯片表面上局部分析物浓度变小，将会影响 SPR 分析计算的结果。例如，当发生物质迁移限制时，SPR 分析计算所得的分析物与配体的结合速率常数 k_a 将小于实际数值。

在 SPR 检测分析时，分析物溶液的量（体积）限制了流速的设定范围。因此，解决物质迁移限制的方法只能是降低 SPR 芯片上固定的配体的密度和（或）增加分析物的浓度。

（2）分析物与配体的相互作用

当分析物由本体溶液物质迁移到 SPR 芯片表面与配体发生有效碰撞时，分析物（A）与配体（L）结合形成复合物（L·A）。如图 3-31 所示，分析物与配体之间的相互作用动力学可以细分为以下三个不同的阶段：

结合：分析物（A）与配体（L）结合形成复合物（L·A）

平衡：分析物（A）与配体（L）结合形成复合物（L·A）的速度与复合物（L·A）解离成为分析物（A）与配体（L）的速度相等。

解离：复合物（L·A）解离成为分析物（A）与配体（L）。

以上三个阶段中的每一阶段都包含有分析物（A）与配体（L）两分子之间相互作用的信息，如结合或解离的速度以及相互作用的强度。分析物与配体的相互作用将在“第四章 SPR 实验数据的解析与应用”中作详细的介绍。

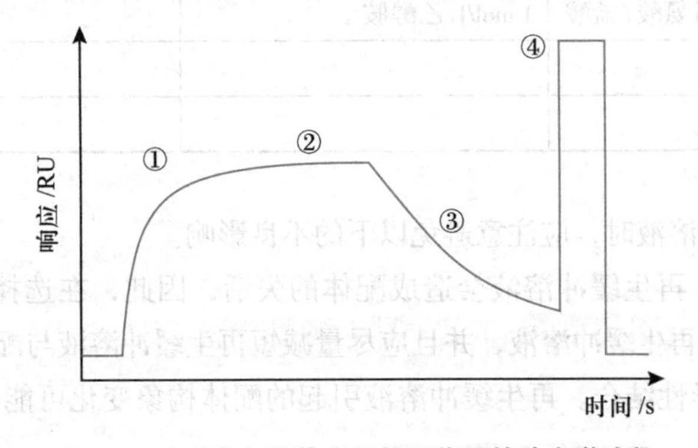

图 3-31　分析物与配体之间相互作用的动力学阶段

①结合（association），②稳态（steady state），③解离（dissociation），以及④再生（regeneration）

（3）再生

在SPR检测分析中，需要重复若干次的分析物与配体的相互作用，当完成一次分析物与配体的相互作用检测分析后，需要加入一种缓冲溶液使得分析物与配体快速解离并保持配体的活性，我们将这一过程称为再生。使分析物与配体快速解离的缓冲溶液称为再生缓冲溶液（regeneration buffer）。

大多数蛋白质在低pH值下会带正电并展开部分高级结构。带正电有利于相互作用的配体和分析物的结合活性位点产生相互排斥，同时配体部分高级结构的展开有利于分析物的解离。因此，通常使用，例如10 mmol/L glycine pH 1.5～2.5等，低pH的缓冲溶液作为再生缓冲溶液用以配体的再生。除了上述再生缓冲溶液外，还可以使用高pH值的试剂，或者高浓度的盐，或者特定的试剂作为再生缓冲溶液用以配体的再生（表3-1）。

表3-1　部分再生试剂缓冲溶液举例

级别	酸性	碱性	疏水	离子型（mol/L）
温和	pH > 2.5	pH < 9	pH < 9	
	10 mmol/L 甘氨酸 - 盐酸	10 mmol/L HEPES/ 氢氧化钠	25%～50% 乙二醇	0.5～1 氯化钠
	1～10 mmol/L 盐酸		0.02% SDS	
	0.5 mol/L 甲酸			
中等	pH 2～2.5	pH 9～10	pH 9～10	
	0.5 mol/L 甲酸	10～100 mmol/L 氢氧化钠	50 % 乙二醇	1～2 氯化镁
	10 mmol/L 甘氨酸 - 盐酸	10 mmol/L 甘氨酸（氢氧化钠）	0.5%～0.5% SDS	1～2 氯化钠
	磷酸缓冲溶液			
强性	pH < 2	pH > 10	pH > 10	
	1 mol/L 甲酸	50～100 mmol/L 氢氧化钠	25%～50% 乙二醇	2～4 氯化镁
	10～100 mmol/L 盐酸	6 mol/L 盐酸胍	0.5% SDS	
	10～50 mmol/L 甘氨酸 / 盐酸	1 mol/L 乙醇胺		
	磷酸缓冲溶液			
	0.1% 三氟乙酸			

选择再生缓冲溶液时，应注意避免以下的不良影响。

a. 配体失活。再生缓冲溶液会造成配体的失活，因此，在选择再生缓冲溶液时，应尽量选择温和的再生缓冲溶液，并且应尽量减短再生缓冲溶液与配体的接触时间。

b. 引发非特异性结合。再生缓冲溶液引起的配体构象变化可能会导致一些非特异性结合的发生。

c. 再生不完全。若选择的再生缓冲溶液过于温和，则在SPR芯片表面会残留部分分析物。

d. 基质效应。再生缓冲溶液对配体表面进行再生时，可能会引起基质效应。基质效应会导致基线漂移，当发生基线漂移时可以延长缓冲溶液与 SPR 芯片的稳定时间从而消除基质效应。

五、小　结

在本章节中，我们介绍了目前最具有代表性的三类SPR分析仪，结合本章节对SPR分析仪各个功能单元，即SPR光学单元、移动相（液相处理）单元、温控单元，以及SPR芯片的介绍，希望可以帮助读者选择适用于自己的SPR分析仪。为了满足不同研究的需求，各SPR分析仪厂家也推出了多种类型的SPR芯片，在本章节中，我们同时也对各种不同类型的SPR芯片进行了逐一的讲解，并按照SPR芯片上预期发生的物理变化与化学反应过程的顺序，介绍了使用SPR技术分析分子间相互作用的基本流程与各类芯片的基本使用方法。在后续章节中我们将更加详细地介绍SPR分析仪的使用方法与应用案例。

参考文献

[1] Sharma AK, Jha R, Gupta BD. Fiber-optic sensors based on surface plasmon resonance: a comprehensive review. *IEEE Sensors J*, 2007, 7(8): 1118-1129.

[2] Wang Q, Liu Z. Recent progress of surface plasmon resonance in the development of coronavirus disease-2019 drug candidates. *Eur J Med Chem Rep*, 2021, 1: 100003.

[3] Lewis T, Giroux E, Jovic M, et al. Localized surface plasmon resonance aptasensor for selective detection of SARS-CoV-2 S1 protein. *Analyst*, 2021, 146(23): 7207-7217.

[4] Kodoyianni V. Label-free analysis of biomolecular interactions using SPR imaging. *Biotechniques*, 2011, 50(1): 32-40.

[5] Boozer C, Kim G, Cong S, et al. Looking towards label-free biomolecular interaction analysis in a high-throughput format: a review of new surface plasmon resonance technologies. *Curr Opin Biotechnol*, 2006, 17(4): 400-405.

[6] Zhao S, Yang M, Zhou W, et al. Kinetic and high-throughput profiling of epigenetic interactions by 3D-carbene chip-based surface plasmon resonance imaging technology. *Proc Natl Acad Sci USA*, 2017, 114(35): E7245-E7254.

[7] Lausted C, Hu Z, Hood L. Quantitative serum proteomics from surface plasmon resonance imaging. *Mol Cell Proteomics*, 2008, 7(12): 2464-2474.

[8] Zhu L, Zhao Z, Cheng P, et al. Antibody-mimetic peptoid nanosheet for label-free serum-based diagnosis of Alzheimer's disease. *Adv Mater*, 2017, 29(30): 1700057.

[9] 帅彬彬，夏历，张雅婷，等. 基于光栅的表面等离子体共振传感器的原理及进展. *激光与光电子学进展*，2011，48（10）：5-15.

[10] 黄汉昌，姜招峰，朱宏吉. SPR技术分析生物分子相互作用的研究方法. *生物技术通报*，2008，（01）：108-112.

[11] Yang D, Zhou Q, Labroska V, et al. G protein-coupled receptors: structure- and function-based drug discovery. *Signal Transduct Target Ther*, 2021, 6(1): 7.

[12] Fischer MJ. Amine coupling through EDC/NHS: a practical approach. *Methods Mol Biol*, 2010, 627: 55-73.

[13] Huang W, Wu X, Gao X, et al. Maleimide-thiol adducts stabilized through stretching. *Nat Chem*, 2019, 11(4): 310-319.

[14] 杜凯，张卓玲，李婷华，等.抗体固定化方法研究进展.*中国生物工程杂志*，2018，38（04）：78-89.

第四章 SPR实验数据的解析与应用

一、SPR实验数据的理解

SPR的五项主要用途分别是：①判断特异性结合的产生；②动力学分析；③亲和力分析；④热力学分析；⑤定量分析。

1. 判断特异性结合的产生

当添加分析物时，可以通过SPR的反馈信号来判断分析物与SPR芯片上固定的配体是否产生特异性结合。应用案例包括：①筛选未知的可生成特异性结合的化合物；②筛选抑制剂的特异性；③蛋白质纯化中细分产物的活性测试；④交叉反应测试；⑤抗体的表位定位（epitope mapping）等。

2. 动力学分析

可以通过SPR的反馈信号计算出结合速率常数 k_a 与解离速率常数 k_d，从而了解结合反应的反应速度。应用案例包括：①结合位点的分析；②单克隆抗体的筛选；③分析药物与靶蛋白之间的相互作用等。

3. 亲和力分析

当两分子反应到达平衡时，可以通过SPR反馈信号计算解离平衡常数 K_D。应用案例包括：①评估单克隆抗体；②分析糖链与凝集素（lectin）之间的相互作用等。

4. 热力学分析

动力学数据表征了两个分子间相互作用的结合特性的速度，亲和力则表征了两个分子间相互作用的结合特性的强度，而热力学分析就是用来解释说明两个分子间相互作用的结合特性的原因。应用案例包括：两个分子间相互作用的热力学参数（焓值

ΔH、熵值 ΔS 和吉布斯自由能 ΔG）的检测分析等。

5. 定量分析

SPR 技术可以通过直接分析法、竞争分析法、抑制分析法与双抗夹心分析法等手段实现对样本中目标分析物的定量分析。应用案例包括：①血清中抗体 / 抗原的浓度检测；②检测蛋白质等的纯化结果；③体外诊断；④食品安全分析；⑤环境监测等。

为了实现上述的检测分析，我们需要在 SPR 实验结果中通过数据分析得到所求的实验结果。在本章中，我们将介绍 SPR 实验结果数据分析的原理以及如何对 SPR 实验结果进行分析。

二、SPR 动力学与亲和力实验结果数据分析的原理

为了理解结合曲线数据分析的原理，我们假设分析物分子 A 与 SPR 芯片表面固定的配体分子 B 的结合反应具备以下三个特征：①对固定在表面的配体分子 B 的结合是特异性的；②所有结合位点都是等效的，并且配体分子 B 均匀地分布在芯片表面；③分析物分子 A 与配体分子 B 的结合能力与相邻位点的占据程度无关。所以，当溶液中分析物分子 A 与配体分子 B 发生结合反应生成复合物 AB 时，其反应式可由下式 4.1 表示：

$$A + B \underset{k_d}{\overset{k_a}{\rightleftharpoons}} AB \qquad (4.1)$$

根据式 4.1，在使用 SPR 进行分析时，如图 4-1 所示，随着时间的进展，将可能观察到结合反应的三个不同的阶段：①结合（association）；②稳态（steady state）；③解离（dissociation）。

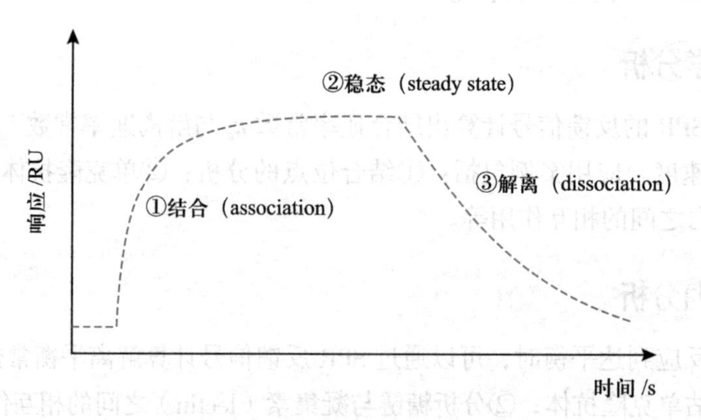

图 4-1　分子间相互作用的全过程

1. 结合

当分子 A 与分子 B 在反应 t 时间后，分子 A，分子 B 与分子 AB 的浓度分别为 [A]，[B] 和 [AB]。随着时间的进展，[AB] 的数值不断增加，到某一点时反应到达平衡状态

（图 4-2）。在这个反应过程中，会出现两个反应动力学常数（kinetic parameters），即结合速率常数 k_a［association rate constant，在生物学上数值通常在 $10^3 \sim 10^7$ 之间，单位：$(mol/L)^{-1} \cdot s^{-1}$］与解离速率常数 k_d（dissociation rate constant，在生物学上数值通常在 $10^{-1} \sim 10^{-6}$ 之间，单位：s^{-1}）。在结合反应过程中，分子 A 与分子 B 的结合反应速度可由式 4.2 所示，复合物 · AB 的解离反应速度可由式 4.3 所示：

$$A + B \text{ 的结合反应速度} = k_a[A][B] \tag{4.2}$$

$$AB \text{ 的解离反应速度} = k_d[AB] \tag{4.3}$$

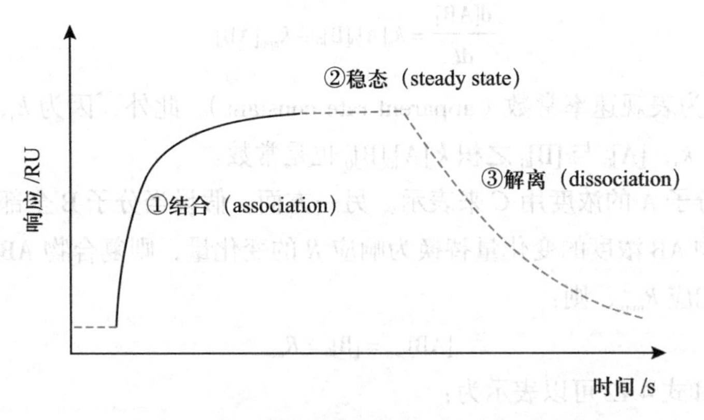

图 4-2 分子间相互作用全过程中的结合部分

因此，复合物 AB 的浓度随时间的变化率 d[AB]/dt 可由式 4.4 所示，并依存于分子 A、分子 B 与分子 AB 的浓度：

$$\frac{d[AB]}{dt} = k_a[A][B] - k_d[AB] \tag{4.4}$$

当反应到达平衡时，复合物 AB 的浓度变化率 d[AB]/dt 等于 0，因此，式 4.4 可以变形为式 4.5：

$$\frac{k_d}{k_a} = \frac{[A][B]}{[AB]} = K_D = \frac{1}{K_A} \tag{4.5}$$

其中，解离平衡常数 K_D（单位：mol/L）定义为 k_d/k_a，也就是说，解离平衡常数 K_D 越小，结合力越强。结合平衡常数 K_A 为解离平衡常数 K_D 的倒数。

在反应的过程中，分子 A 与分子 B 不断减少，分子 AB 不断增加。如果反应初期分子 A 与分子 B 的浓度为 $[A]_0$ 与 $[B]_0$ 时，

$$[A] = [A]_0 - [AB] \tag{4.6}$$

$$[B] = [B]_0 - [AB] \tag{4.7}$$

将式 4.6 与式 4.7 代入式 4.4，则：

$$\frac{d[AB]}{dt} = k_a([A]_0 - [AB])([B]_0 - [AB]) - k_d[AB] \tag{4.8}$$

在 SPR 实验中，分子 A 是以移动相的形式不断地移动至 SPR 检测芯片上参与反应。因此，溶液（样本）中分子 A 在结合反应过程中浓度减少的量可以忽略不计，即：

$$[A]_0 - [AB] = [A]_0 \tag{4.9}$$

所以，将式 4.9 代入式 4.8 后，变形可得式 4.10：

$$\frac{d[AB]}{dt} = k_a[A]_0[B]_0 - (k_a[A]_0 + k_d)[AB] \tag{4.10}$$

此时，我们定义：

$$k_d[A]_0 + k_d = k_{app} \tag{4.11}$$

所以，式 4.10 可变为：

$$\frac{d[AB]}{dt} = k_a[A]_0[B]_0 - k_{app}[AB] \tag{4.12}$$

其中，k_{app} 为表观速率常数（apparent rate constant）。此外，因为 k_a，$[A]_0$ 与 $[B]_0$ 均为常数，所以，k_a，$[A]_0$ 与 $[B]_0$ 之积 $k_a[A]_0[B]_0$ 也是常数。

在此，将分子 A 的浓度用 C 来表示。另一方面，假设当分子 B 全部与分子 A 发生反应时，复合物 AB 浓度的变化量替换为响应 R 的变化量，则复合物 AB 的最大浓度对应于最大结合响应 R_{max}，则：

$$[AB]_{max} = [B]_0 = R_{max} \tag{4.13}$$

因此，式 4.10 和式 4.12 可以表示为：

$$\frac{dR}{dt} = k_a C R_{max} - (k_a C + k_d)R = k_a C R_{max} - k_{app} C \tag{4.14}$$

在 SPR 实验中，通常加入若干个浓度不同的分析物样品来获得如图 4-3 中 Step1 所示的实验结果。在理想状况下，加入不同浓度的分析物时，可以获得不同的表观速率常数 k_{app}。因此，在 Step 2 中，根据 Step1 的结果，可以以 dR/dt 与 R 进行画图求出每个浓度条件下分析物的线性函数以及其斜率 k_{app}。最后，在 Step 3 中，根据 Step2 的结果，以 k_{app} 与 C 进行画图求出线性函数，此函数的斜率为 k_a，函数与 y 轴的交点为 k_d。通过上述步骤即可求出分析物与配体之间相互作用的动力学常数，进而根据式 4.5 即可求出亲和力常数。

然而，在实际的 SPR 实验数据分析时，通常需要考虑物质迁移限制等的影响。因此，通常将得到的 SPR 图像结果根据式 4.14，通过非线性最小二乘法（non-linear least squares）直接曲线拟合得到结合速率常数 k_a 与解离速率常数 k_d。随后，再通过式 4.5 即可得出解离平衡常数 K_D 与结合常数 K_A。

2. 平衡态

在亲和力低的相互作用过程中，反应极易将在极短的时间内到达平衡（图 4-4）。因此，SPR 图像结果中的结合反应区间与解离反应区间极短，解析困难。但是，当反应到达平衡时，dR/dt 等于 0，AB 到达反应平衡的响应为 R_{eq}。所以：

$$\frac{dR}{dt} = 0 \tag{4.15}$$

$$R = R_{eq} \tag{4.16}$$

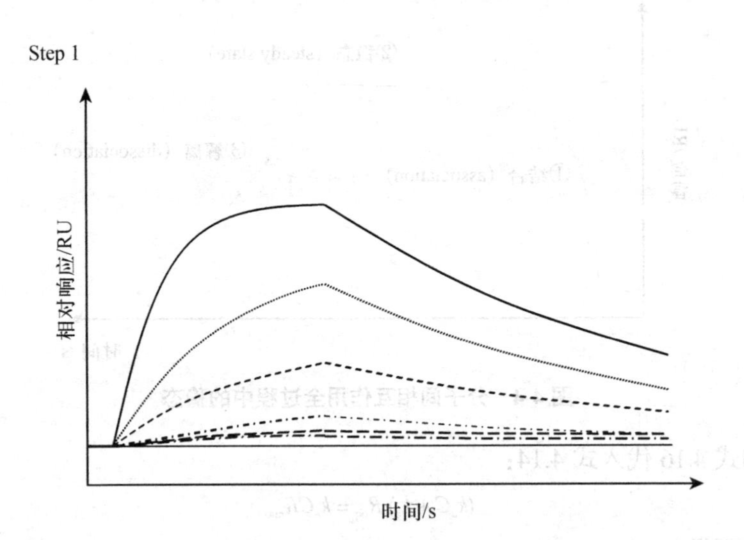

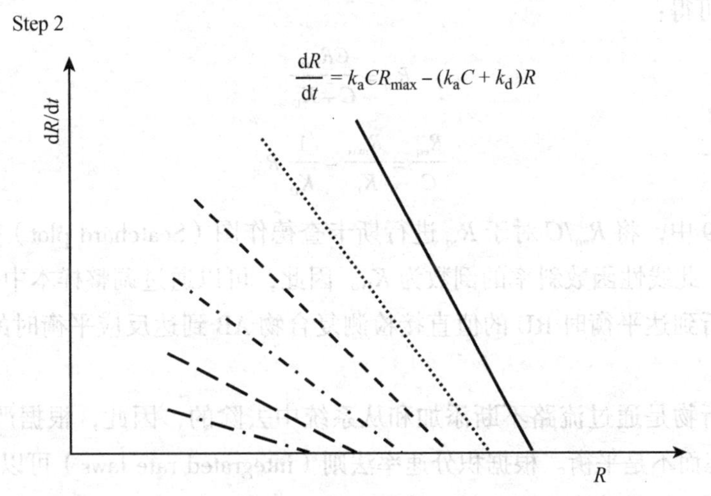

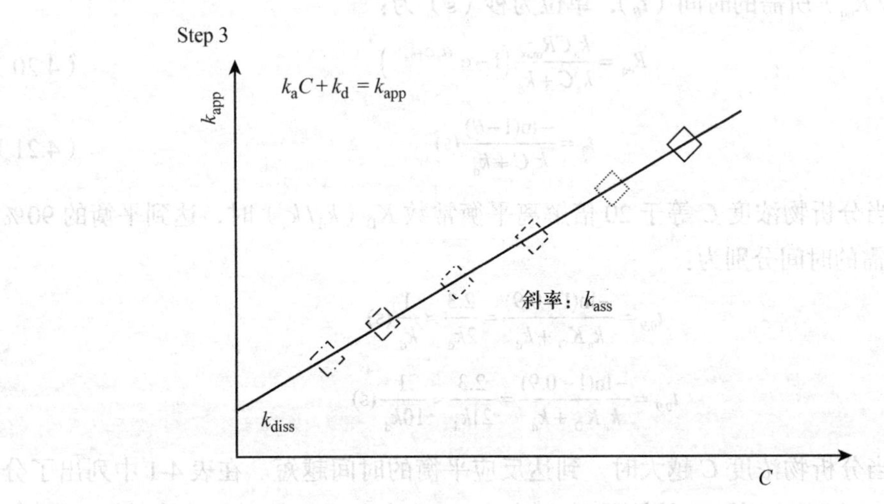

图 4-3　动力学常数与亲和力常数的理论计算步骤

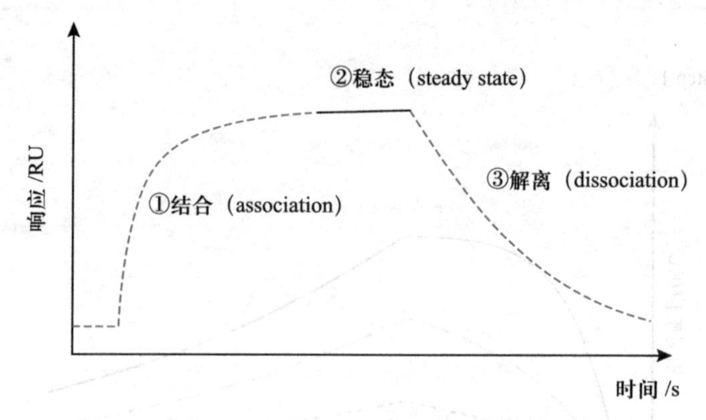

图 4-4　分子间相互作用全过程中的稳态

将式 4.15 和式 4.16 代入式 4.14：

$$(k_aC + k_d)\, R_{eq} = k_aCR_{max} \tag{4.17}$$

式 4.17 变形可得：

$$R_{eq} = \frac{CR_{max}}{C + K_D} \tag{4.18}$$

$$\frac{R_{eq}}{C} = \frac{R_{max}}{K_D} - \frac{1}{K_D} R_{eq} \tag{4.19}$$

在式 4.19 中，将 R_{eq}/C 对于 R_{eq} 进行斯卡查德作图（Scatchard plot）分析可得到一次线性函数，此线性函数斜率的倒数为 K_D。因此，可以通过调整样本中分析物 C 的浓度，通过分析到达平衡时 RU 的值直接检测复合物 AB 到达反应平衡时的响应 R_{eq}，即可得到 K_D 值。

由于分析物是通过流路不断添加和从系统中去除的，因此，根据严格定义来讲，此情况是稳态而不是平衡。根据积分速率法则（integrated rate laws）可以得出达到平衡分数（$\theta = R/R_{eq}$）所需的时间（t_θ），单位为秒（s）为：

$$R_{eq} = \frac{k_aCR_{max}}{k_aC + k_d}\left(1 - e^{-(k_aC+k_d)t}\right) \tag{4.20}$$

$$t_\theta = \frac{-\ln(1-\theta)}{k_aC + k_d}(s) \tag{4.21}$$

例如，当分析物浓度 C 等于 20 倍解离平衡常数 K_D（k_d/k_a）时，达到平衡的 90%（$\theta = 0.9$）所需的时间分别为：

$$t_{0.9} = \frac{-\ln(1-0.9)}{k_aK_D + k_d} = \frac{2.3}{2k_d} \approx \frac{1}{k_d}(s)$$

$$t_{0.9} = \frac{-\ln(1-0.9)}{k_aK_D + k_d} = \frac{2.3}{21k_d} \approx \frac{1}{10k_d}(s)$$

因此，当分析物浓度 C 越大时，到达反应平衡的时间越短。在表 4-1 中列出了分析物浓度在 0.01 至 100 倍 K_D 的情况下达到 99.9% 稳态所需要的近似计算时间。有时，由于分析物的添加时间太短而无法达到平衡，可以通过将分析物用缓冲溶液稀释，使用低浓度的分析物达到平衡后，再增加分析物的浓度。

表 4-1 分析物浓度在 0.01 至 100 倍的 K_D 情况下达到 99.9%稳态所需要的近似计算时间

分析物浓度	k_d			
	10^{-1}	10^{-2}	10^{-3}	10^{-4}
$0.01 \times K_D$	68 s	11.5 min	115 min	1140 min
$0.1 \times K_D$	63 s	10.5 min	105 min	1047 min
$1 \times K_D$	34 s	6 min	67 min	576 min
$10 \times K_D$	6 s	63 s	10.5 min	105 min
$100 \times K_D$	1 s	6 s	68 s	11 min

3. 解离

当 SPR 芯片表面移动相中的分析物被缓冲溶液代替时，分析物的自由浓度突然下降到零，复合物将开始解离（图 4-5）。如果可以忽略解离的分析物的重新结合，则：

$$\frac{dR}{dt} = -k_d R \tag{4.22}$$

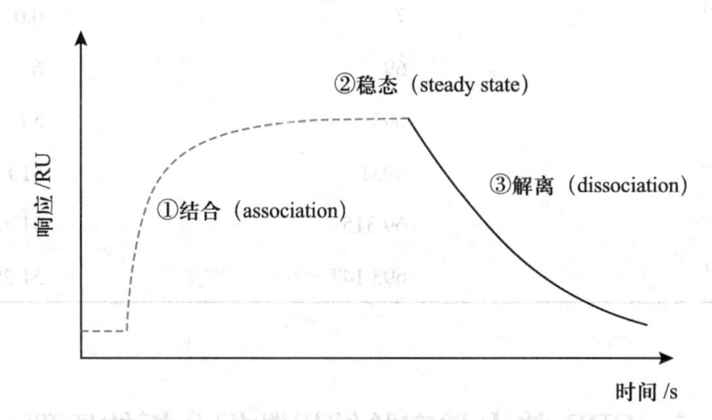

图 4-5 分子间相互作用全过程中的解离

式 4.22 线性化形式可表示为：

$$\ln\left(\frac{R_0}{R_t}\right) = k_d(t - t_0) \tag{4.23}$$

理论上，解离速率常数 k_d 可以通过图 4-3 中 Step 3 所示的 y 轴到原点的截距计算得出。但是，在实际中，该截距太接近原点，无法准确确定。因此，解离速率常数 k_d 可以通过缓冲溶液替换样本溶液后分析物与配体的解离来更可靠地检测，其积分速率方程可表示为：

$$R = R_0 e^{-k_{diss}(t-t_0)} \tag{4.24}$$

当 $t \to \infty$ 时，SPR 结果图像未恢复为零，则可以在式 4.24 中使用此数值作为补偿值（off-set value），这意味着在 t→∞ 处与零的偏差。因此，式 4.24 可进一步表示为：

$$R = R_0 e^{-k_{diss}(t-t_0)} + R_{(t\to\infty)} \tag{4.25}$$

由式 4.23 可以得出，以 ln（R_0/R_t）vs（t_t-t_0）作图可以得到一条直线，但在实际中，由于受物质迁移限制以及分析物重新结合的影响，所得到的往往是一条曲线[1]。

复合物的半衰期（complex half-life time）是指使复合物的一半解离成其各个组成组分所需的时间，即：

$$t_{\frac{1}{2}} = \frac{\ln 2}{k_d} \approx \frac{0.69}{k_d}(s) \tag{4.26}$$

当解离曲线较短时，很难分析具有强结合力（$k_d > 10^{-4}\ s^{-1}$）的复合物。根据经验，在进行分析之前，解离曲线应至少降低 5%。例如，当复合物的 k_d 等于 10^{-4}/s 时，需要至少 12 min 的解离时间。另外，需要用相同长的"解离"时间进行足够的空白进样，以补偿可能的基线漂移。表 4-2 中展示了具有不同 k_d 值的复合物的半衰期以及解离曲线降低 5%时所需的时间。

表 4-2 不同 k_d 值的复合物的半衰期以及解离曲线降低 5%时所需的时间

k_d/s^{-1}	$t_{1/2}/s$	$t_{5\%\ 解离}/s$
10^{-1}	7	0.0
10^{-2}	69	6
10^{-3}	693	54
10^{-4}	6931	510
10^{-5}	69 315	5130
10^{-6}	693 147	51 294

三、SPR 热力学实验结果数据分析的原理

根据范特霍夫方程（Van't Hoff equation），通过计算相互作用的结合常数的温度变化可以计算出两分子间相互作用的热力学相关系数。在一定温度下，分析物 A 与配体 B 结合生成分子 AB，当反应到达平衡时，则：

$$A + B \rightleftharpoons AB \tag{4.27}$$

$$\frac{[AB]}{[A][B]} = K_A = \frac{1}{K_D} \tag{4.28}$$

根据结合吉布斯自由能变（Gibbs free energy change），则：

$$\Delta G = \Delta G^\circ + RT\ln\left(\frac{[AB]}{[A][B]}\right) = -RT\ln K_A = RR\ln K_D \tag{4.29}$$

R 是气体常数［8.31 J/（K·mol）］

$$\frac{\Delta G}{T}=\frac{\Delta H}{T}-\Delta S \tag{4.30}$$

式 4.29 可变形为：

$$\frac{\Delta G}{T}=-R\ln K_A=R\ln K_D \tag{4.31}$$

结合式 4.30 与式 4.31，整理后：

$$R\ln K_D=\frac{\Delta H}{T}-\Delta S \tag{4.32}$$

$$\ln K_D=\frac{\Delta H}{T}\cdot\frac{1}{T}-\frac{\Delta S}{R} \tag{4.33}$$

根据式 4.33，如图 4-6 所示，解离平衡常数 K_D 的对数与温度的倒数呈线性范特霍夫作图。因此，可以通过检测相互作用的结合常数的温度变化从而计算出两分子间相互作用的热力学相关系数。

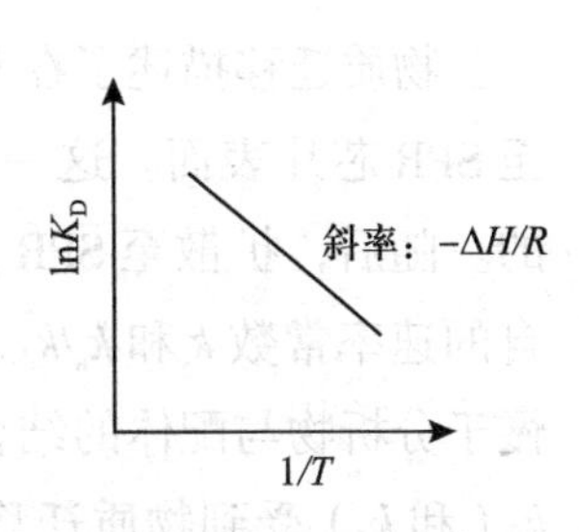

图 4-6　范特霍夫示意图

四、SPR 动力学模型

分子间相互作用的动力学系统受多种因素的影响，是十分复杂的。由于技术和资源的限制，大量的研究都局限于特定过程的离散的研究。这些离散的研究让我们获得了对特定分子间相互作用的了解，并建立了动力学模型。然而，在实际的分子间相互作用中，影响动力学系统的诸多因素往往相互联系并交织成一张极为复杂的网络，很多现象并不能直观地根据已有的法则和原理解释，也不能根据经验进行可靠地预测。即使现在我们能够轻易地获得海量的组学数据，但是当面对如此复杂的网络时，我们也几乎无法对其进行人为的归纳和演绎。

因此，在实际的动力学研究中，我们将根据诸多因素之间的关系，并用数学表达式描述每一种关系，我们将此称为动力学模型。在动力学研究过程中，通常将收集到的数据进行参数化，并通过动力学模型得到实验结果。

在动力学与亲和力实验结果数据分析的原理中，为了理解结合解离曲线数据分析的原理，我们假设分析物分子 A 与 SPR 芯片表面固定的配体分子 B 的结合反应具备以下三个特征：①分析物分子 A 对固定在表面的配体分子 B 的结合是特异性的；②所有结合位点都是等效的，并且配体分子 B 均匀地分布在芯片表面；③分析物分子 A 与配体分子 B 的结合能力与相邻位点的占据程度无关。诸如此类，我们将有限因素之间的关系，用式 4.1 ~ 式 4.26 进行描述，从而建立动力学模型，我们称这一动力学模型为“1∶1 相互作用模型（1∶1 interaction model）”。并且，由于 1∶1 相互作用模型中的因素与朗缪尔模型（Langmuir model）相同，因此 1∶1 相互作用模型等效于朗缪尔模型。

在 SPR 实验中常用的动力学模型包括：1∶1 相互作用模型；物质迁移控制的动力学模型（mass transport-controlled kinetics）；不均一配体模型（heterogeneous ligand model）（平行反应）；不均 - 分析物模型（heterogeneous analyte model）（竞争反应）；二价分析物模型（bivalent analyte model）；二态反应模型（two state reaction model）（构象改变）以及物质迁移控制的动力学模型。

在大多数 SPR 检测分析中，会发生以下反应：

$$A_{bulk} \underset{k}{\overset{k}{\rightleftharpoons}} A_{surface} + B \underset{k_d}{\overset{k_a}{\rightleftharpoons}} AB$$

物质迁移描述了在 SPR 检测分析时发生的两个过程。首先，分析物由本体溶液移至 SPR 芯片表面。这一阶段被称为物质迁移，这一阶段通常是通过对流和扩散进行的。随后，扩散至 SPR 芯片表面的分析物与配体发生相互作用。这两个过程都有各自的速率常数 k 和 k_a/k_d。如图 4-7 所示，当分析物从本体溶液到芯片表面的扩散速度慢于分析物与配体的结合速率时，在芯片表面将会出现分析物不足的现象，从而导致 k_a（和 k_d）受到物质迁移的限制，最终导致表观 k_a 慢于真实 k_a，这种现象称为物质迁移限制（MTL）。在物质迁移阶段中，物质迁移系数有两种不同的计算方式。其中，没有分析物分子大小的是 k_t（$RUM^{-1}s^{-1}$）；具有分析物分子大小的是 k_m（$m^{-1}s^{-1}$），要特别注意的是 k_t 与 k_m 所使用的单位不同。

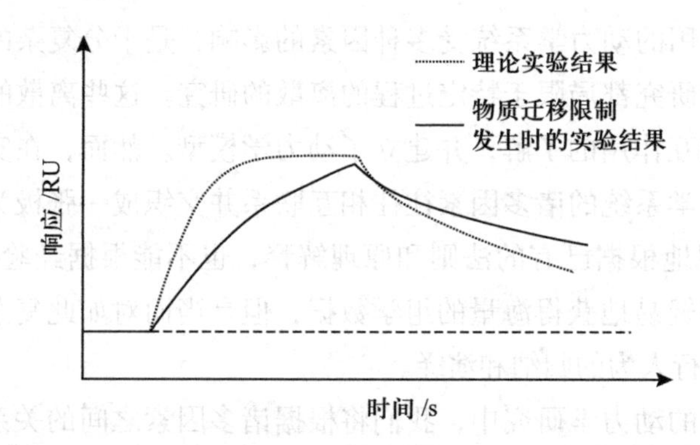

图 4-7　理论实验结果与物质迁移限制发生时的实验结果比较

1. 不均一配体模型

不均一配体模型是指说明存在两种相互独立的分析物 - 配体相互作用。这两种相互独立的分析物 - 配体相互作用可以是两个不同的配体，也可以是同一配体上具有两个不同结合位点的分析物。即：

$$A + B_1 \underset{k_{d1}}{\overset{k_{a1}}{\rightleftharpoons}} AB_1 \qquad A + B_2 \underset{k_{d2}}{\overset{k_{a2}}{\rightleftharpoons}} AB_2$$

2. 不均一分析物模型

不均一分析物模型主要用于分析特意混合的两种大小不同的分析物。该模型描述了这种竞争情况，并返回两组反应速率常数。即：

$$A_1 + B \underset{k_{d1}}{\overset{k_{a1}}{\rightleftharpoons}} A_1B \qquad A_2 + B \underset{k_{d2}}{\overset{k_{a2}}{\rightleftharpoons}} A_2B$$

在不均一分析物模型中，需要知道两种分析物的浓度和分子量。如果绝对分子量未知，则可以输入相对值，而不会影响拟合结果。当两种分析物的浓度和相对大小未知时，该模型无法评估相互作用。

3. 二价分析物模型

二价分析物模型用于二价分析物与配体的结合实验分析，二价分析物，即一个分析物分子可以与一个或两个配体结合。在这个模型中，分析物的两个结合位点假定是等效的。该模型可用于信号分子与细胞表面受体（其中受体的二聚化很常见），以及完整抗体（分析物）与固定化的抗原（配体）等的结合研究。由于一个分析物分子能够与两个配体分子结合，与1∶1相互作用模型相比，分析物整体的结合得到了加强，这种效应通常称为亲合力（avidity）效应。

$$A + 2B \underset{k_{d1}}{\overset{k_{a1}}{\rightleftharpoons}} AB + B \underset{k_{d2}}{\overset{k_{a2}}{\rightleftharpoons}} ABB$$

在二价分析物模型中，当分析物的第二个结合位点与配体结合时，由于芯片表面的质量不会发生变化，所以不会产生SPR信号的变化。也因此，第二个结合位点的相互作用中的结合速率常数通常使用 $RU^{-1}s^{-1}$ 作为单位来表示。当RU和M之间的转换因子可用时，也可以以 $M^{-1}s^{-1}$ 作为单位表示。

在正常的检测分析中，建议尽量避免二价分析物模型中的亲合力效应。在多数情况下，可以通过使用低固定化程度的配体和高浓度的分析物来降低亲合力效应。在低固定化程度中，配体的分布稀疏，配体之间距离较大，因此可以有效地避免一个分析物结合到两个配体上。在高浓度的分析物中，分析物与配体之间的结合竞争较强，因此有利于形成1∶1的复合物。

4. 二态反应模型

二态反应模型用于传感器表面上的复合发生物构象变化时的结果分析。即：

$$A + B \underset{k_{d1}}{\overset{k_{a1}}{\rightleftharpoons}} AB \underset{k_{d2}}{\overset{k_{a2}}{\rightleftharpoons}} AB^*$$

在二态反应模型中，假设仅当分子A和分子B相互结合时才发生从AB到 AB^* 的转变。同样，如果不先经过状态AB，则发生构象变化的复合物 AB^* 无法直接解离为分子A和分子B。由于构象变化不会发生质量变化，因此构象变化不会立即影响SPR的响应，但这种影响是间接的，因为第二种构象改变了分析物的结合形式和游离形式之间的平衡。二态反应模型的主要目的是用于将实验数据做更好的拟合，而不是直接证明构象发生了变化。构象变化应该使用其他技术（例如谱学或磁共振等）等来研究构象性质。

五、SPR 实验数据的应用

SPR 的五项主要用途分别是：①判断特异性结合的产生；②动力学分析；③亲和力分析；④热力学分析；⑤定量分析。在本部分中将依此对上述应用中的实验方法及数据分析进行说明。

1. 判断特异性结合的产生

判断分子间特异性结合的有无是 SPR 的重要应用功能之一。本部分将说明 SPR 在分子间特异性结合中的实验方法及数据分析。

（1）实验方法

a. 实剂＆实验用品

Ⅰ. 配体＆分析物

Ⅱ. SPR 芯片：

羧甲基葡聚糖 SPR 芯片

Ⅲ. 缓冲溶液：

HBS-EP［10 mmol/L HEPES（pH 7.4），150 mmol/L NaCl，3 mmol/L EDTA，0.005% surfactant P20］

Ⅳ. NHS 活性化试剂：

100 mmol/L NHS

400 mmol/L EDC

使用前 100 mmol/L NHS 与 400 mmol/L EDC 1∶1 等体积混合

Ⅴ. 封闭试剂：

1 mol/L 乙醇胺盐酸缓冲溶液（pH 8.5）

Ⅵ. 配体稀释液：

10 mmol/L 乙酸缓冲溶液（pH 5.0）

Ⅶ. 再生缓冲溶液：

10 mmol/L 甘氨酸盐酸（pH 2.0）溶液

b. 配体溶液的制备与固定：

操作流程请参考第三章中的“静电预浓缩实验流程示例”和“利用活性酯与氨基形成的共价偶联固定配体的实验流程示例”。在这里我们需要注意的是，缓冲溶液与分析物溶液中的化学组成不同，从而产生一种依存于溶液折射率的信号，这种信号称为容积效应（bulk effect）。如图 4-8 所示，容积效应可以通过对分析物在芯片上参比区域（reference region）的传感图进行扣减，用以对分析物在含配体区域的传感图进行修正。

芯片上的参比区域除了修正容积效应以外，还可用于修正 SPR 芯片表面上发生的非特异性结合。因此在 SPR 实验中，也应该向参比区域添加分析物溶液。如图 4-9 所

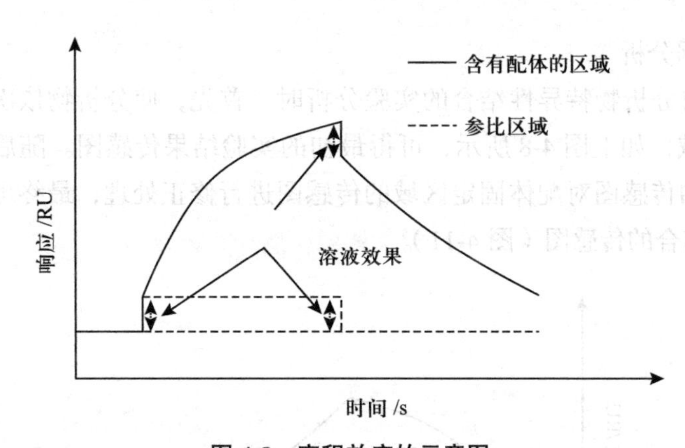

图 4-8　容积效应的示意图

示，通常将下列 3 种区域用于参比区域：

①未进行任何处理的 SPR 芯片区域；

②经过 SPR 芯片表面活性化并封闭处理后的 SPR 芯片区域；

③与配体固定量相同的阴性参照样品（negative control sample）固定区域。

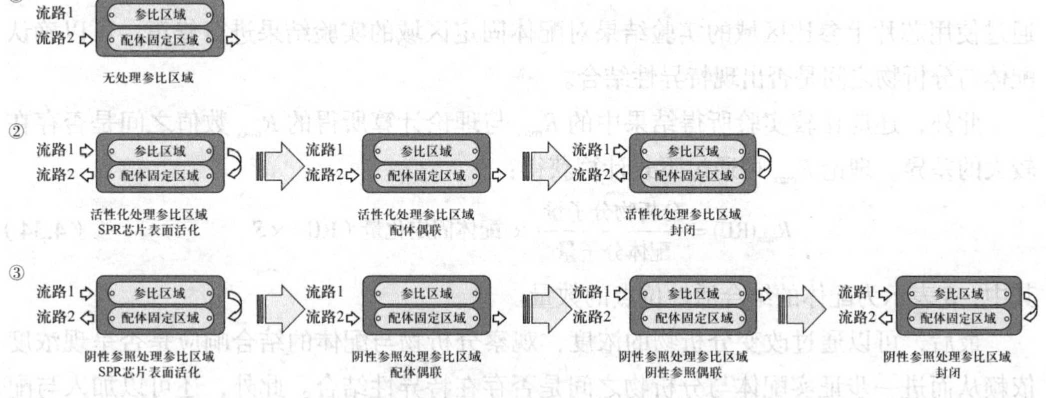

图 4-9　不同参比区域设定条件下的配体流路途径

c. 配体与分析物特异性结合的判断

使用 HBS-EP（缓冲溶液）制备终浓度为 1 nmol/L ～ 10 μmol/L 的分析物溶液 100 μl。如图 4-10 所示，分析物特异性结合分析操作：

试剂	试剂量（μl）/ 流速（μl/min）
缓冲溶液	适量 / 30
分析物溶液	100 / 30

图 4-10　SPR 芯片表面分析物溶液的送液途径

d. 实验数据分析

进行配体与分析物特异性结合的实验分析时，首先，使分析物依次经过参比区域和配体固定区域，如上图 4-8 所示，可得最初的实验结果传感图。随后，通过使用芯片上参比区域的传感图对配体固定区域的传感图进行修正处理，最终可得配体与分析物发生特异性结合的传感图（图 4-11）。

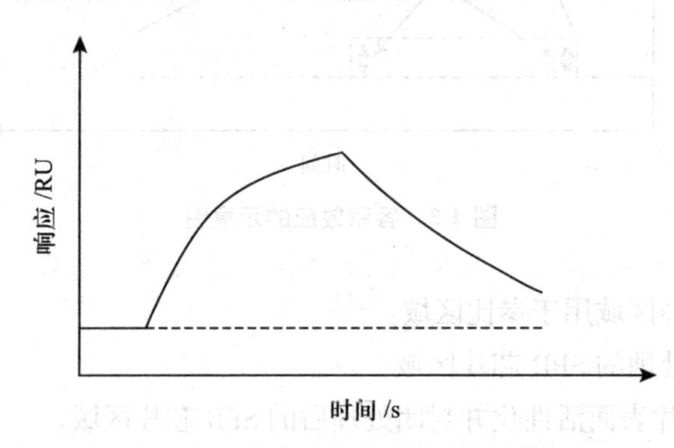

图 4-11　处理后的实验结果示意图

在最初的实验结果中，由参比区域的实验结果可以确认是否出现非特异性结合。通过使用芯片上参比区域的实验结果对配体固定区域的实验结果进行修正，可以确认配体与分析物之间是否出现特异性结合。

此外，还应比较实验所得结果中的 R_{max} 与理论计算所得的 R_{max} 数值之间是否存在较大的差异。理论 R_{max} 可通过下式计算获得：

$$R_{max}(RU) = \frac{\text{分析物分子量}}{\text{配体分子量}} \times \text{配体固定化量（RU）} \times S \quad (4.34)$$

其中，S 表示为配体的结合活性位点的数量。

最后，可以通过改变分析物的浓度，观察分析物与配体的结合响应是否呈现浓度依赖从而进一步证实配体与分析物之间是否存在特异性结合。此外，还可以加入与配体分子不发生特异性结合的阴性对照，进一步确认分析物与配体分子之间是否存在特异性结合。

2. 动力学与热力学分析

动力学分析旨在检测分析两个分子之间相互作用的反应速度常数（结合速率常数与解离速率常数）。动力学数据表征了两个分子间相互作用的结合特性的速度，亲和力数据表征了两个分子间相互作用的结合特性的强度，而热力学分析则解释说明了两个分子间相互作用的结合特性的原因。动力学分析和热力学分析是 SPR 仪器的重要应用功能。在前文中已经介绍了各种 SPR 动力学与热力学分析的原理。本部分将继续说明 SPR 在动力学与热力学分析中的实验方法及数据分析。

（1）实验方法

a. 试剂&实验用品

Ⅰ. 配体&分析物

Ⅱ. SPR芯片：

羧甲基葡聚糖SPR芯片

Ⅲ. 缓冲溶液：

HBS-EP［10 mmol/L HEPES（pH 7.4），150 mmol/L NaCl，3 mmol/L EDTA，0.005% Surfactant P20］

Ⅳ. NHS活性化试剂：

100 mmol/L NHS

400 mmol/L EDC

使用前100 mmol/L NHS与400 mmol/L EDC 1∶1等体积混合

Ⅴ. 封闭试剂：

1 mol/L乙醇胺盐酸缓冲溶液（pH 8.5）

Ⅵ. 配体稀释液：

10 mmol/L乙酸缓冲溶液（pH 5.0）

Ⅶ. 再生缓冲溶液：

10 mmol/L甘氨酸盐酸（pH 2.0）溶液

b. 配体溶液的制备与固定

具体操作流程请参考第三章中的“静电预浓缩实验流程示例”与“利用活性酯与氨基形成的共价偶联固定配体的实验流程示例”。在这里需要注意的是，当芯片表面固定的配体较多时，如果配体与分析物之间的结合速度较快，将会造成芯片表面附近的分析物浓度降低，即发生物质迁移限制。当发生物质迁移限制时，芯片表面附近的分析物浓度会小于预设浓度，从而造成实验所得的结合速率常数小于实际结合速率常数。同样，在配体与分析物的解离阶段，如果芯片表面固定的配体较多时，将会出现从配体上解离出来的分析物再次结合到配体上的现象，即再次结合的现象（rebinding）。当发生再次结合现象时，将会造成实验所得的解离速率常数小于实际解离速率常数。因此，为了保证检测的准确性，应调整配体的固定量 R_{max} 数值在200～1000 RU之间（式4.35和式4.36）。即：

$$\text{最小固定化量（RU）} = 200 \times \frac{1}{S} \times \frac{\text{配体分子量}}{\text{分析物分子量}} \quad (4.35)$$

$$\text{最大固定化量（RU）} = 1000 \times \frac{1}{S} \times \frac{\text{配体分子量}}{\text{分析物分子量}} \quad (4.36)$$

在结合速度快、解离速度慢的生物分子相互作用中，当 R_{max} 等于1000 RU时也有可能会出现物质迁移限制与再次结合的现象。因此，在正式实验开始时，建议调整配体的固定化量，使 R_{max} 分为50 RU，200 RU，500 RU，800 RU，1000 RU等数个阶段进行预实验。

为了验证配体的固定化量是否合适，可以以不同的流速（10 μl/min，30 μl/min，50 μl/min，100 μl/min 等）加入分析物来进行相互作用的测试。如果分析物在不同的进样流速时检测得到的实验结果图形不变，则可证明没有物质迁移限制和再次结合的现象。

c. 配体与分析物的动力学分析

为了实验分析得到配体与分析物的解离平衡常数 K_D，分析物的浓度范围应该覆盖解离平衡常数 K_D 值的 1/10～10 倍之间。如图 4-12 与图 4-13 所示，在实验中，分析物浓度由高浓度开始使用缓冲溶液按照实验需要稀释制备 5 个以上不同浓度的分析物溶液（例如 30 nmol/L、15 nmol/L、7.5 nmol/L、3.75 nmol/L、1.87 nmol/L 等）。分析物的进样流速通常设置为 30～50 μl/min。分析物的进样时间一般设置为 1～3 min，解离时间一般设置为 1～6 min。在解离速度慢的相互作用中，为了得到解离部分实验结果图形的斜率，可以将解离时间设置为 10 min 以上。

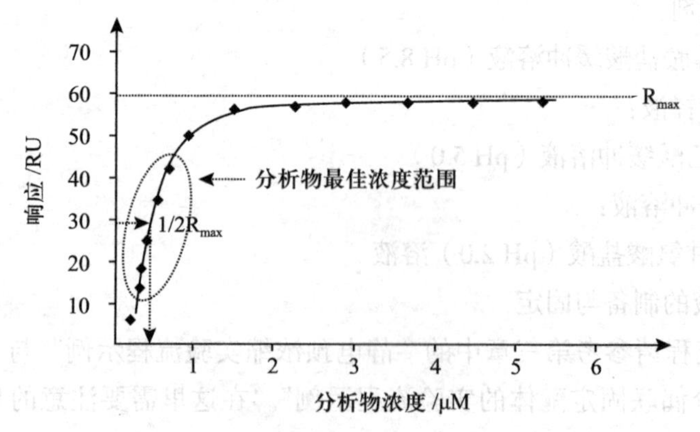

图 4-12　分析物浓度的最佳选取范围

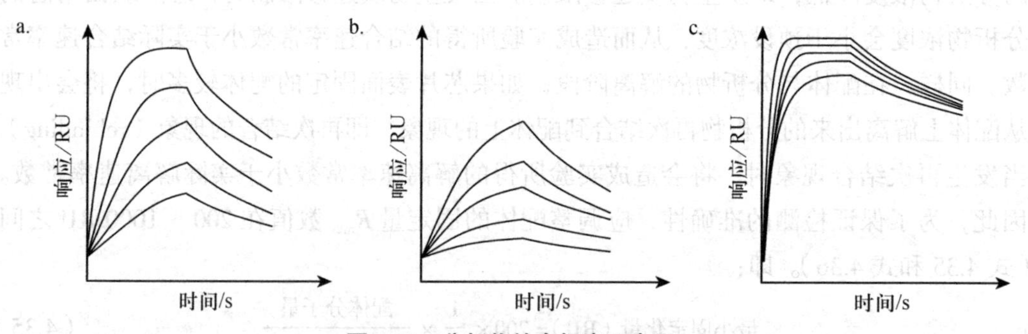

图 4-13　分析物结合解离示意图

a. 分析物浓度范围选择适当；b. 分析物浓度范围选择过低，结合曲线均未到平衡状态；c. 分析物浓度范围选择过高，结合曲线分布过密。

如图 4-10 所示，分析物动力学分析操作，1 次循环时的设置：

试剂　　试剂量（μl）/ 流速（μl/min）

缓冲溶液……………………………………………………………适量 / 30

分析物溶液 ………………………………………………………………… 100 / 30

缓冲溶液 ……………………………………………………………………… 100 / 30

甘氨酸盐酸 ………………………………………………………………… 200 / 30

在动力学分析过程中，总循环数与分析物样本数相等，分析物样本如表 4-3 所示：

表 4-3　动力学分析时所需分析物样本的示例表

序号	浓度（nmol/L）	
①	0	缓冲溶液
②	0	缓冲溶液
③	1.87	分析物
④	3.75	分析物
⑤	7.5	分析物
⑥	15	分析物
⑦	30	分析物
⑧	7.5	分析物

在表 4-3 中，用缓冲溶液作 0 nmol/L 的分析物样本，用以扣除溶剂本底的影响以及校正基线。在分析物进样中加入两次相同浓度的分析物（⑤与⑧）样本用以确认在整个实验过程中配体有无失活。因此，本轮单次动力学分析需要测试上述 8 个样本。分析物的浓度梯度一般根据实验体系的实际情况进行调整。

根据前文中的式 4.5 与式 4.33，可以通过检测若干个温度下的 k_a、k_d、K_D、K_A 数值等计算获得两个分子间相互作用的热力学参数（焓值 ΔH、熵值 ΔS 和吉布斯自由能 ΔG）。如图 4-14 所示，在 4～5 个不同温度下进行动力学分析的操作即获得热力学相关参数。

d. 实验数据分析

Ⅰ. 参比（referencing）扣除与双参比（double referencing）扣除

在 SPR 实验结果的实际分析中，首先，将各浓度分析物在配体固定流路（区域）得到的传感图减去它们在参比流路（区域）得到的传感图，得到修正后的传感图，此步处理称为参比（referencing）扣除。随后，将上面得到的修正后的传感图进一步减去分析物浓度为 0 时的，做过上述修正后的传感图，这两步处理合起来称为双参比（double referencing）扣除。其次，将完成双扣除的各浓度分析物的传感图的基线复位至零，完成 SPR 实验结果传感图的前处理（即图 4-3 中的 Step 1）。最后，根据动力学模型，通过非线性最小二乘法分别对分析物与配体的结合阶段区域与解离阶段区域进行曲线拟合。

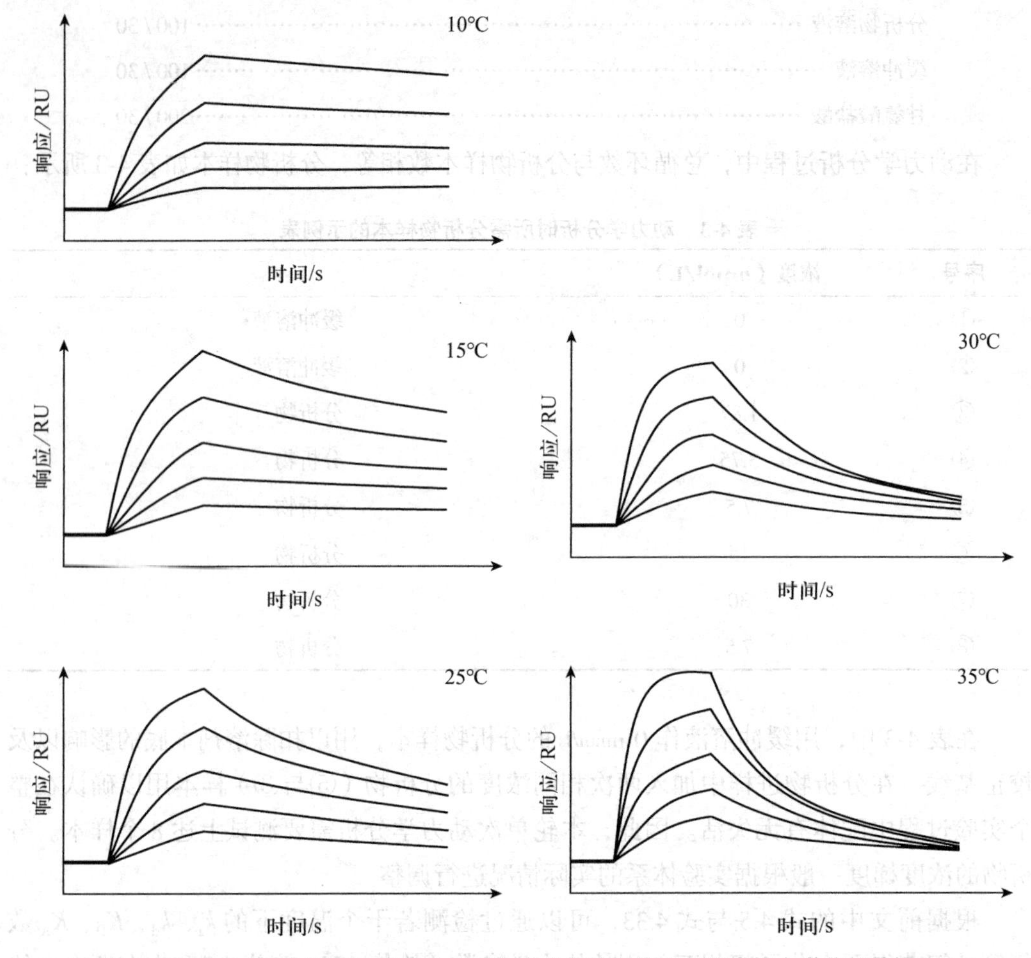

图 4-14　在 4～5 个不同温度下进行动力学分析的操作即可完成热力学分析的操作

Ⅱ．全局拟合（global fitting）与局部拟合（local fitting）

在对 SPR 实验结果进行曲线拟合时，可以同时拟合一组 SPR 实验结果中的全部曲线得出速率常数等结果，也可以分别对一组 SPR 实验结果中的每条浓度曲线进行单独拟合得出速率常数等结果，前一种拟合分析称为全局拟合，后一种拟合分析称为局部拟合。在大多数情况下，最好进行全局拟合，并给出最可靠的答案。使用全局拟合时，同时将 k_a，k_d，R_{max} 和物质迁移常数（mass transport constant）拟合到所有曲线，从而为每个参数提供一个更加可靠的数值。

①结合速率常数（k_a）与解离速率常数（k_d）

结合速率常数（k_a）与解离速率常数（k_d）由配体和分析物的性质、实验温度和缓冲溶液组成等条件决定。因此，在实验过程中，如果这些条件保持恒定，则 k_a 应该使用全局拟合。

②物质迁移常数

根据模型，物质迁移常数用于对生物分子相互作用的初始阶段进行建模，在此阶段，物质迁移常数的影响可能会很突出。尽管不同分析物浓度对应的物质迁移常数存在差异，但原则上物质迁移常数应该使用全局拟合。

③ R_{max}

R_{max} 是配体与分析物结合时的最大可行信号，定义为如式 4.37 所示：

$$R_{max}(RU)=\frac{\text{分析物的分子量}}{\text{配体的分子量}}\times \text{配体的固定化量（RU）}\times S \tag{4.37}$$

其中，S 是配体中结合位点的个数。

R_{max} 由配体结合位点的数量以及配体和分析物的分子量大小和聚集状态等决定。R_{max} 的数值大小与分析物和配体的分子量之间的关系成正比。当在同一配体的表面上加入分析物的不同浓度时，理论上每次的 R_{max} 数值都相同，虽然在实际操作过程中，结合位点可能由于在洗脱阶段没有充分洗脱等原因而出现少许差异，但是原则上 R_{max} 应该使用全局拟合。当在同一配体的表面上使用不同的分析物时，R_{max} 可以使用局部拟合。

④ R_{eq}

R_{eq} 是配体与分析物之间的结合处于平衡状态时的 SPR 信号。定义为如式 4.38 所示：

$$R_{eq}=\frac{k_a\cdot C\cdot R_{max}}{k_a\cdot C+k_d} \tag{4.38}$$

R_{eq} 由 R_{max}，k_a，k_d 和分析物的浓度（C）决定。当在配体芯片表面加入分析物的不同浓度时，R_{eq} 与分析物所占据的配体结合位点数相关。由于 R_{eq} 取决于 R_{max}、k_a 和 k_d，因此必须使用全局拟合来拟合这些参数，然后利用这些参数得到当前分析物占用的结合位点的数量信息。

⑤表观速率常数（k_{app}）

表观速率常数 k_{app} 定义为如式 4.39 所示：

$$k_{app}=C\cdot k_a+k_d \tag{4.39}$$

其中，C 是分析物的浓度。由于 k_{app} 依赖于分析物的浓度，因此 k_{app} 的拟合应该使用局部拟合。通过构建 k_{app} 与分析物浓度 C 的关系图，可以得到 k_a 和 k_d。但是，在许多模型中，是通过分析物浓度 C、k_a 和 k_d 计算得 k_{app}，在这些情况下，构建的 k_{app} 与分析物浓度 C 的关系图是一条直线，是没有意义的。

⑥ RI（折射率，refractive index）

RI 是由实验运行过程中的缓冲溶液与分析物的缓冲溶液（蛋白质浓度，稀释度和其他缓冲溶液成分）之间的折射率差异引起的。RI 通常用于使曲线可以更好地拟合。如果拟合曲线中的 RI 跳变较大，则应格外小心，应该使用折射率相匹配的缓冲溶液来消除 RI。RI 跳变较大表明模型没有很好地拟合实验所得数据，这种情况可能是由于进样开始的位置标记不正确而引起的。尤其是当进样开始的位置标记是自动放置时，需要检查它们是否在分析物注入开始时的位置，以及在这一位置上是否有尖峰或者跳变。RI 跳变较大的另一种可能性是相互作用并非是 1∶1 的动力学。因此需要通过优化实验条件等来确认相互作用是否遵循 1∶1 的动力学。RI 的信号大小与分析物的浓度成正比，与整体 SPR 信号相比较小，因此，RI 应该使用局部拟合。RI 仅适用于结合阶段。

⑦漂移（drift）

基线稳定很重要。实验过程中的基线可能会由于配体固定化未达到最佳平衡状态或者上一步骤中的洗脱过程而发生基线漂移。另外，流速变化也会产生基线漂移。在大多数情况下，经过几分钟的流动后，基线漂移会得以解决。参比扣除与双参比扣除可以补偿基线漂移，但有时也不会完全补偿。当基线漂移发生时，首先拟合没有漂移成分的曲线，然后使用来自先前结果的初始值在最终拟合中添加一个漂移成分。漂移的 SPR 信号比较小（$< \pm 0.05$ RU·s^{-1}）。漂移需使用局部拟合。

e. 分析结果的评估

Ⅰ. 确认分析结果

① RI 值的大小。SPR 的实验结果经过参比扣除修正后，RI 值很小（通常不到数 RU）。

② R_{max} 值与理论值是否相近。当实验分析得到的 R_{max} 值大于理论 R_{max} 值时，芯片表面可能发生了分析物的非特异性结合或者聚集。当实验分析得到的 R_{max} 值小于理论 R_{max} 值时，芯片表面的配体可能失活。

③ 速率常数（k_a 与 k_d）的数值是否妥当。大部分生物相互作用的速率常数的范围如下所示：

结合速率常数（k_a）：$10^4 \sim 10^9$（mol/L）$^{-1}$ s^{-1} （检测范围：$10^3 \sim$ 约 10^8）

解离速率常数（k_d）：$10^{-5} \sim 1$ s^{-1} （检测范围：$10^{-5} \sim$ 约 10^{-1}）

物质迁移系数（mass transport coefficient）（k_t）：$10^8 \sim 10^9$ s^{-1}

当分析结果超出上述范围时，应确认实验结果的标准误差与 t 值。

Ⅱ. 确认拟合结果

①实验所得传感图与拟合后的传感图的重叠性是否良好。拟合良好的实验结果应该为拟合得到的传感图与实验所得的传感图的重叠性较高。

②残差图（residual plot）是随机残差分布（random residuals distribution）还是非随机残差分布（non-random residuals distribution）。理想状态下，残差范围对应机器的噪声，以 0 为中心成随机残差分布，非线性。当残差呈非随机残差分布时，表明该模型不能充分解释实验数据，或者当前使用的模型错误地描述了配体与分析物之间的相互作用，或者实验条件欠佳，出现物质迁移，再次结合或非特异性结合等。

Ⅲ. 确认统计学参数

①卡方统计量（Chi-squared test，Chi^2，χ^2）的大小。Chi^2 可以衡量实验数据拟合的好坏。χ^2 值越小证明拟合得越好。χ^2 容许的范围必须以检测的结合状况为基准进行评价。理想状况下，χ^2 的值接近短时间内噪声值的平方。

②标准误差的大小。标准误差是对参数计算值信赖性的衡量标准。标准误差越小，信赖性越高。

③ t 值的大小。t 值是由参数值除以标准误差所得，是一种正规化的逆标准误差值。t 值越大（通常大于 10），各参数的信赖性越高。

④ U 值的大小。U 值是动力学速率常数所特有的值。U 值越小，所得结果的信赖性越高。

3. 亲和力分析

在分子 A 与分子 B 的相互作用中，复合物 AB 的稳定性依赖于溶液中分子 A，分子 B 与分子 AB 的浓度比，即如前面所展示的式 4.1 和式 4.5：

$$\mathrm{A}+\mathrm{B} \rightleftharpoons \mathrm{AB} \tag{4.1}$$

$$\frac{[\mathrm{A}][\mathrm{B}]}{[\mathrm{AB}]}=K_{\mathrm{D}}=\frac{1}{K_{\mathrm{A}}} \tag{4.5}$$

其中，K_D 称为解离平衡常数（单位：M）。如果复合物 AB 稳定，则反应有利于分子 AB 的生成，溶液中分子 A 与分子 B 的浓度将会很小，分子 AB 的浓度将会很大。所以，复合物 AB 越稳定，K_D 值越小，反之复合物 AB 越不稳定，K_D 值越大。生物分子间相互作用的解离平衡常数 K_D 的数值范围通常为 10^{-3} ～ 10^{-15} mol/L。K_D 的倒数 K_A 称为结合平衡常数 K_A［单位：$(\mathrm{mol/L})^{-1}$］，也是用来描述分子间相互作用的大小。解离平衡常数 K_D 的单位是 mol/L，可以间接地描述游离的分子 A 和分子 B 的浓度。所以，习惯上大多数使用解离平衡常数 K_D。解离平衡常数 K_D 与结合平衡常数 K_A 统称为亲和力常数，用于描述生物分子相互作用的亲和力大小。

亲和力分析是 SPR 的重要功能之一。本部分将说明 SPR 中进行亲和力分析的实验方法及相应的数据分析过程。

（1）实验方法

a. 试剂＆实验用品

Ⅰ. 配体＆分析物

Ⅱ. SPR 芯片：

羧甲基葡聚糖 SPR 芯片

Ⅲ. 缓冲溶液：

HBS-P（10 mmol/L HEPES，pH 7.4，150 mmol/L NaCl，0.005% surfactant P20）

Ⅳ. NHS 活性化试剂：

100 mmol/L NHS

400 mmol/L EDC

使用前使 100 mmol/L NHS 与 400 mmol/L EDC 1∶1 等体积混合

Ⅴ. 封闭试剂：

1 mol/L 乙醇胺盐酸缓冲溶液（pH 8.5）

Ⅵ. 配体稀释液：

10 mmol/L 乙酸缓冲溶液（pH 5.0）

b. 配体溶液的制备与固定

操作流程请参考本章节第七部分《动力学与热力学分析》。

c. 配体与分析物的亲和力分析

在亲和力分析中，通常采用稳态亲和模型（steady state affinity model）进行分析。稳态亲和模型是基于 1∶1 相互作用模型，利用 SPR 实验结果中得到的反应到达稳定时的 R_{eq}、R_{max} 值计算分析得到解离平衡常数 K_D 与结合平衡常数 K_A。如图 4-15 所示，利用实验中得到的 R_{eq} *vs.* 分析物浓度的关系曲线即可得到解离平衡常数 K_D。通常需要 5 个以上不同浓度的高浓度分析物的实验结果。

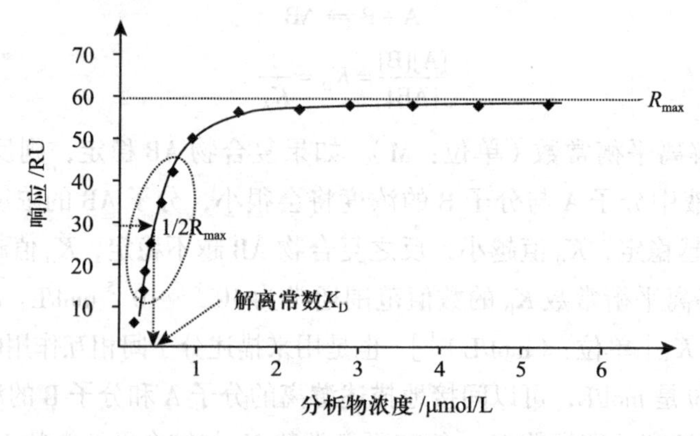

图 4-15　R_{eq} 与分析物浓度的关系曲线

如果使用的分析物浓度较低，特别是当使用的分析物的最高浓度小于计算所得的解离平衡常数 K_D 值时，则即使拟合效果良好且 χ^2 值较低，所得到数值的准确度也难以确定。同时也应注意计算所得的解离平衡常数 K_D 值应大于分析物最高浓度的 1/2。如果使用的分析物浓度相对于解离平衡常数 K_D 值过低时将会导致 R_{eq} vs 分析物浓度的关系曲线不够平滑，最终影响计算所得的解离平衡常数 K_D 值的信赖性。分析物的浓度范围应该覆盖理论 R_{max} 数值的一半，并且高浓度分析物的 R_{eq} 数值应展现出饱和的趋势。同样，只使用高浓度的分析物也无法获得准确的解离平衡常数 K_D。所以，选取的分析物的浓度范围要避免如下图 4-16 的状况。

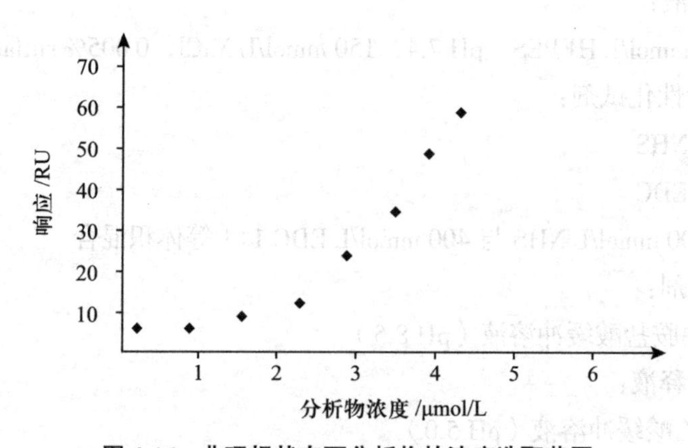

图 4-16　非理想状态下分析物的浓度选取范围

在亲和力分析中，通常需要使用缓冲溶液 2 倍等比例稀释制备 5 个以上不同浓度的分析物溶液梯度（例如分别制备 200 μmol/L、100 μmol/L、50 μmol/L、25 μmol/L、12.5 μmol/L、6.25 μmol/L、3.13 μmol/L、1.56 μmol/L、0.78 μmol/L 等）。当然，实际的分析物浓度梯度需要根据样品间具体的亲和力数值大小进行制备。分析物的进样流速为 30～100 μl/min。稳态结合模型通常用于解离速度较快的结合，此类复合物不稳定，会迅速解离。所以，通常无需使用再生缓冲溶液洗脱。

如图 4-10 所示，分析物亲和力分析操作：

循环时的设置：

试剂	试剂量（μl）/ 流速（μl/min）
缓冲溶液	适量 / 30
分析物溶液	100 / 30
缓冲溶液	200 / 30

在亲和力分析过程中，总循环数与分析物样本数相等，分析物样本如表 4-4 所示：

表 4-4　亲和力分析时所需的分析物样本示例

序号	浓度（μmol/L）	
1	0	缓冲溶液
2	0	缓冲溶液
3	0.78	分析物
4	1.56	分析物
5	3.13	分析物
6	6.25	分析物
7	12.5	分析物
8	25	分析物
9	50	分析物
10	100	分析物
11	200	分析物

d. 实验数据分析

Ⅰ. 稳态亲和模型

在 1∶1 结合模型中，在亲和力低的相互作用中，反应将在极短的时间内到达平衡。因此，SPR 图像结果中的结合反应区间与解离反应区间极短，解析困难。但是，当反应到达平衡时，d[AB]/dt 等于 0；AB 到达反应平衡的响应为 R_{eq}。如图 4-17 所示，根据式 4.19，将 R_{eq}/C vs. R_{eq} 进行斯卡查德作图分析可得到一次线性函数，此函数斜率的倒数即为 K_D。因此，可以通过调整样本中分析物的浓度 C，通过分析到达平衡时 RU 的数值直接检测复合物 AB 到达反应平衡时的响应 R_{eq}，最终得到 K_D 值。

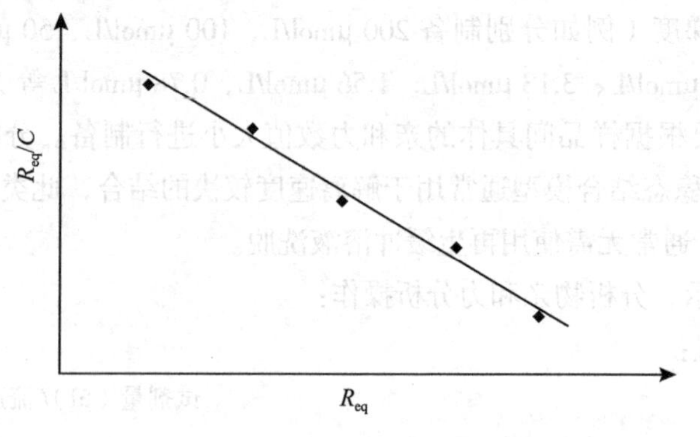

图 4-17　R_{eq} / *C vs.* R_{eq} 的示意图

稳态亲和模型是基于 1∶1 结合模型的，利用 SPR 实验结果中得到的反应到达稳定时的 R_{eq} 值计算分析得到解离平衡常数 K_D 与结合平衡常数 K_A。同样，对实验所得数据依据 1∶1 结合模型进行曲线拟合同样也可以得到解离平衡常数 K_D 与结合平衡常数 K_A。在理想状态下，两种方法得到的解离平衡常数 K_D 与结合平衡常数 K_A 应该相同。但是，在实际中，首先，在 SPR 实验中加入高浓度的分析物时，当解离速率常数 k_d 较大时，反应将在短时间内到达稳定状态，导致检测比较困难。同时，在加入高浓度的分析物时，由于物质迁移限制的原因将会影响实验结果。但在稳态亲和模型中，是利用 SPR 实验结果中得到的反应到达稳定时的 R_{eq} 值计算分析得到解离平衡常数 K_D 与结合平衡常数 K_A。所以，使用稳态亲和模型不会受到物质迁移限制的影响，更加容易获得准确度更高的分析结果。但是，如果分子间相互作用是遵循 1∶1 结合模型，而未达到稳定状态，则需要通过 1∶1 结合模型进行曲线拟合，以此获得更可靠的解离平衡常数 K_D 与结合平衡常数 K_A。

稳态亲和模型是利用 SPR 实验结果中得到的反应到达稳定时的 R_{eq} 值计算分析得到解离平衡常数 K_D 与结合平衡常数 K_A。因此，使用的 SPR 实验结果必须是反应到达平衡（稳定）状态（图 4-18）。为了使反应到达平衡状态，可以使用高浓度的分析物溶液或者延长分析物的进样时间。

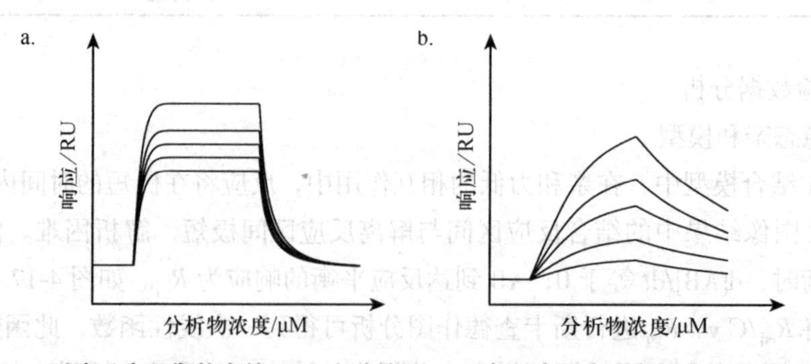

图 4-18　a. 到达反应平衡状态的 SPR 实验结果，b. 未到达反应平衡状态的 SPR 实验结果

在亲和力分析中，通常使用高浓度的分析物，但随着分析物浓度的增加，非特异性结合以及分析物之间的重合现象也会增加（图 4-19）。因此，随着分析物浓度的增加，SPR 信号可能会出现扩大的倾向。因此，为了获得更加准确的实验结果，应该深刻检讨反应条件（缓冲溶液组成等）以尽量避免或抑制高浓度分析物中的非特异性结合以及分析物之间的重合现象等。

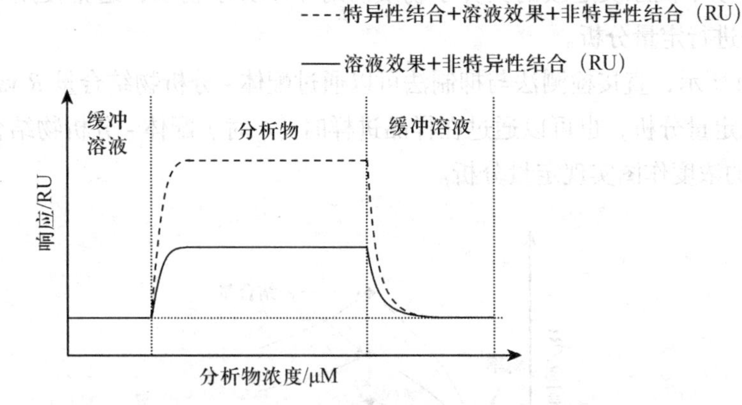

图 4-19 亲和力分析中，由于使用的分析物浓度较高，溶液效果与非特异性结合等引起的 SPR 信号也较大

4. 定量分析

使用 SPR 对目标分析物的定量分析方法通常有 4 种，即直接分析法、竞争分析法、抑制分析法和双抗夹心分析法。

直接分析法：将抗体、结合蛋白、DNA 等生物分子作为配体直接固定到 SPR 芯片表面，当分析物流经 SPR 芯片表面时，分析物与 SPR 芯片表面上的配体发生特异性结合，从而引起 SPR 芯片表面折射率的改变，从而引起共振角的变化。

竞争分析法：竞争法主要用于小分子物质，特别是有毒化合物的定量分析。在竞争法中，需要偶联在例如乳胶珠或金纳米颗粒等高折射率物质的“偶联分析物（conjugated analyte）”。在竞争分析法中，将抗体、结合蛋白、DNA 等生物分子作为配体直接固定到 SPR 芯片表面，当分析物与偶联分析物的混合液流经 SPR 芯片表面时，分析物和偶联分析物与 SPR 芯片表面上的配体发生竞争结合反应，混合液中分析物的浓度越高，SPR 芯片表面折射率的改变越小，反之越大。从而完成定量分析。从反应动力学上讲，因为分析物和偶联分析物的扩散常数会显著不同。所以，竞争分析法只能进行平衡分析。

抑制分析法：在芯片表面固定目标分析物（非待测物中的目标分析物），在待测溶液中加入一定量过量的抗体、结合蛋白、DNA 等功能性生物分子，功能性生物分子与待测溶液中目标分析物相结合，未结合的功能性生物分子同 SPR 芯片表面上的目标分析物结合产生 SPR 信号，由于功能性生物分子的分子量大于目标分析物，所以通过抑制分析法能大大增强 SPR 的信号。

双抗夹心分析法：双抗夹心分析法是直接分析法的一种延伸方法。在双抗夹心分析法中，将抗体、结合蛋白、DNA 等生物分子作为配体直接固定到 SPR 芯片表面，与流经的被分析物结合后，再流过第 2 种抗体、结合蛋白、DNA 等功能性生物分子，与结合在 SPR 芯片表面的被分析物再次结合，增大被分析物的 SPR 信号值。这种方法适用于检测具有多个抗原决定簇的大分子物质。对于小分子物质，通常使用竞争分析法或抑制分析法进行定量分析。

如图 4-20 所示，直接检测法与抑制法可以通过配体 - 分析物结合量 *R vs.* 分析物的浓度作图实现定量分析，也可以通过在样品进样时（t_0 时）配体 - 分析物结合反应的斜率 *vs.* 分析物的浓度作图实现定量分析。

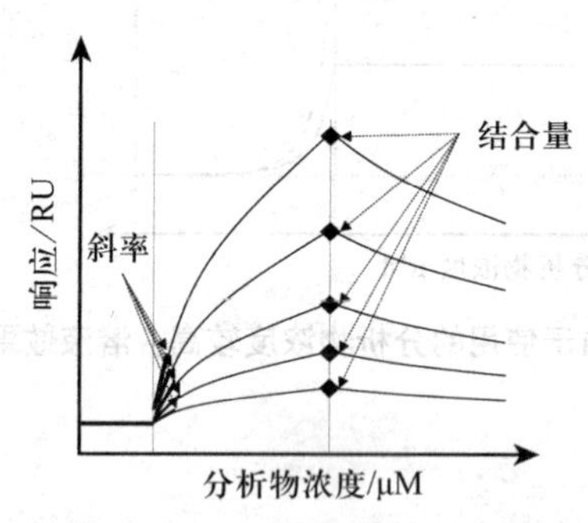

图 4-20 直接分析法（*R vs.* [分析物]，t_0 时的斜率 *vs.* [分析物]）

本部分将以直接分析法为例说明 SPR 在定量分析中的实验操作方法及相应的数据分析。

实验方法

a. 试剂＆实验用品

Ⅰ. 配体＆分析物

Ⅱ. SPR 芯片：

羧甲基葡聚糖 SPR 芯片

Ⅲ. 缓冲溶液：

HBS-EP（10 mmol/L HEPES，pH 7.4，150 mmol/L NaCl，3 mmol/L EDTA，0.005% P20）

Ⅳ. NHS 活性化试剂：

100 mmol/L NHS

400 mmol/L EDC

使用前 100 mmol/L NHS 与 400 mmol/L EDC 1∶1 等体积混合

Ⅴ. 封闭试剂：

1 mol/L 乙醇胺盐酸［缓冲溶液（pH 8.5）］

Ⅵ. 配体稀释液：

10 mmol/L 乙酸缓冲溶液（pH 5.0）

Ⅶ. 再生缓冲溶液：

10 mmol/L 甘氨酸盐酸溶液（pH 2.0）

b. 配体溶液的制备与固定

操作流程请参考本章“五、SPR 实验数据的应用 2. 动力学与热力学分析”。

c. 定量分析

如图 4-10 所示，定量分析操作：

1 次循环时的设置：

试剂	试剂量（μl）/ 流速（μl/min）
缓冲溶液	适量 / 30
分析物溶液	100 / 30
缓冲溶液	200 / 30
甘氨酸盐酸溶液	100 / 30

按照下表 4-5 的顺序重复添加 2 次举例的检量线绘制分析物与待检样本。

表 4-5　分析物标准曲线浓度梯度的配置

序号	浓度（μg/ml）	
1	62.5	分析物
2	125	分析物
3	250	分析物
4	500	分析物
5	1000	分析物
6	62.5	分析物
7	125	分析物
8	250	分析物
9	500	分析物
10	1000	分析物
11	—	待检样品
12	—	待检样品

d. 实验数据分析

为了确定样品中分析物的浓度，需要使用已知浓度的分析物拟合标准曲线或校准曲线。因此，在分析样品之前，重要的是选择最佳的曲线拟合模型，以获得最准确、最可靠的结果。

Ⅰ. 线性回归（linear regression）

在线性回归曲线拟合中，将实验结果拟合为 $y = ax + b$，并得到斜率（slope，a）和 y 截距（intercept，b）的值。在线性回归中，使用决定系数（coefficient of determination，R^2）来评价曲线拟合的优度（goodness of the curve fit）。通常当 R^2 值超过 0.99 时，认为曲线非常适合，R^2 值越接近 1，则曲线拟合的优度越好。

Ⅱ. 非线性曲线模型（non-linear curve model）

Ⅲ. 4 参数逻辑拟合法（4-parameter logistic，4PL）

如图 4-21 所示，免疫分析标准曲线通常会产生 S 形曲线，对此需要一种称为逻辑回归的数学模型，该模型允许曲线拟合超出直线领域（linear range）的线性范围。这个新的领域称为对数领域（logistic range），最简单地由 4PL 曲线描述[2]。

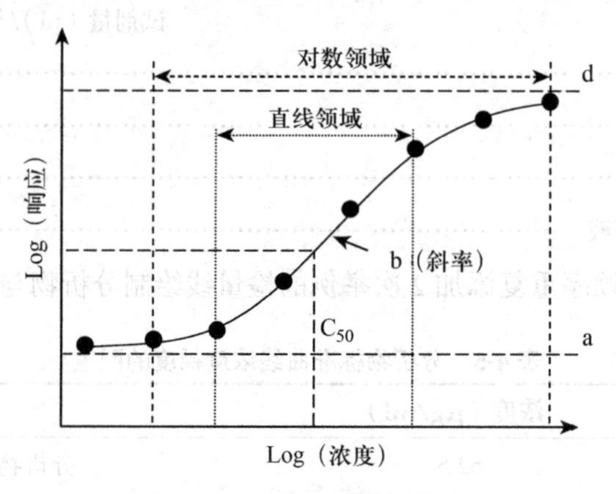

图 4-21　4 参数逻辑拟合法

4 参数逻辑回归数学模型可表示为式 4.40：

$$y = d + \frac{a-d}{1+\left(\frac{x}{c}\right)^{b}} \tag{4.40}$$

a：零浓度时的理论响应（theoretical response at zero concentration）

b：斜率系数（slope factor）

c：中浓度（拐点）[mid-range concentration（inflection point）]

d：无限大浓度时的理论响应（theoretical response at infinite concentration）

Ⅳ. 5 参数逻辑拟合法（5-parameter logistic，5PL）

如图 4-22 所示，有时在分析中可能不会得到一个对称的曲线。此时，可以将一个附加参数添加到 4PL 方程中，从而进行 5PL 曲线拟合。第五个参数考虑了不对称系数 g，并且在曲线不对称时提供更好的拟合度[3]。

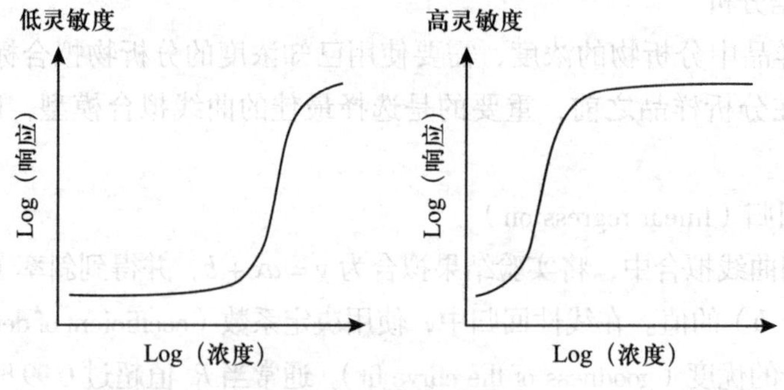

图 4-22　5 参数逻辑拟合法

5PL 逻辑回归数学模型可表示为式 4.41：

$$y = d + \frac{a-d}{\left[1+\left(\frac{x}{c}\right)^{b}\right]^{g}} \tag{4.41}$$

a：零浓度时的理论响应（theoretical response at zero concentration）
b：斜率系数（slope factor）
c：中浓度（拐点）[mid-range concentration（inflection point）]
d：无限大浓度时的理论响应（theoretical response at infinite concentration）
g：不对称系数（asymmetry factor）

在使用 4PL 或者 5PL 拟合曲线时，使用计算标准回收率（recovery of the standard）与掺入 & 回收率实验（spike and recovery assay）（S & R 分析）这两种方法来评价曲线拟合的优度。

①标准回收率（recovery of the standard）

标准回收率可以用于衡量根据每种标准品的预期浓度（expected concentration）计算得出的观测浓度（observed concentration）的准确性。即如式 4.42 所示：

$$\text{recovery of the standard} = \frac{[\text{observed}]}{[\text{expected}]} \times 100\% \tag{4.42}$$

[Observed]：根据拟合的曲线计算得到的标准品的浓度。
[Expected]：标准品的实际浓度。

标准回收率越接近 100%，则证明所使用的曲线拟合模型就越好。一般经验表明，要进行准确的定量分析，标准回收率应在 80% ~ 120%之间。与线性回归相比较，使用逻辑回归（4PL 或 5PL）将可以在更大范围内进行更准确的定量分析。

②掺入 & 回收率实验（spike and recovery assay）（S & R 分析）

S & R 分析用于测试分析的准确性，更准确的是用以评估基质效应（matrix effect）。

生物样品（例如血浆，血清，组织匀浆等）中含有例如糖、蛋白质和磷脂等物质，这些物质可能会干扰抗体结合靶标的能力，这种现象被称为基质效应。因此，基质效应大大提高了使用免疫测定法定量分析生物样品（例如血浆，血清，组织匀浆等）中目标分析物的难度。

当发生基质效应时，计算所得的浓度将会低于实际浓度。当然，样品中目标分析物浓度较低，孵育时间较短等原因也可能导致计算所得的浓度低于实际浓度。因此，需要使用 S & R 分析方法评估样品基质（血浆，血清等）是否会干扰抗体与被测目标蛋白的结合（式 4.43）。

$$\text{S \& R 分析} = \frac{C_{\text{Matrix}} - C_{\text{Blank}}}{R_{\text{Matrix}}} \tag{4.43}$$

C_{Matrix}：根据曲线拟合计算浓度为 C 的目标分析物溶于基质后获得的值
C_{Blank}：根据曲线拟合计算浓度为 C 的目标分析物溶于缓冲溶液后获得的值
R_{Matrix}：根据曲线拟合计算 SPR 信号后获得的值

S & R 分析数值越接近 100%，则测试分析的准确性就越好。一般经验表明，要进行准确的定量分析，S & R 分析数值应为 80% ~ 120%。当 S & R 分析数值小于 80% 或大于 120% 时，应注意基质效应。但是，当 C_{Matrix} 与 R_{Matrix} 的值相等或相近时，应该是目标分析物内源性问题，而非基质效应。

在实施 S & R 分析的同时，也建议同时实施 Linearity-of-dilution assay（L-D 分析）。L-D 分析提供了在所选基质中不同稀释水平下所测试样品中目标检测物的分析结果的精度信息，即将含有已知浓度基质的低浓度目标分析物或者不含有基质的高浓度目标分析物使用稀释液等倍比稀释（4.44，4.45 和 4.46）。

$$\%\,Recovery\,(1:2)=\frac{C_{\text{Blank 1/2 dilution}}}{\frac{C_{\text{Blank}}}{2}}\times 100\%\quad or\quad =\frac{C_{\text{Matrix 1/2dilution}}}{\frac{C_{\text{Matrix}}}{2}}\times 100\% \tag{4.44}$$

$$\%\,Recovery\,(1:4)=\frac{C_{\text{Blank 1/4 dilution}}}{\frac{C_{\text{Blank}}}{2}}\times 100\%\quad or\quad =\frac{C_{\text{Matrix 1/4dilution}}}{\frac{C_{\text{Matrix}}}{2}}\times 100\% \tag{4.45}$$

$$\%\,Recovery\,(1:8)=\frac{C_{\text{Blank 1/8 dilution}}}{\frac{C_{\text{Blank}}}{2}}\times 100\%\quad or\quad =\frac{C_{\text{Matrix 1/8dilution}}}{\frac{C_{\text{Matrix}}}{2}}\times 100\% \tag{4.46}$$

$C_{\text{Blank 1/2 dilution}}$：根据曲线拟合计算 1/2 稀释倍比后，浓度为 C 的目标分析物的获得值

$C_{\text{Blank 1/4 dilution}}$：根据曲线拟合计算 1/4 稀释倍比后，浓度为 C 的目标分析物的获得值

$C_{\text{Blank 1/8 dilution}}$：根据曲线拟合计算 1/8 稀释倍比后，浓度为 C 的目标分析物的获得值

C_{Blank}：根据曲线拟合计算浓度为 C 的目标分析物溶于缓冲溶液后的获得值

$C_{\text{Matrix 1/2dilution}}$：根据曲线拟合计算 1/2 稀释倍比后，含有基质的浓度为 C 的目标分析物的获得值

$C_{\text{Matrix 1/4dilution}}$：根据曲线拟合计算 1/4 稀释倍比后，含有基质的浓度为 C 的目标分析物的获得值

$C_{\text{Matrix 1/8dilution}}$：根据曲线拟合计算 1/8 稀释倍比后，含有基质的浓度为 C 的目标分析物的获得值

C_{Matrix}：根据曲线拟合计算浓度为 C 的目标分析物溶于基质后的获得值

L-D 分析数值越接近 100%，则测试分析的线性就越好。一般经验表明，要进行准确的定量分析，L-D 分析数值应在 80% ~ 120% 之间。如果 L-D 分析在广范围的稀释范围内仍具有良好的线性，则该分析方法可以灵活地分析不同目标分析物含量的样品（例如，可以将目标分析物含量高的样品稀释几倍，以确保其数值在标准曲线范围内，并与未经稀释的低含量样品进行比较）。如果 L-D 分析值较差，则表明基质或者稀释液正在干扰给定稀释度下目标分析物的准确分析。有时，仅当某因子的浓度高于某个阈值时才会发生基质干扰，并且如果基质被稀释，则不再观察到被干扰。

当确认样品中有基质效应时，可以采用以下两种方法降低基质效应的影响。

1）最简单的方法是稀释样品。通常，经验上使用缓冲溶液 2 倍稀释生物学样品（例如血清和血浆）制备检量线的标准品。但是需要确保样品中目标分析物的浓度在标准曲线的线性范围内，并且在分析数据时要考虑到该稀释因子。

2）若不想稀释样品，可以使用相似的基质溶液制备检量线的标准品，确保标准品

与样品具有相似的基质效应。

综上所述，在 SPR 的定量分析中，免疫分析中最常见的曲线拟合模型是线性回归和逻辑回归。如上所述，生物学分析的结果可能不会落在曲线的线性领域内，因此，建议使用逻辑回归分析，例如 4PL 或 5PL。如果数据产生对称曲线，则选择 4PL 曲线拟合。如果生成的曲线不对称，则最好使用引入第五个参数的 5PL 曲线拟合。

六、小　结

SPR 技术对于分子间相互作用的分析是基于一个简单的质量作用定律模型，即当分析物分子 A 与配体分子 B 因扩散而发生碰撞，当发生有效碰撞时，就会发生结合，从而形成复合物 AB。一旦发生结合，配体分子和分析物分子就会在随机时间内保持结合在一起。分子间相互作用的过程可以分为结合、平衡（稳态）与解离三个不同的阶段，这三个阶段中的每一个过程都包含分子间相互作用的信息，比如，结合或解离的速度，以及整体相互作用的强度等。

SPR 的实验结果是通过数据拟合进行分析的，数据拟合的目标是通过数据集拟合一条线，计算机程序找到模型中变量（速率常数、亲和力、受体数）的最佳拟合值，从而可以科学地解释这些数值。选择一个数学模型是一个科学的决定。在本章节中，我们系统地介绍了常见的四种模型，希望有助于读者在实际研究体系中选择合适的模型。

在本章节中，我们还对 SPR 的五项主要用途，包括：判断特异性结合的产生、动力学分析、亲和力分析、热力学分析与定量分析进行了逐一的介绍，并给出了应用方法。在第八章“表面等离子共振仪的应用案例总结”中我们将更加详细地介绍 SPR 的应用案例。

参 考 文 献

[1] Morton TA, Myszka DG, Chaiken IM. Interpreting complex binding kinetics from optical biosensors: a comparison of analysis by linearization, the integrated rate equation, and numerical integration. *Anal Biochem*, 1995, 227(1): 176-185.

[2] 冯国双，谭德讲，刘韫宁，等．四参数 log-logistic 模型在生物活性测定研究中的应用．药物分析杂志，2013，33（11）：1849-1851.

[3] Cumberland WN, Fong Y, Yu X, et al. Nonlinear calibration model choice between the four and five-parameter logistic models. *J Biopharm Stat*, 2015, 25(5): 972-983.

第五章
Biacore 生物分子相互作用分析仪操作指南

在前面的章节里，我们介绍了表面等离子共振技术的原理、表面等离子共振仪的工作原理、芯片种类和数据分析。在接下来的第五、六、七章节中，我们将详细介绍利用表面等离子共振仪，例如美国 Cytiva 公司的 Biacore 生物分子相互作用分析仪，加拿大 Nicoya 公司的 OpenSPR 相互作用分析仪以及苏州普芯生命科学技术有限公司的 PlexArray HT 表面等离激元成像微阵列分析仪等，进行结合测试的实验流程、问题解决以及后续相应表面等离子共振仪的日常维护，旨在为研究者们提供详细的实验操作指南。本章节以使用 Biacore 生物分子相互作用分析仪表征色氨酸转移酶（TrpRS）和吲哚霉素的相互作用为例，进行仪器的操作说明[1]。

一、实验使用机型、试剂和耗材

1. 本实验所用机型　Biacore T200 和 Biacore 8K。在本实验中使用 Biacore T200 系统（Biacore，Cytiva）优化 TrpRS 和吲哚霉素的结合测定；使用 Biacore 8K（Biacore，Cytiva）分析 TrpRS 的高通量筛选系统测试。

2. S 系列 CM5 芯片　货号：29-1049-88（一片装）、BR-1005-30（三片装）、29-1496-03（十片装），均购置于美国 Cytiva。

3. 氨基偶联试剂盒　货号：BR-1000-50，购置于美国 Cytiva。NTA 捕获试剂盒，货号：28995056，购置于美国 Cytiva。

4. 缓冲溶液　10×HBS-P（0.1 mol/L HEPES，1.50 mol/L NaCl，0.5% 表面活性剂 P-20，pH 7.4）（货号：BR100671）和 10×PBS-P（0.1 mol/L 磷酸盐缓冲溶液，27 mmol/L KCl，1.37 mol/L NaCl，0.5% 表面活性剂 P-20，pH 7.4）（货号：28-9950-84），均购置于美国 Cytiva。

5. ATP 和分析纯 DMSO 购自美国 Sigma-Aldrich；1 mol/L PIPES（pH 7.4）、1 mol/L TRIS（pH 7.5）和 1 mol/L $MgCl_2$ 水溶液购自美国 Amresco；吲哚霉素购自美国 Cayman。

6. TrpRS　浓度大于 1 mg/ml。PET-28b-N-His-TrpRS、PET-28b-N-His-avitag-TrpRS、

PET-28b-C-His-avitag-TrpRS 和 pACYC184-BirA 质粒在中国 Genscript 合成。大肠埃希菌感受态细胞 DH5α（Transetta，DE3）购自 TransGen Biotech Co.，LTD，China。N/C-His-TrpRS 和 N-His-avitag（biotin）-TrpRS 均使用大肠埃希菌表达体系表达纯化获取。

7. 小分子　母液浓度建议大于 10 mmol/L，样品体积在 30 μl 以上，纯度 >90%，溶于 100% DMSO 中。如含有咪唑、蔗糖、甘油等高折光率物质，需进行脱盐处理。若小分子可溶于水溶液，则不需要在缓冲溶液中添加一定比例的 DMSO 或者其他有机溶剂。

8. 其他耗材　橡胶瓶盖Ⅱ型（货号：BR-1004-11），96 孔板（货号：BR-1005-03），96 孔板封口膜（货号：28-9758-16），购置于美国 Cytiva。

9. 实验中所使用的去离子水、DMSO、缓冲溶液等溶剂均需要经过 0.22 μm 膜过滤。

二、实验步骤

1. 使用 Ni- 次氮基三乙酸（NTA）传感器芯片完成 TrpRS 的固定，表征 TrpRS 与吲哚霉素的结合

（1）开机操作

a. 打开 Biacore T200 系统和计算机的电源开关。Biacore T200 的电源开关位于系统背面的右下角。开机后，需等待检测单元的温度达到预设温度（用户自设，通常为 25℃）。待温度稳定后，面板上的温度指示灯（黄色）会停止闪烁，该过程可能需要 30～60 分钟。

b. 打开 Biacore T200 Control Software，运行后软件程序会自动与主机系统建立连接。

c. 准备偶联步骤的运行缓冲溶液。量取 20 ml 10×PBS-P 缓冲溶液、180 ml 去离子水（已完成 0.22 μm 膜过滤处理），混匀后放入缓冲溶液瓶。

（2）缓冲溶液的放置

a. 将已经配制好的缓冲溶液放在 T200 系统左侧的缓冲溶液托架上，换上黑色的单孔盖。

b. 将缓冲溶液进液管 A（注意软管上的蓝色标签）插入缓冲溶液瓶底部。其余三根进液管（B、C 和 D）放在左侧的舱门后。

c. 将 2 L 废液瓶放置在 T200 系统右侧的缓冲溶液托架上，连接上专用的盖子。

d. 取 500 ml 去离子水装入 500 ml 缓冲溶液瓶，放置在右侧缓冲溶液托架上用于清洗进样针。

（3）芯片的放置

a. 选择 Tools 菜单中的 Eject Chip 选项，打开芯片舱门进行芯片更换（图 5-1）。

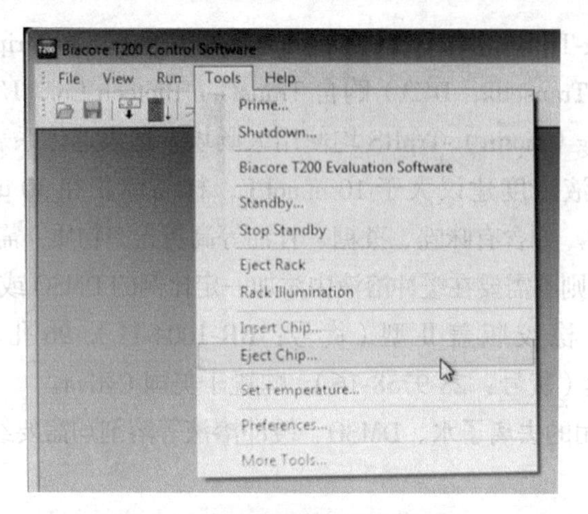

图 5-1　芯片更换选项所在位置

b. 若使用的是新芯片，则选择 New chip（图 5-2）。在 Chip type 下拉菜单中选择对应的芯片种类（此实验为 NTA 芯片），在 Chip id 中填入与芯片相关的实验信息，Chip lot no. 中可填入芯片批号（选填）。若是已经使用过的芯片，请选择 Reuse Chip，并在 Chip id 下拉菜单中找到与之相对应的芯片信息。对于使用过的芯片，也可以选择 New chip 选项，则之前芯片的使用信息不会被查询到。

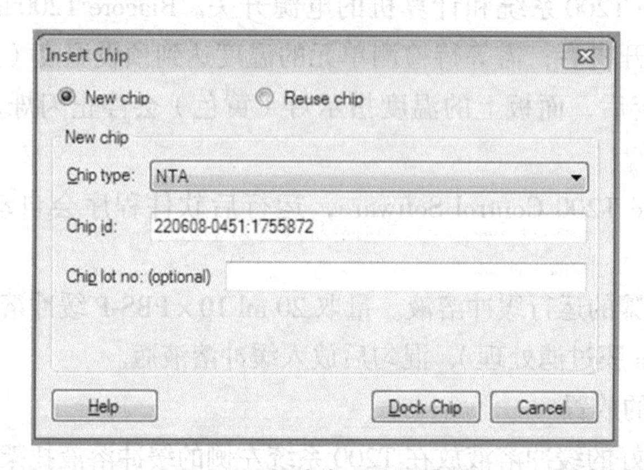

图 5-2　芯片类型选择窗口

c. 手持芯片，有字的一面朝上。按照芯片上的箭头方向，将芯片轻轻推入卡槽，合上芯片舱的舱门。

d. 点击 Dock Chip 按钮，芯片置入后系统将自动转入待机（Standby）状态。

e. 选择 Tools → Prime 命令，点击 Start。缓冲溶液会以较高的流速冲洗整个内部流路系统，整个过程耗时 6～7 min。结束后，点击 Close，系统自动转入待机（Stand by）状态。注意：当系统更换缓冲溶液或者芯片后，必须运行 Prime 程序。Prime 时缓冲溶液会冲洗整个流路系统，为下一步的实验做好准备。

（4）TrpRS 的偶联

a. 偶联量计算。根据式 5.1 可计算目标偶联量：

$$R_{max}=\frac{TrpRS_{MW}}{\text{吲哚霉素}_{MW}}\times R_L\times S_L \quad (5.1)$$

其中，R_{max}为芯片表面的理论最大结合响应，$TrpRS_{MW}$和吲哚霉素$_{MW}$分别为蛋白和小分子的分子量，S_L为化学计量比，未知时选择1。R_L为小分子偶联水平。实验时实际偶联量为1.5 R_L。若固定R_L为10 RU，则经计算，R_{max}为1000 RU，TrpRS的目标偶联量为1000 RU。

b. 点击Run下面的Manual Run，Flow rate在本次实验中选择10 μl/min，选择Flow path 2（Flow path的选择可以根据芯片的实际使用情况来选择），右侧下拉菜单中选用Sample and Reagent Rack 1（Biacore T200有三种不同的试管架可根据用户实际情况自行选择使用：Reagent Rack 1、Reagent Rack 2和Sample and Reagent Rack1），点击Start，输入文件名称保存（图5-3）。

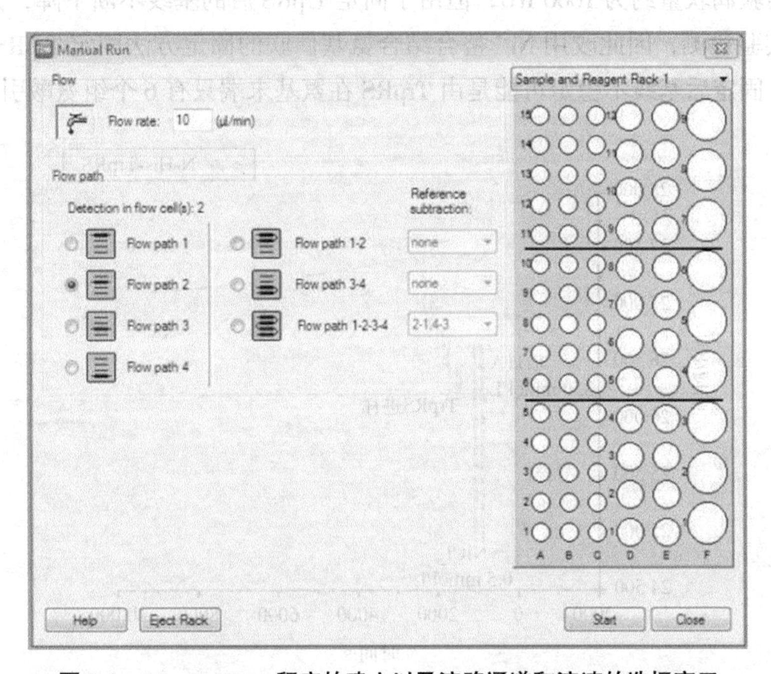

图5-3　Manual Run程序的建立以及流路通道和流速的选择窗口

c. 点击Eject rack tray，弹出试管架，依次将100 μl 350 mmol/L EDTA放入R1D1，100 μl 0.5 mmol/L $NiCl_2$放入R1D2以及200 μl 30 ng/μl TrpRS放入R1D3（若使用的是带盖的EP管，所有盖子必须剪去）。盖上试管架盖子，点击Eject Rack Tray对话框中的OK，将样品架送回样品舱。

注意：样品舱舱门打开后会有时间限制，打开60 s后舱门将自动关闭。最后15 s时，对话框中的倒数计时会显示为红色字体并闪烁。此时请不要强行将试管架放入，以免夹到手。可以等待舱门合上后，重新打开即可。

d. 点击Inject，Vial/well position选择R1D1，Contact time输入60 s，使用350 mmol/L EDTA溶液冲洗芯片表面（图5-4）；继续点击Inject，Vial/well position选择R1D2，Contact time 输入 60 s，在 NTA 芯片表面螯合镍离子，此时基线会上升约 40 RU；继续点击 Inject，Vial/well position 选择 R1D3，Contact time 输入 30 s，开始固定 TrpRS，注射 TrpRS 的过程可以以脉冲的方式，重复操作，直至达到预计固定量。

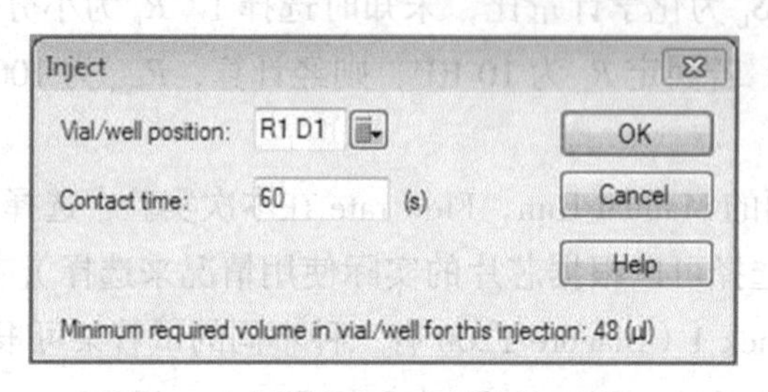

图 5-4　进样位置和时间的填写窗口

本次实验偶联量约为 1000 RU，但由于固定 TrpRS 后的基线不断下降，无法正常进行后续的实验检测，因此改用 Ni^{2+} 螯合结合氨基偶联的固定方法固定 TrpRS（图 5-5）。上述 TrpRS 固定后基线不稳定可能是由 TrpRS 在氨基末端只有 6 个组氨酸引起的。

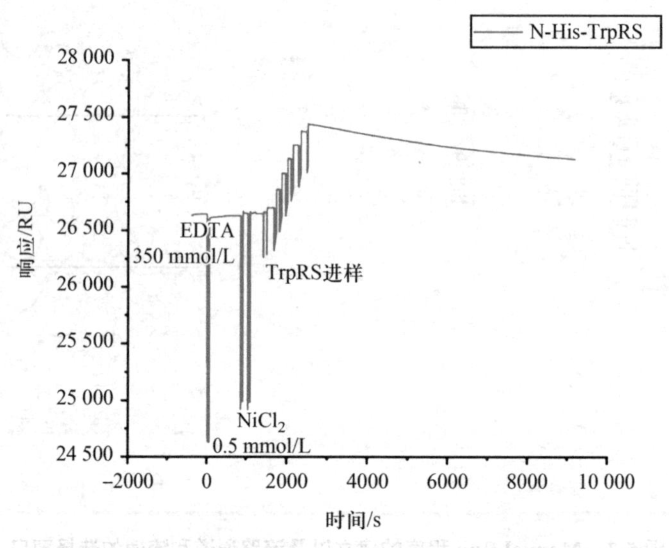

图 5-5　NTA 传感器芯片固定 TrpRS 的实验结果图

2. 使用 NTA 传感器芯片结合氨基偶联的方式完成 TrpRS 的固定，表征 TrpRS 与吲哚霉素的结合

由于 NTA 传感器芯片带有未修饰的羧甲基基团，可以与 CM 系列传感器芯片采用相同的方式用于共价固定，因此可以在 0.5 mmol/L $NiCl_2$ 注射之后和 30 ng/μl TrpRS 注射之前用 0.2 mol/L N- 乙基 -N9-（3- 二甲基氨基丙基）碳二亚胺（EDC）和 0.05 mol/L N- 羟基琥珀酰亚胺（NHS）的混合溶液活化 NTA 传感器芯片，进而通过共价偶联固定 TrpRS。与单独使用镍离子捕获的固定方法相比，镍离子螯合结合氨基偶联的固定方法可以产生更高的 TrpRS 固定水平和更稳定的基线，并且比单纯的氨基偶联固定方法更

容易获得趋向一致的 TrpRS。

（1）TrpRS 的偶联。由于使用的仍为 NTA 芯片，缓冲溶液仍为 PBS-P 缓冲溶液，因此在此步骤中，可以直接进行 TrpRS 的偶联。

a. 点击 Run 下面的 Manual Run，Flow rate 输入 10 μl/min，选择 Flow path 1-2（Flow path 的选择可以根据芯片的实际使用情况来选择），右侧下拉菜单中选用 Sample and Reagent Rack 1，点击 Start，输入文件名称保存。

b. 点击 Eject rack tray，弹出试管架，依次将 100 μl 350 mmol/L EDTA 放入 R1D1，100 μl 0.5 mmol/L $NiCl_2$ 放入 R1D2，200 μl 0.2 mol/L EDC/0.05 mol/L NHS 混合液放入 R1D3，200 μl 30 ng/μl TrpRS 放入 R1D4 以及 200 μl 1 mol/L 乙醇胺（EA）放入 R1D5。盖上试管架盖子，点击 Eject Rack Tray 对话框中的 OK，将样品架送回样品舱。

注意：EDC/NHS 混合液需要在 15 min 内完成上样。

c. 点击 Flow path command，选择 Flow path 2，点击 Inject，Vial/well position 选择 R1D1，Contact time 输入 60 s，使用 350 mmol/L EDTA 冲洗芯片表面；继续点击 Inject，Vial/well position 选择 R1D2，Contact time 输入 60 s，在 NTA 芯片表面螯合镍离子，此时基线会上升约 40 RU；点击 Flow path command，选择 Flow path 1-2，继续点击 Inject，Vial/well position 选择 R1D3，Contact time 输入 420 s，开始活化 NTA 芯片表面；点击 Flow path command，选择 Flow path 2，点击 Inject，Vial/well position 选择 R1D4，Contact time 输入 30 s，开始固定 TrpRS（重复 R1D4 位置的进样，直至 TrpRS 达到预计固定量）；点击 Flow path command，选择 Flow path 1-2，继续点击 Inject，Vial/well position 选择 R1D5，Contact time 输入 420 s，对于未偶联 TrpRS 的羧基开始进行封闭。

本次实验偶联量约为 1000 RU，并且固定的 TrpRS 基线稳定，可以进行后续实验（图 5-6）。

（2）吲哚霉素亲和力的检测

a. 配制运行缓冲溶液和溶剂校正曲线

因为吲哚霉素的储液为 DMSO 溶液，因此吲哚霉素的运行缓冲溶液选用含 5% DMSO 的 PBS-P 溶液（视样品溶解性可调整 DMSO 含量，最高 DMSO 含量不能超过固定蛋白的耐受度）。取 52.5 ml 10×PBS-P 用去离子水（已完成 0.22 μm 膜过滤处理）稀释至 500 ml，配成 1.05×PBS-P。然后，取出 380 ml 1.05×PBS-P 缓冲溶液和 20 ml DMSO（已完成 0.22 μm 膜过滤处理）混匀，制备 1.0× 含 5% DMSO 的 PBS-P 缓冲溶液，随后按照表 5-1 所示，制备 DMSO 含量为 4.5%、4.9%、5.3% 以及 5.8% 的溶剂校正曲线（4 点校正）。

表 5-1　DMSO 的 4 点溶剂校正曲线配制方法

	4.5% DMSO	5.8 % DMSO		4.9% DMSO	5.3% DMSO
1.05×PBS-P	9.5 ml	9.5 ml	**4.5% DMSO**	3 ml	1.5 ml
DMSO	0.45 ml	0.58 ml	**5.8 % DMSO**	1.5 ml	3 ml
最终体积	～10 ml	～10 ml	**最终体积**	4.5 ml	4.5 ml

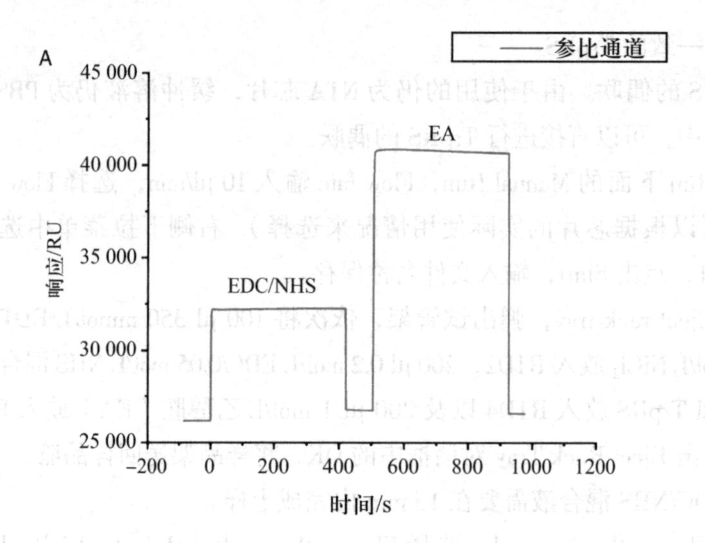

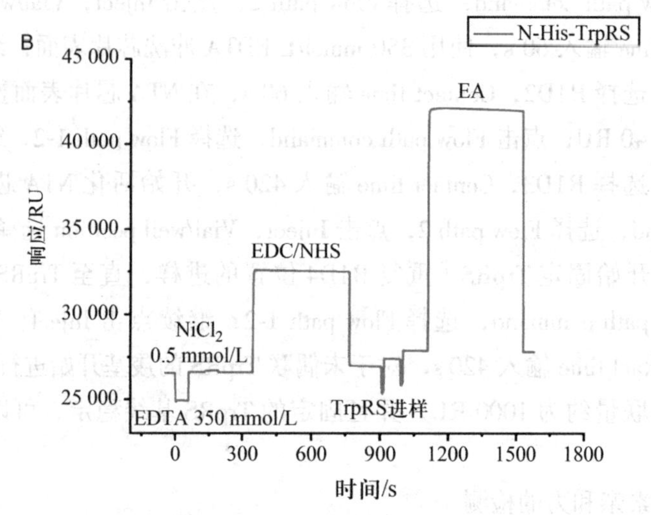

图 5-6　NTA 传感器芯片结合氨基偶联的方式固定 TrpRS 的实验结果图

b. 吲哚霉素浓度梯度的配制

首先，使用 DMSO 将 10 mmol/L 吲哚霉素稀释至 4 mmol/L，其次，使用 1.05 × PBS-P 溶液稀释 4 mmol/L 小分子母液 20 倍，得到终浓度为 200 μmol/L 的含有 5% DMSO 的吲哚霉素溶液，最后，用配好的 1.0× 含 5% DMSO 的 PBS-P 缓冲溶液 2 倍稀释 11 个浓度梯度，例如 100 μmol/L，50 μmol/L，25 μmol/L，12.5 μmol/L，6.25 μmol/L，3.125 μmol/L，1.56 μmol/L，0.78 μmol/L，0.39 μmol/L（可根据实际样品的亲和力强弱进行梯度调整）。以 1.0× 含 5% DMSO 的 PBS-P 缓冲溶液作为零浓度。

c. 多循环动力学 / 亲和力分析程序设置

Ⅰ. 本实验选用多循环检测（multi-cycle kinetic/affinity），先将缓冲溶液进液管 A 插入的缓冲溶液更换为 1.0× 含 5% DMSO 的 PBS-P 缓冲溶液，点击 Biacore T200 Control Software 里 Tools 下拉菜单中的 Prime，然后点开 Run 下面的 Wizard，选择 Kinetics/

affinity，点击 New。

Ⅱ．在 Injection Sequence 界面，Flow path 选择 2-1，Chip type 选择 Custom（因这里选择 NTA 芯片，会在每一个浓度梯度之前重复进行镍离子螯合和 TrpRS 固定的步骤，而在前面的步骤中为了克服单独镍离子螯合 TrpRS 基线不稳定的问题，我们使用镍离子螯合结合氨基偶联的方式完成了 TrpRS 的固定，所以这里直接选择 Custom 芯片进行吲哚霉素浓度梯度的上样即可），勾选 Sample 和 Carry Over，点击 Next（图 5-7）。

注意：Carry Over 是使用 50% DMSO 溶液冲洗管路，目的是避免样品上一个浓度在管路里的残留影响下一个样品的浓度。若实验体系不含 DMSO 等有机溶剂，可以不勾选 Carry Over。Regeneration 根据实验体系的实际情况勾选，一般蛋白和小分子的相互作用体系不需要芯片再生。

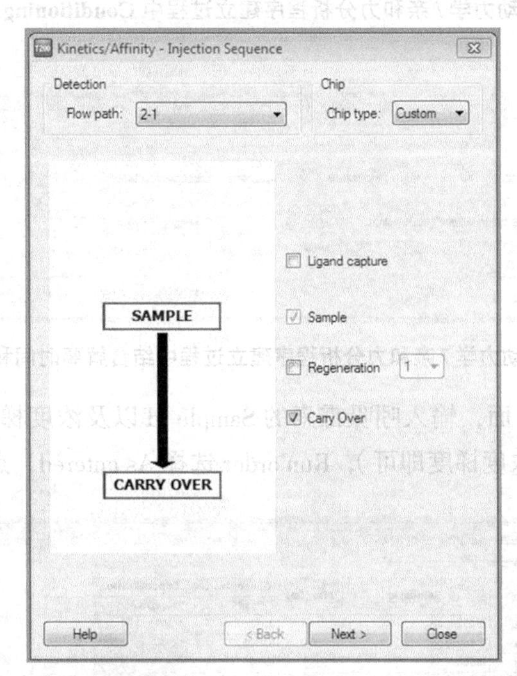

图 5-7 多循环动力学 / 亲和力分析程序建立过程中流路通道、芯片种类和实验流程的设置

Ⅲ．在 Setup 界面，勾选 Run startup cycles，Solution 输入 PBS-P，5% DMSO，Number of cycles 选择 5；勾选 Run solvent correction，Number of injections 选择 4，Repeat after 100 sample cycles，点击 Next（图 5-8）。

Ⅳ．在 Injection Parameters 界面，Contact time 输入 60 s，Flow rate 输入 30 μl/min，Dissociation time 输入 120 s，Extra wash after injection with 输入 50% DMSO，Stabilization period 输入 30 s，点击 Next（图 5-9）。

注意：这里的结合、解离时间可以根据实验体系的实际情况自行设置。Stabilization period 是指两个样品的进样间隔，通常在 30～60 s。

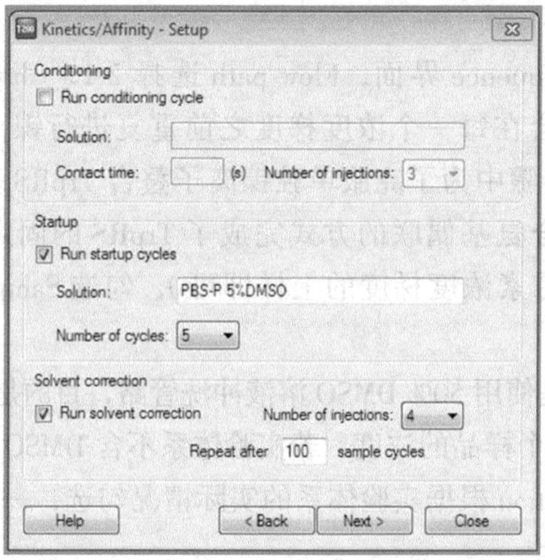

图 5-8　多循环动力学 / 亲和力分析程序建立过程中 Conditioning、Startup 和溶剂校正的设置

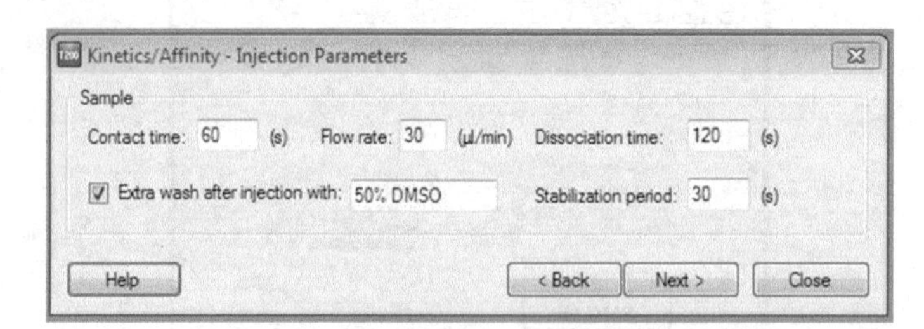

图 5-9　多循环动力学 / 亲和力分析程序建立过程中结合解离时间和流速等的设置

Ⅴ. 在 Samples 界面，输入吲哚霉素的 Sample id 以及浓度梯度（通常为浓度由低到高输入，8～12 个浓度梯度即可），Run order 选择 As entered，点击 Next（图 5-10）。

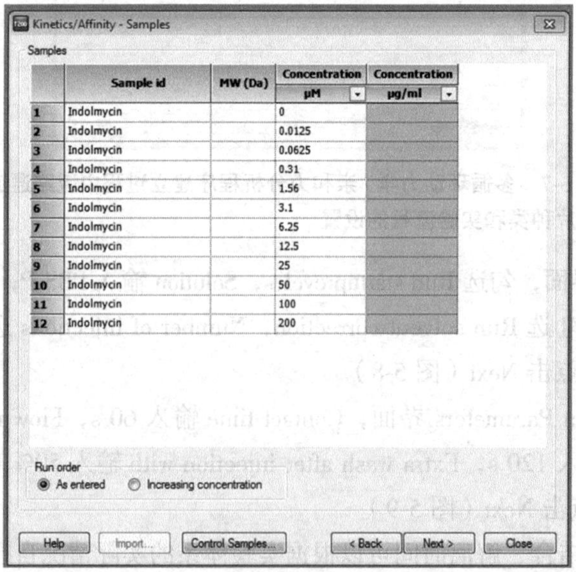

	Sample id	MW (Da)	Concentration µM	Concentration µg/ml
1	Indolmycin		0	
2	Indolmycin		0.0125	
3	Indolmycin		0.0625	
4	Indolmycin		0.31	
5	Indolmycin		1.56	
6	Indolmycin		3.1	
7	Indolmycin		6.25	
8	Indolmycin		12.5	
9	Indolmycin		25	
10	Indolmycin		50	
11	Indolmycin		100	
12	Indolmycin		200	

图 5-10　多循环动力学 / 亲和力分析程序建立过程中流动相浓度梯度的设置

Ⅵ．点击弹出框中的 Ignore 按钮，在 System Preparation 界面，勾选 Prime before run，实验温度一般为 25℃，点击 Next。

Ⅶ．在 Rack Positions 界面，将左侧 Reagent Rack 改为 Sample and Reagent Rack1，点开 Menu 后选择 Automatic Positioning 进入下面界面后，将 Pooling 一栏全部改为 Yes，Vial Size 可根据需求进行调整，若使用 1.5 ml EP 管，则选择 medium（图 5-11 和图 5-12）。

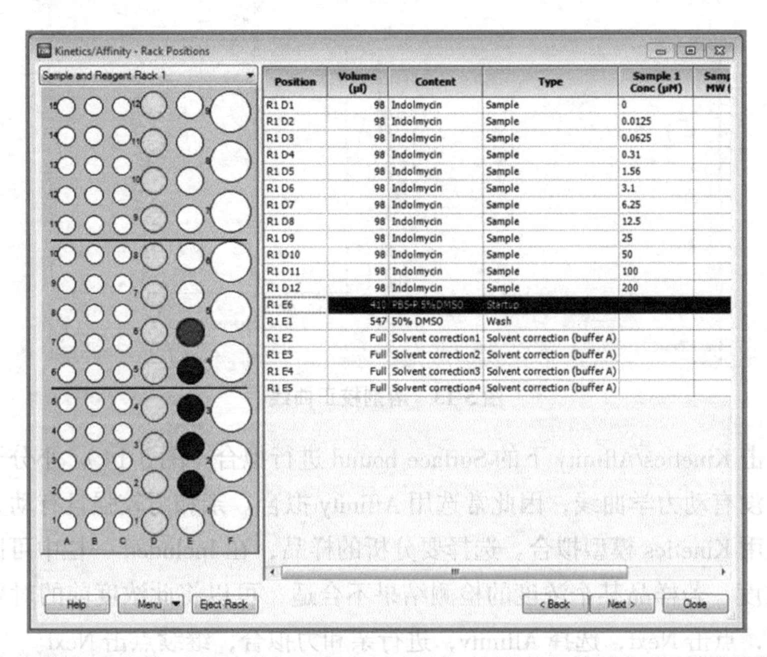

图 5-11 多循环动力学 / 亲和力分析程序建立过程中对样品体积的要求以及放置位置的设置

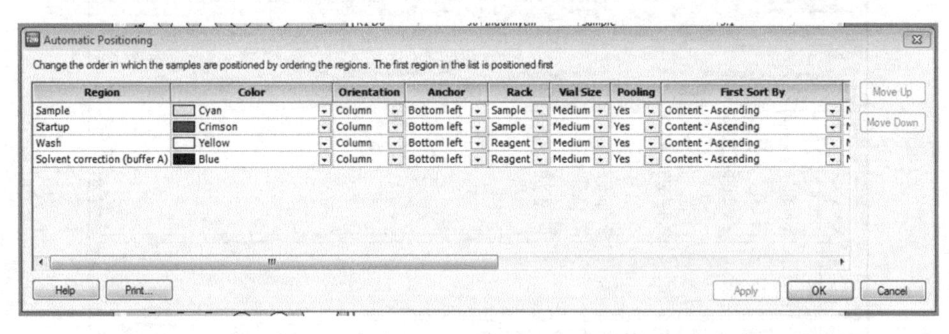

图 5-12 多循环动力学 / 亲和力分析程序建立过程中样品管类型的设置

Ⅷ．根据样品所在位置进行样品准备和放置，盖好橡胶瓶盖防止挥发。点 Next 后，对方法和数据结果进行保存，仪器便会开始自动运行。

d. TrpRS 与吲哚霉素亲和力数据结果分析

Ⅰ．打开数据分析软件 Biacore T200 Evaluation Software，点 File 中的 open 找到文件。

Ⅱ．首先点 Solvent Correction 进行溶剂校正分析（图 5-13）。溶剂校正曲线一般要求落在 −500 到 +1000 RU 之间，χ^2 小于 2。如果超出此范围较多，一般是由于 DMSO

浓度配制不准确造成的。

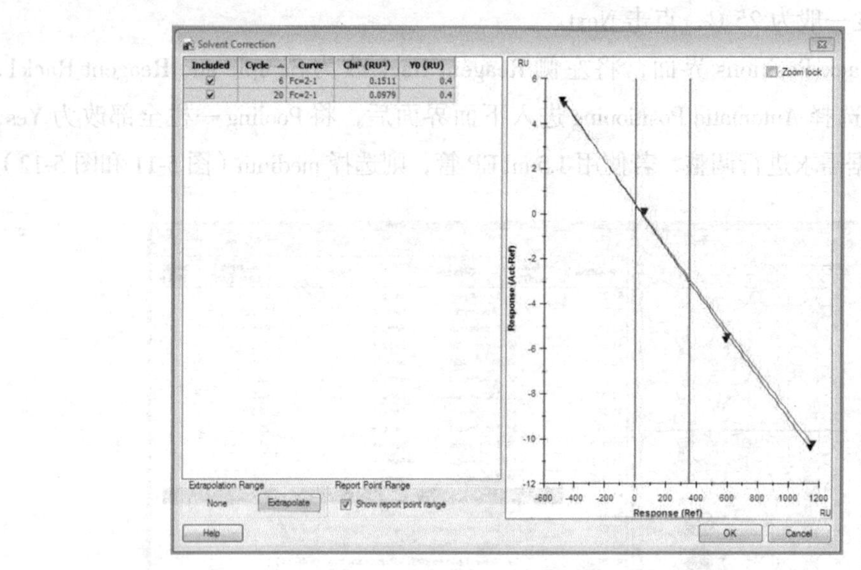

图 5-13　溶剂校正曲线

Ⅲ．点击 Kinetics/Affinity 下的 Surface bound 进行拟合（图 5-14）。小分子因亲和力较弱，多数没有动力学曲线，因此常选用 Affinity 拟合。亲和力较强且有动力学曲线的小分子可选用 Kinetics 模型拟合。选择要分析的样品，在 Included 一栏中可以选择待分析的样品浓度。若样品某个浓度的检测结果不合适，可以将此浓度前的对号勾掉，以删除此浓度，点击 Next，选择 Affinity，进行亲和力拟合，继续点击 Next。

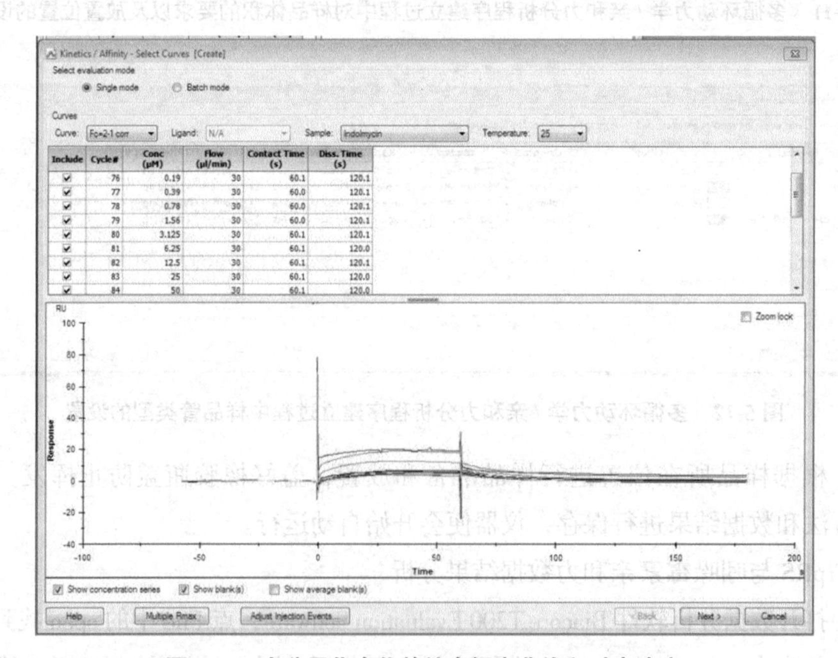

图 5-14　小分子化合物的结合解离曲线和对应浓度

Ⅳ. 接着点左上角的 Fit 即可得到拟合结果（图 5-15）。经拟合，在此条件下，吲哚霉素与 TrpRS 的亲和力 K_D 为 29 ± 19 μmol/L（图 5-16）。

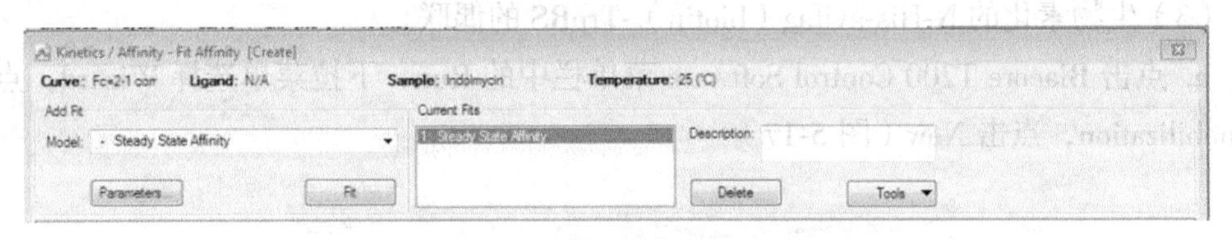

图 5-15 小分子亲和力拟合实验结果

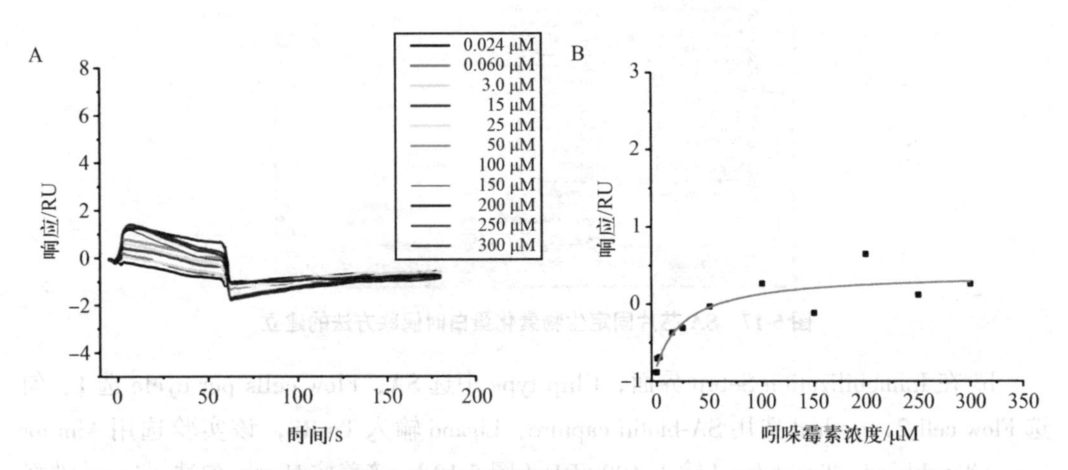

图 5-16 NTA 传感器芯片结合氨基偶联方法固定 N-His-TrpRS 的条件下，吲哚霉素在 PBS-P 实验条件中，对 TrpRS 的亲和力结果图

A. 吲哚霉素与 TrpRS 的结合解离传感图；B. 吲哚霉素与 TrpRS 的亲和力模型拟合结果

3. 使用链霉亲和素（SA）传感器芯片固定生物素化的 N-His-avitag（biotin）-TrpRS，表征 TrpRS 与吲哚霉素的结合

（1）缓冲溶液的配制和放置

a. 准备偶联步骤的运行缓冲溶液。量取 52.5 ml 10 × PBS-P 缓冲溶液，使用去离子水（已完成 0.22 μm 膜过滤处理）定容至 500 ml，配制 1.05 × PBS-P 缓冲溶液，混匀后放入缓冲溶液瓶。

b. 准备亲和力检测过程中的缓冲溶液。量取 285 ml 1.05 × PBS-P 缓冲溶液，加入 15 ml DMSO（已完成 0.22 μm 膜过滤处理），混匀，配制 1.0 × 含 5% DMSO 的 PBS-P 缓冲溶液。

c. 将已经配制好的 1.05 × PBS-P 缓冲溶液放在 T200 系统左侧的缓冲溶液托架上，换上黑色的单孔盖，将缓冲溶液进液管 A（注意软管上的蓝色标签）插入缓冲溶液瓶底部。其余三根进液管（B、C 和 D）放在左侧的舱门后。废液瓶和去离子水瓶的放置同本章“二、实验步骤中 1（2）”中的部分。

（2）SA 芯片的放置

具体步骤同本章“二、实验步骤中的 1（3）”。

（3）生物素化的 N-His-avitag（biotin）-TrpRS 的偶联。

a. 点击 Biacore T200 Control Software 菜单栏中的 Run，下拉菜单选择 Wizard，点击 immobilization，点击 New（图 5-17）。

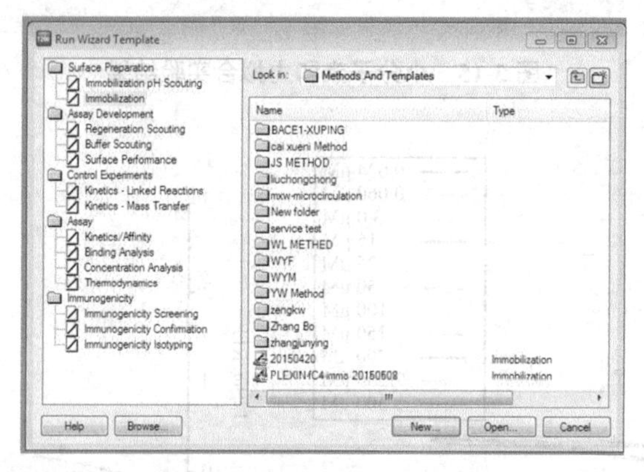

图 5-17　SA 芯片固定生物素化蛋白时偶联方法的建立

b. 在 Immobilization Setup 界面，Chip type 中选 SA，Flow cells per cycle 选 1。勾选 Flow cell 2，method 选用 SA-biotin capture，Ligand 输入 TrpRS，该实验选用 Aim for immobilized level，Target level 输入 1000 RU（图 5-18）。接着按 Next，勾选 prime，选择实验温度，一般默认 25℃。

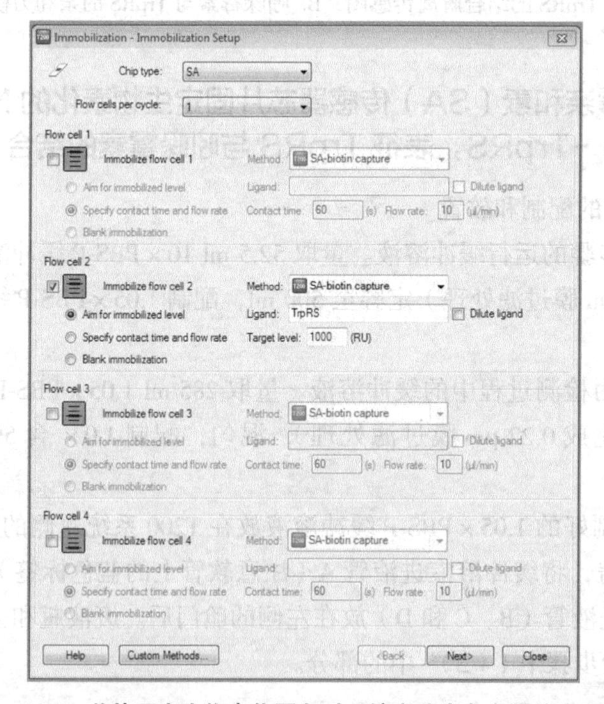

图 5-18　SA 芯片固定生物素化蛋白时系统方法中各参数的设置界面

c. 在左侧下拉菜单中选用 Sample and Reagent Rack 1，系统会自动排好样品放置位置（也可以通过鼠标拖拽重新安排）（图 5-19）。根据样品架位置表，准备足够体积的样品（同样，若使用的是带盖的EP管，所有盖子必须剪去）。114 μl 的 1 mol/L NaCl，50 mmol/L NaOH 放入 R1D1，148 μl 的 TrpRS 放入 R1D2，61 μl 50% Isopropanol/50 mmol/L NaOH/1 mol/L NaCl 放入 R1D3。盖上试管架盖子，将样品架送回样品舱。

注意：为防止吸空或者体积不够，一般会比系统要求体积至少多加 10 μl。

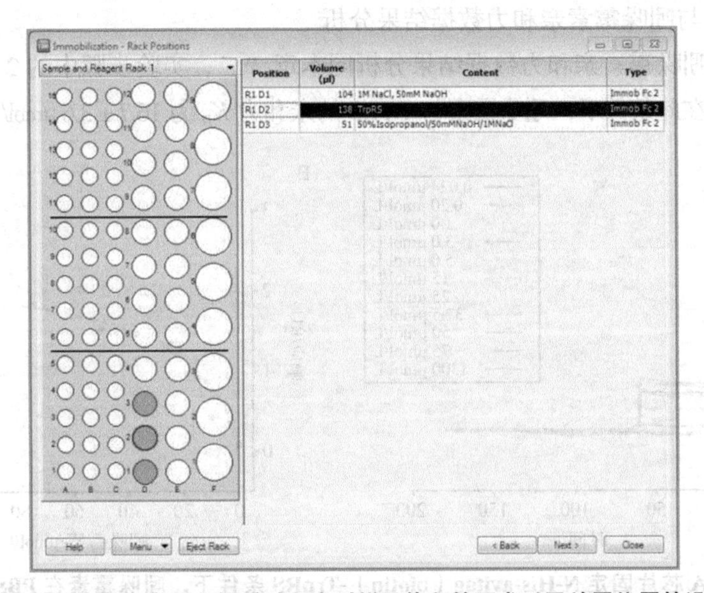

图 5-19 生物素化蛋白偶联过程中对样品体积的要求以及放置位置的设置

d. 保存 method 与 result 文件到文件夹。系统正式自动运行偶联程序，整个过程耗时约 30 min。软件自动生成偶联结果，本次实验偶联量约为 1010 RU（图 5-20）。

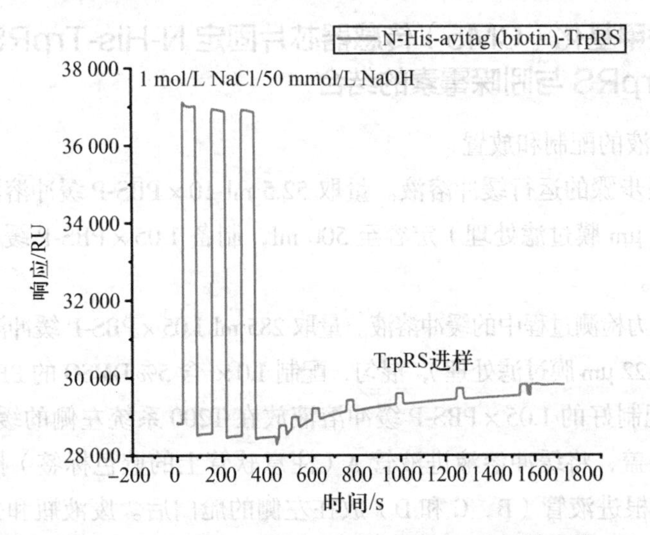

图 5-20 N-His-avitag（biotin）-TrpRS 的偶联结果

（4）吲哚霉素亲和力的检测

a. 配制运行缓冲溶液和溶剂校正曲线

运行缓冲溶液和溶剂校正曲线的配制同本章“二、实验步骤中的2（2）（a）”。

b. 吲哚霉素浓度梯度的配制

吲哚霉素浓度梯度的配制同本章“二、实验步骤中的2（2）（b）”。

c. 多循环动力学 / 亲和力分析程序设置

多循环动力学 / 亲和力分析程序的设置同本章“二、实验步骤中的2（2）（c）”。

d. TrpRS与吲哚霉素亲和力数据结果分析

TrpRS与吲哚霉素亲和力数据结果分析同本章“二、实验步骤中的2（2）（d）”。

经拟合，在此条件下，吲哚霉素与TrpRS的亲和力 K_D 为16.7 ± 3.6 μmol/L（图5-21）。

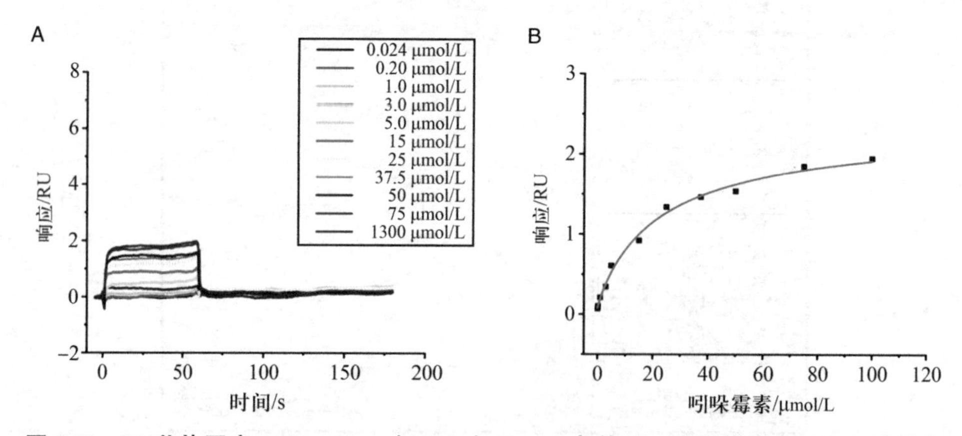

图5-21 SA芯片固定N-His-avitag（biotin）-TrpRS条件下，吲哚霉素在PBS-P实验条件中，对TrpRS的亲和力结果图。A. 吲哚霉素与TrpRS的结合解离传感图；B. 吲哚霉素与TrpRS的亲和力模型拟合结果

4. 使用羧甲基化（CM5）传感器芯片固定N-His-TrpRS，表征TrpRS与吲哚霉素的结合

（1）缓冲溶液的配制和放置

a. 准备偶联步骤的运行缓冲溶液。量取52.5 ml 10 × PBS-P缓冲溶液，使用去离子水（已完成0.22 μm膜过滤处理）定容至500 ml，制备1.05 × PBS-P缓冲溶液，混匀后放入缓冲溶液瓶。

b. 准备亲和力检测过程中的缓冲溶液。量取285 ml 1.05 × PBS-P缓冲溶液，加入15 ml DMSO（已完成0.22 μm膜过滤处理），混匀，配制1.0× 含5% DMSO的PBS-P缓冲溶液。

c. 将已经配制好的1.05 × PBS-P缓冲溶液放在T200系统左侧的缓冲溶液托架上，换上黑色的单孔盖，将缓冲溶液进液管A（注意软管上的蓝色标签）插入至缓冲溶液瓶底部。其余三根进液管（B、C和D）放在左侧的舱门后。废液瓶和去离子水瓶的放置同本章“二、实验步骤中的1（2）”。

（2）CM5 芯片的放置。

芯片的放置同本章“二、实验步骤中的 1（3）”。

（3）N-His-TrpRS 偶联。

同生物素化的 N/C-His-avitag（biotin）-TrpRS 的偶联，Biacore T200 同样设置了自动化的 CM5 芯片偶联模板，实验操作过程同本章“二、实验步骤 3（3）”。为缩短氨基偶联的时间，提高氨基偶联的可操纵性，本部分介绍如何使用 Manual run 模块进行 CM5 芯片表面蛋白的氨基偶联。

a. 点击 Biacore T200 Control Software 菜单栏中的 Run，选择 Manual run，Flow rate 输入 10 μl/min，选择 Flow path 1-2，Reference subtraction 选择 2-1（Flow path 的选择可以根据芯片的实际使用情况来选择。若 1 和 2 通道已经被使用，可以选择 Flow path 3-4；若同时固定三种不同种类的蛋白，则可选择 Flow path 1-2-3-4），右侧下拉菜单中选用 Sample and Reagent Rack 1，点击 Start，输入文件名称保存。

b. 点击 Eject rack tray，弹出试管架，依次将 200 μl 0.2 mol/L EDC/0.05 M NHS 混合液放入 R1D1，200 μl 30 ng/μl TrpRS 放入 R1D2 以及 200 μl 1 mol/L EA 放入 R1D3。盖上试管架盖子，点击 Eject Rack Tray 对话框中的 OK，将样品架送回样品舱。

c. 点击 Inject，Vial/well position 选择 R1D1，Contact time 输入 420 s，开始活化 CM5 芯片表面；点击 Flow path command，选择 Flow path 2，点击 OK（图 5-22）；点击 Inject，Vial/well position 选择 R1D2，Contact time 输入 30 s，开始固定 TrpRS（重复 R1D2 位置的进样，直至 TrpRS 达到预计固定量）；点击 Flow path command，选择 Flow path 1-2，点击 OK；继续点击 Inject，Vial/well position 选择 R1D3，Contact time 输入 420 s，对未偶联 TrpRS 的羧基开始进行封闭。

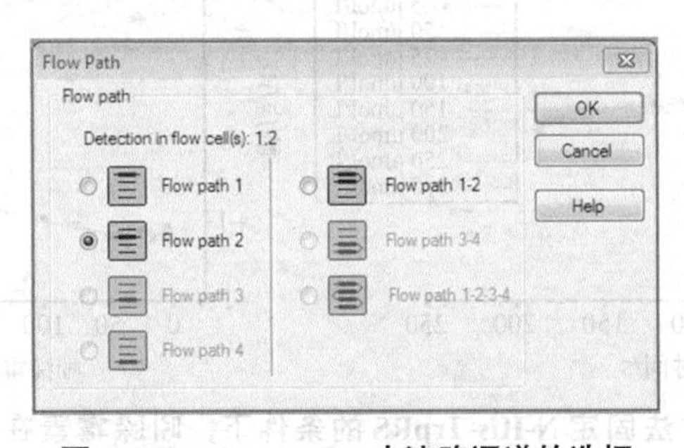

图 5-22　Manual run 中流路通道的选择

本次实验偶联量约为 1000 RU，并且固定的 TrpRS 基线稳定，可以进行后续实验（图 5-23）。

（4）吲哚霉素亲和力的检测

a. 配制溶剂校正曲线

溶剂校正曲线的配制同本章“二、实验步骤中的 2（2）（a）”。

b. 吲哚霉素浓度梯度的配制

吲哚霉素浓度梯度的配制同本章“二、实验步骤中的 2（2）（b）”。

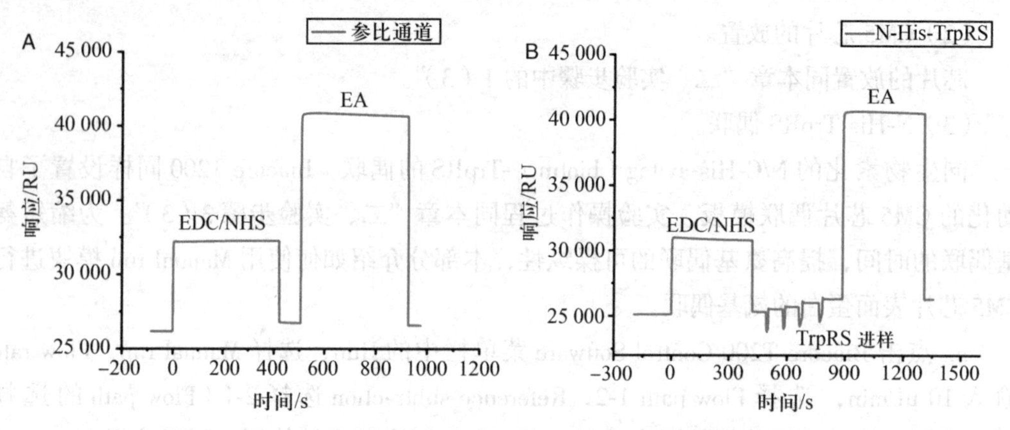

图 5-23　CM5 芯片偶联 N-His-TrpRS 的实验结果

c. 多循环动力学 / 亲和力分析程序设置

多循环动力学 / 亲和力分析程序的设置同本章“二、实验步骤中的 2（2）（c）”。

d. TrpRS 与吲哚霉素亲和力数据结果分析

TrpRS 与吲哚霉素亲和力数据结果分析同本章“二、实验步骤中的 2（2）（d）”。

因 TrpRS 在 pH 4.5/5.0/5.5 的醋酸钠溶液中均会产生沉淀，并且离心取上清后，TrpRS 的残留活性不同，虽然在 NTA 传感器芯片结合氨基偶联的实验中，获得了有效的 TrpRS 与吲哚霉素的结合数值，但在本轮实验中，未取得有效的 TrpRS 与吲哚霉素亲和力数值（图 5-24）。

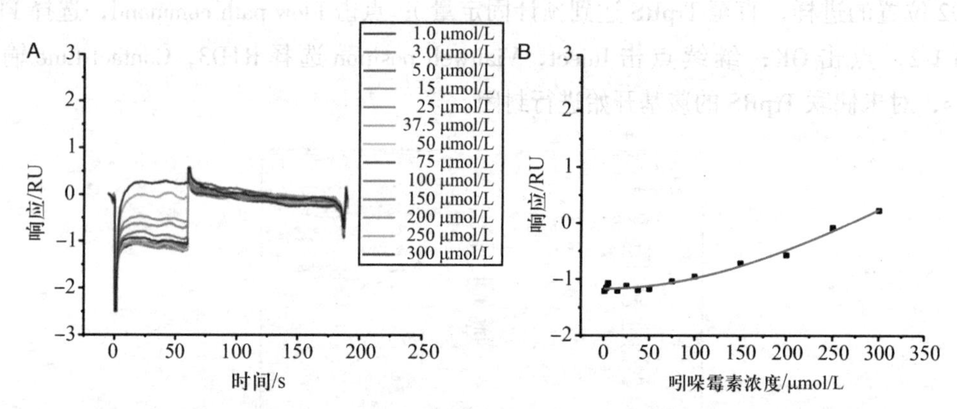

图 5-24　氨基偶联方法固定 N-His-TrpRS 的条件下，吲哚霉素在 PBS-P 实验条件中，对 TrpRS 的亲和力结果图。A. 吲哚霉素与 TrpRS 的结合解离传感图；B. 吲哚霉素与 TrpRS 的亲和力模型拟合结果

5. 使用 SA 传感器芯片固定生物素化的 N-His-avitag（biotin）-TrpRS，表征 TrpRS 与吲哚霉素在不同 PBS-P 缓冲溶液中的结合，优化结合体系

（1）缓冲溶液的配制和放置

a. 准备偶联步骤的运行缓冲溶液。量取 21 ml 10 × PBS-P 缓冲溶液，使用去离子水

（已完成0.22 μm膜过滤处理）稀释至200 ml，制备1.05×PBS-P缓冲溶液，混匀后放入缓冲溶液瓶。

b. 准备亲和力检测过程中的缓冲溶液。量取21 ml 10×PBS-P缓冲溶液以及210 μl 1 mol/L $MgCl_2$水溶液，使用去离子水（已完成0.22 μm膜过滤处理）稀释至200 ml，配制1.05×PBS-P缓冲溶液（含1.05 mmol/L $MgCl_2$），混匀后放入缓冲溶液瓶。量取21 ml 10×PBS-P缓冲溶液，210 μl 1 mol/L $MgCl_2$水溶液以及420 ml 500 mmol/L ATP，使用去离子水（已完成0.22 μm膜过滤处理）稀释至200 ml，配制1.05×PBS-P缓冲溶液（含1.05 mmol/L $MgCl_2$和1.05 mmol/L ATP），混匀后放入缓冲溶液瓶。量取21 ml 10×PBS-P缓冲溶液以及420 ml 500 mmol/L ATP，使用去离子水（已完成0.22 μm膜过滤处理）稀释至200 ml，配制1.05×PBS-P缓冲溶液（含1.05 mmol/L ATP），混匀后放入缓冲溶液瓶。量取21 ml 10×PBS-P缓冲溶液，210 μl 1 mol/L $MgCl_2$水溶液以及420 ml 500 mmol/L AMP，使用去离子水（已完成0.22 μm膜过滤处理）稀释至200 ml，配制1.05×PBS-P缓冲溶液（含1.05 mmol/L $MgCl_2$和1.05 mmol/L AMP），混匀后放入缓冲溶液瓶。分别量取152 ml的上述四种1.05×缓冲溶液，分别加入8 ml DMSO（已完成0.22 μm膜过滤处理），混匀，配制1.0×含5% DMSO的四种缓冲溶液。

c. 将已经配制好的用于偶联运行步骤的1.05×PBS-P缓冲溶液放在T200系统左侧的缓冲溶液托架上，换上黑色的单孔盖，将缓冲溶液进液管A（注意软管上的蓝色标签）插入至缓冲溶液瓶底部。其余三根进液管（B、C和D）放在左侧的舱门后。废液瓶和去离子水瓶的放置同本章“二、实验步骤1（2）”中的步骤。

（2）SA芯片的放置。

芯片的放置同本章“二、实验步骤中的1（3）”。

（3）生物素化的N-His-avitag（biotin）-TrpRS偶联。

生物素化N-His-avitag-TrpRS的偶联同本章“二、实验步骤中的3（3）”。若使用已经固定了N-His-avitag-TrpRS的SA芯片，则可以忽略此步骤。

（4）吲哚霉素亲和力的检测

a. 配制运行缓冲溶液和溶剂校正曲线

运行缓冲溶液和溶剂校正曲线的配制同本章“二、实验步骤中的2（2）（a）”。因有四种不同的PBS-P缓冲溶液条件，因此需要配制四组不同的运行缓冲溶液以及缓冲溶液背景下的溶剂校正曲线。

b. 吲哚霉素浓度梯度的配制

吲哚霉素浓度梯度的配制同本章“二、实验步骤中的2（2）（b）”。同样，因有四种不同的PBS-P缓冲溶液条件，因此需要配制四组不同缓冲溶液背景下的吲哚霉素的相同浓度梯度。

c. 多循环动力学/亲和力分析程序设置

多循环动力学/亲和力分析程序的设置同本章“二、实验步骤中的2（2）（c）”。同样，因有四种不同的PBS-P缓冲溶液条件，所以需要更换缓冲溶液后，重复设置四次。

d. TrpRS 与吲哚霉素亲和力数据结果分析

TrpRS 与吲哚霉素亲和力数据结果分析同本章“二、实验步骤中的 2（2）（d）”。

经拟合，吲哚霉素与 TrpRS 在 PBS-P 缓冲溶液（含 1.0 mmol/L $MgCl_2$），PBS-P 缓冲溶液（含 1.0 mmol/L ATP），PBS-P 缓冲溶液（含 1.0 mmol/L $MgCl_2$ 和 1.0 mmol/L AMP）以及 PBS-P 缓冲溶液（含 1.0 mmol/L $MgCl_2$ 和 1.0 mmol/L ATP）中的亲和力 K_D 数值分别为 16.7 ± 3.4 μmol/L，16.2 ± 2.3 μmol/L，18.8 ± 2.6 μmol/L 以及 1.5 ± 0.2 μmol/L（图 5-25）。

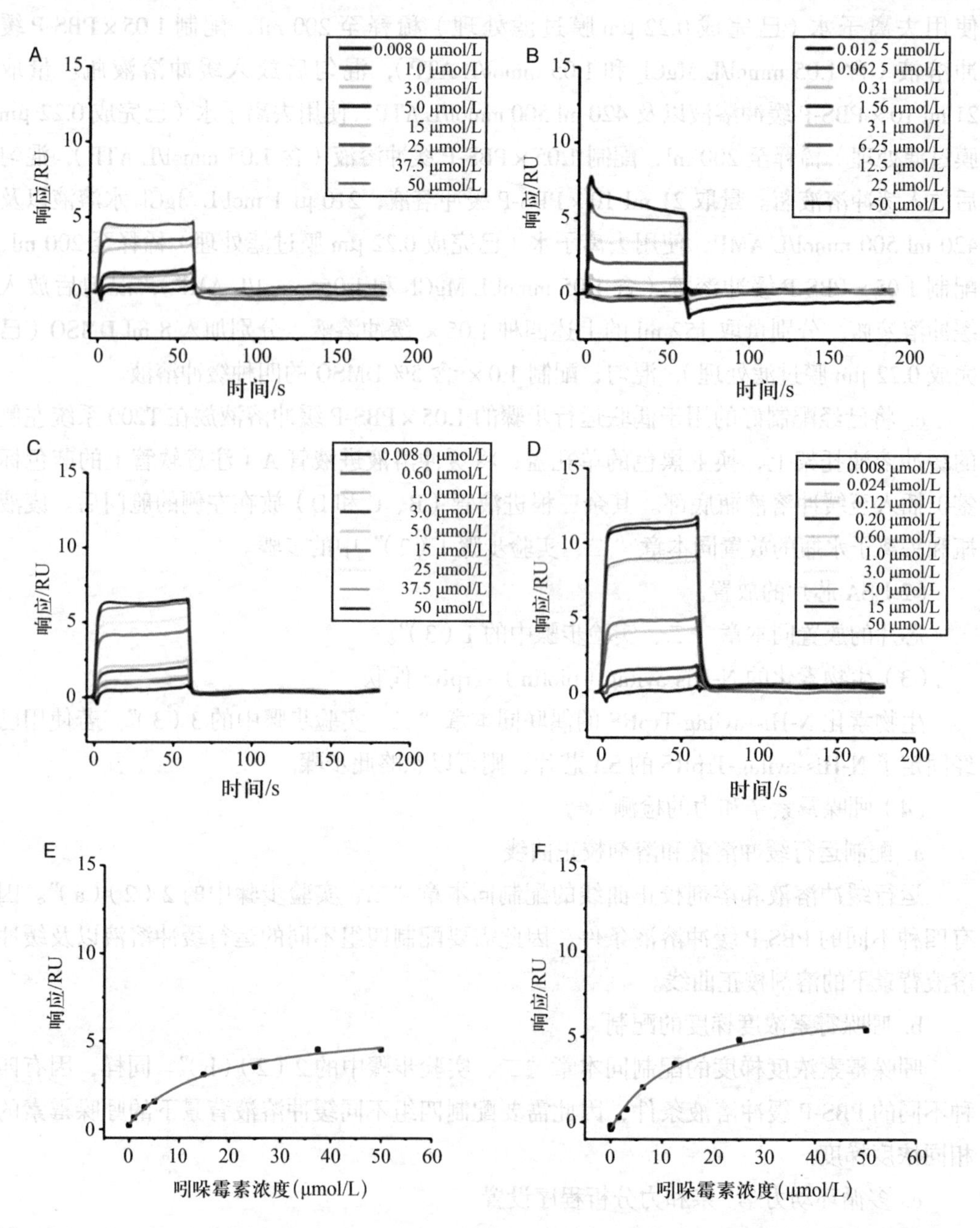

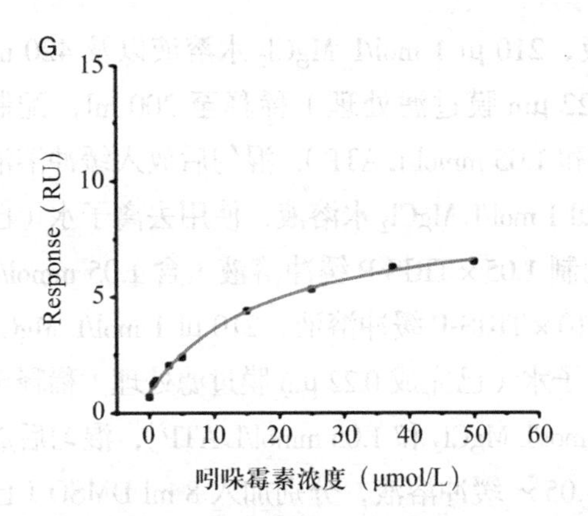

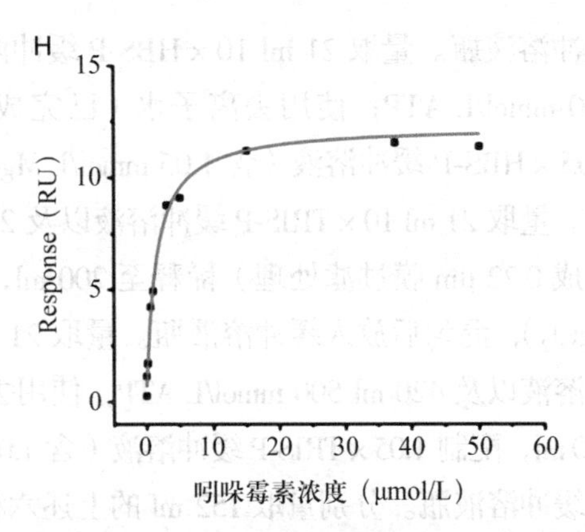

图 5-25　SA 芯片固定 N-His-avitag（biotin）-TrpRS 条件下，吲哚霉素在 PBS-P 缓冲溶液（含 1.0 mmol/L $MgCl_2$）（A，E），PBS-P 缓冲溶液（含 1.0 mmol/L ATP）（B，F），PBS-P 缓冲溶液（含 1.0 mmol/L $MgCl_2$ 和 1.0 mmol/L AMP）（C，G）以及 PBS-P 缓冲溶液（含 1.0 mmol/L $MgCl_2$ 和 1.0 mmol/L ATP）（D，H）实验条件中，对 TrpRS 的亲和力结果图

6. 使用 SA 传感器芯片固定生物素化的 N-His-avitag-TrpRS，表征 TrpRS 与吲哚霉素在 PIPES-P，TRIS-P 以及 HBS-P 缓冲溶液中的结合，继续优化结合体系

考虑到 ATP 的磷酸基团参与 TrpRS 的催化反应体系，改变缓冲溶液类型可能对 TrpRS 的生物活性有很大影响，因此除了 PBS-P 缓冲溶液，另外选用了三种不同条件的缓冲溶液：PIPES-P（10 mmol/L PIPES，150 mmol/L NaCl，0.05% 表面活性剂 P-20，pH 7.4），TRIS-P（10 mmol/L TRIS，150 mmol/L NaCl，0.05% 表面活性剂 P-20，pH 7.5）和 HBS-P（10 mmol/L HEPES，150 mmol/L NaCl，0.05% 表面活性剂 P-20，pH 7.4）继续优化 TrpRS 的 SPR 分析系统。参考 PBS-P 的实验条件，主要研究了 $MgCl_2$、ATP 和 $MgCl_2$ 对吲哚霉素结合亲和力的影响。

（1）缓冲溶液的配制和放置

a. 准备偶联步骤的运行缓冲溶液。量取 21 ml 10 × PBS-P 缓冲溶液，使用去离子水（已完成 0.22 μm 膜过滤处理）稀释至 200 ml，配制 1.05 × PBS-P 缓冲溶液，混匀后放入缓冲溶液瓶。若使用已经固定 N/C-His-avitag（biotin）-TrpRS 的 SA 芯片，则可以忽略此步骤。

b. 准备亲和力检测过程中的缓冲溶液。量取 21 ml 10 × PIPES-P 缓冲溶液以及 210 μl 1 mol/L $MgCl_2$ 水溶液，使用去离子水（已完成 0.22 μm 膜过滤处理）稀释至 200 ml，配制 1.05 × PIPES-P 缓冲溶液（含 1.05 mmol/L $MgCl_2$），混匀后放入缓冲溶液瓶。量取 21 ml 10 × PIPES-P 缓冲溶液，210 μl 1 mol/L $MgCl_2$ 水溶液以及 420 ml 500 mmol/L ATP，使用去离子水（已完成 0.22 μm 膜过滤处理）稀释至 200 ml，配制 1.05 × PIPES-P 缓冲溶液（含 1.05 mmol/L $MgCl_2$ 和 1.05 mmol/L ATP），混匀后放入缓冲溶液瓶。量取 21 ml 10 × HBS-P 缓冲溶液以及 210 μl 1mol/L $MgCl_2$ 水溶液，使用去离子水（已完成 0.22 μm 膜过滤处理）稀释至 200 ml，配制 1.05 × HBS-P 缓冲溶液（含 1.05 mmol/L $MgCl_2$），混匀后放入

缓冲溶液瓶。量取 21 ml 10×HBS-P 缓冲溶液，210 μl 1 mol/L $MgCl_2$ 水溶液以及 420 ml 500 mmol/L ATP，使用去离子水（已完成 0.22 μm 膜过滤处理）稀释至 200 ml，配制 1.05×HBS-P 缓冲溶液（含 1.05 mmol/L $MgCl_2$ 和 1.05 mmol/L ATP），混匀后放入缓冲溶液瓶。量取 21 ml 10×TRIS-P 缓冲溶液以及 210 μl 1 mol/L $MgCl_2$ 水溶液，使用去离子水（已完成 0.22 μm 膜过滤处理）稀释至 200 ml，配制 1.05×TRIS-P 缓冲溶液（含 1.05 mmol/L $MgCl_2$），混匀后放入缓冲溶液瓶。量取 21 ml 10×TRIS-P 缓冲溶液，210 μl 1 mol/L $MgCl_2$ 水溶液以及 420 ml 500 mmol/L ATP，使用去离子水（已完成 0.22 μm 膜过滤处理）稀释至 200 ml，配制 1.05×TRIS-P 缓冲溶液（含 1.05 mmol/L $MgCl_2$ 和 1.05 mmol/L ATP），混匀后放入缓冲溶液瓶。分别量取 152 ml 的上述六种 1.05× 缓冲溶液，分别加入 8 ml DMSO（已完成 0.22 μm 膜过滤处理），混匀，配制 1.0× 含 5% DMSO 的六种缓冲溶液。

c. 将已经配制好的用于偶联运行步骤的 1.05×PBS-P 缓冲溶液放在 T200 系统左侧的缓冲溶液托架上，换上黑色的单孔盖，将缓冲溶液进液管 A（注意软管上的蓝色标签）插入至缓冲溶液瓶底部。其余三根进液管（B、C 和 D）放在左侧的舱门后。废液瓶和去离子水瓶的放置同本章“二、实验步骤中的 1（2）”。

（2）SA 芯片的放置

芯片的放置同本章“二、实验步骤中的 1（3）”。

（3）生物素化的 N-His-avitag（biotin）-TrpRS 偶联

生物素化 N-His-avitag（biotin）-TrpRS 的本章“二、偶联实验步骤中的 3（3）”。若使用已经固定 N-His-avitag（biotin）-TrpRS 的 SA 芯片，则可以忽略此步骤。

（4）吲哚霉素亲和力的检测

a. 配制运行缓冲溶液和溶剂校正曲线

运行缓冲溶液和溶剂校正曲线的配制同本章“二、实验步骤中的 2（2）（a）”。因有六种不同条件的缓冲溶液，因此需要配制六组不同的运行缓冲溶液以及相应缓冲溶液背景下的溶剂校正曲线。

b. 吲哚霉素浓度梯度的配制

吲哚霉素浓度梯度的配制同本章“二、实验步骤中的 2（2）（b）”。同样，因有六种不同条件的缓冲溶液，因此，需要配制六组不同缓冲溶液背景下的相同的浓度梯度。

c. 多循环动力学 / 亲和力分析程序设置

多循环动力学 / 亲和力分析程序的设置同本章“二、实验步骤中的 2（2）（c）”。同样，因有六种不同种类的缓冲溶液条件，因此需要更换缓冲溶液后，重复设置六次。

d. TrpRS 与吲哚霉素亲和力数据结果分析

TrpRS 与吲哚霉素亲和力数据结果分析同本章“二、实验步骤中的 2（2）（d）”。

经拟合，吲哚霉素与 TrpRS 在 HBS-P 缓冲溶液（含 1.0 mmol/L $MgCl_2$），HBS-P 缓冲溶液（含 1.0 mmol/L $MgCl_2$ 和 1.0 mmol/L ATP），PIPES-P 缓冲溶液（含 1.0 mmol/L $MgCl_2$），PIPES-P 缓冲溶液（含 1.0 mmol/L $MgCl_2$ 和 1.0 mmol/L ATP），TRIS-P 缓冲溶液（含 1.0 mmol/L $MgCl_2$），TRIS-P 缓冲溶液（含 1.0 mmol/L $MgCl_2$ 和 1.0 mmol/L ATP）中的亲和力 K_D 值分

别为 13±2（A-B），0.6±0.1（C-D），14.3±0.6（E-F），3.5±0.2（G-H），14.7±3.0（I-J）和 4.7±0.5 μmol/L（K-L）（图 5-26）。

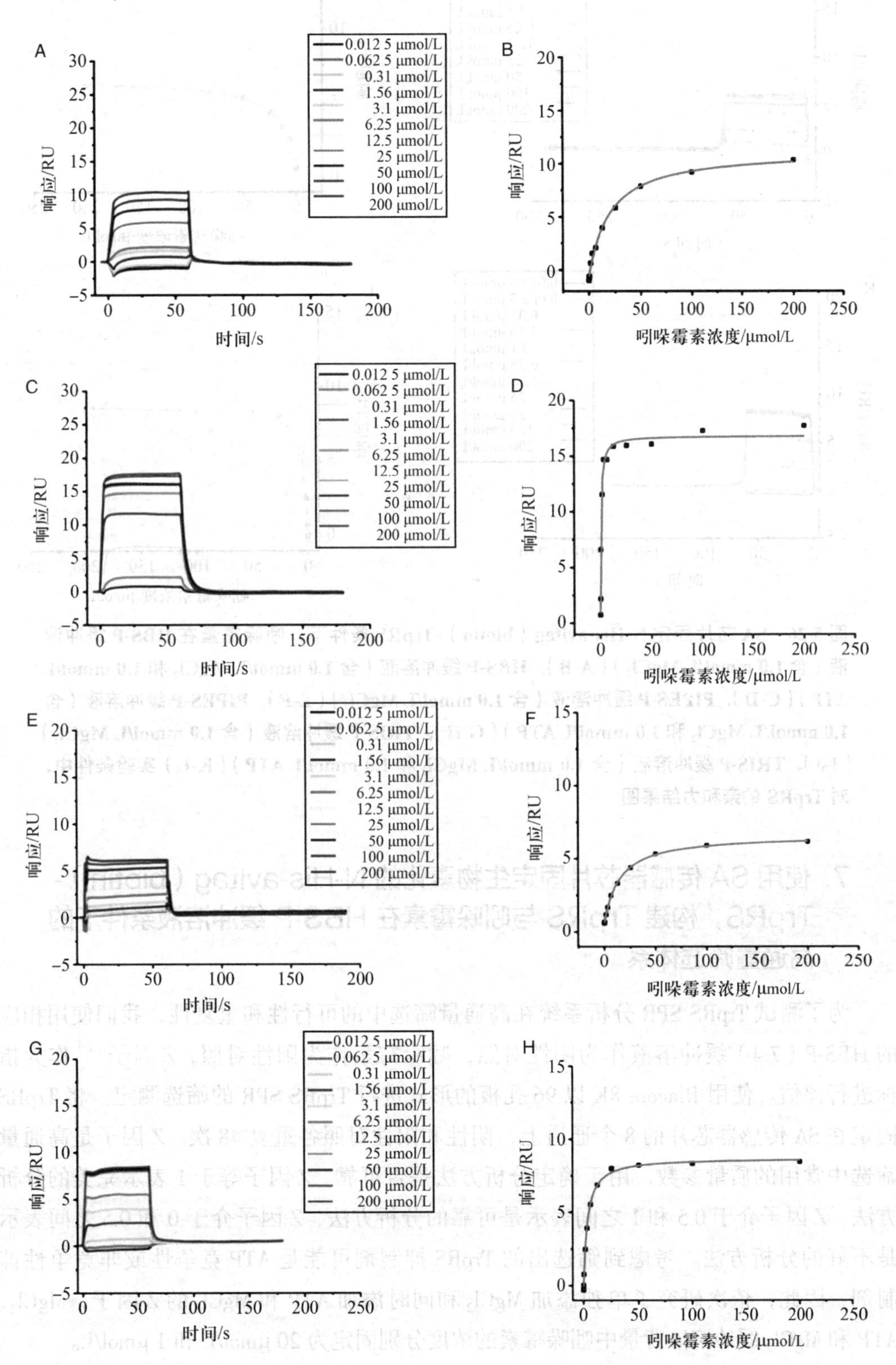

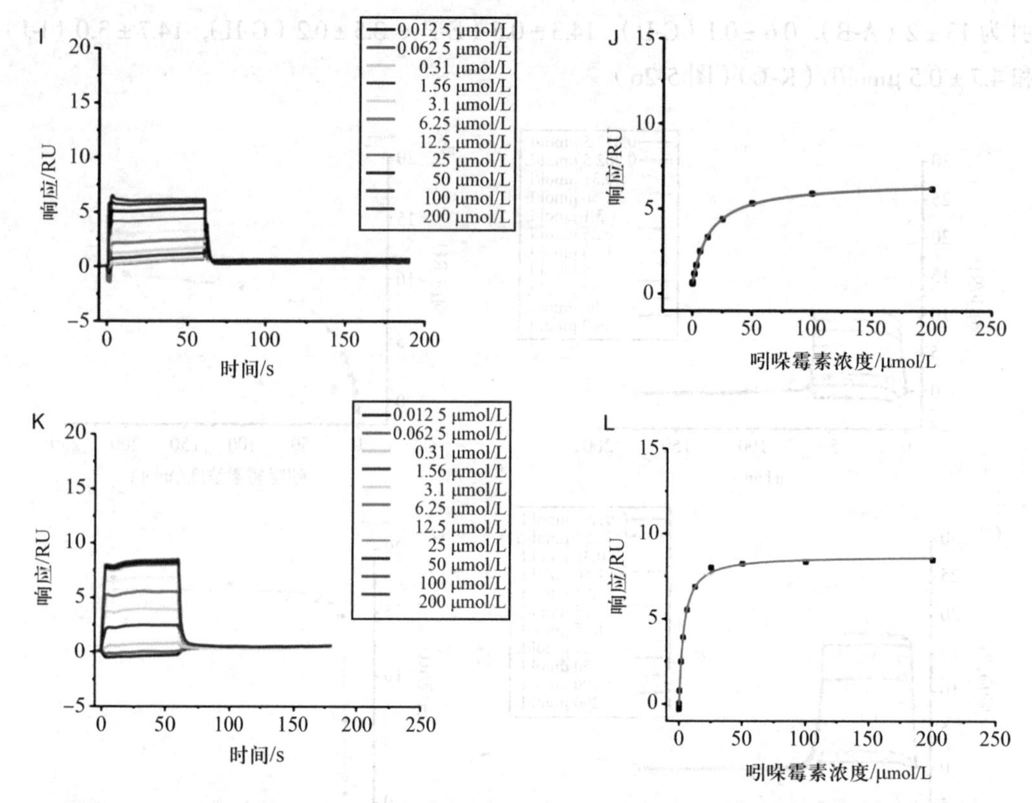

图 5-26　SA 芯片固定 N-His-avitag（biotin）-TrpRS 条件下，吲哚霉素在 HBS-P 缓冲溶液（含 1.0 mmol/L $MgCl_2$）（A-B），HBS-P 缓冲溶液（含 1.0 mmol/L $MgCl_2$ 和 1.0 mmol/L ATP）（C-D），PIPES-P 缓冲溶液（含 1.0 mmol/L $MgCl_2$）（E-F），PIPES-P 缓冲溶液（含 1.0 mmol/L $MgCl_2$ 和 1.0 mmol/L ATP）（G-H），TRIS-P 缓冲溶液（含 1.0 mmol/L $MgCl_2$）（I-J），TRIS-P 缓冲溶液（含 1.0 mmol/L $MgCl_2$ 和 1.0 mmol/L ATP）（K-L）实验条件中，对 TrpRS 的亲和力结果图

7. 使用 SA 传感器芯片固定生物素化的 N-His-avitag（biotin）-TrpRS，构建 TrpRS 与吲哚霉素在 HBS-P 缓冲溶液条件下的高通量筛选体系

为了测试 TrpRS SPR 分析系统在高通量筛选中的可行性和重复性，我们使用相应的 HBS-P（7.4）缓冲溶液作为阴性对照，吲哚霉素作为阳性对照，Z 因子[2] 作为指标进行评估。使用 Biacore 8K 以 96 孔板的形式进行 TrpRS SPR 的筛选测定。将 TrpRS 固定在 SA 传感器芯片的 8 个通道上，阴性和阳性对照各重复 48 次。Z 因子是高通量筛选中常用的质量参数，用于确定分析方法是否可靠。Z 因子等于 1 表示完美的分析方法，Z 因子介于 0.5 和 1 之间表示是可靠的分析方法，Z 因子介于 0 和 0.5 之间表示是不好的分析方法。考虑到筛选出的 TrpRS 抑制剂可能是 ATP 竞争性或非竞争性抑制剂，因此，依次研究了单独添加 $MgCl_2$ 和同时添加 ATP 和 $MgCl_2$ 的 Z 因子，$MgCl_2$、ATP 和 $MgCl_2$ 缓冲溶液背景中吲哚霉素的浓度分别固定为 20 μmol/L 和 1 μmol/L。

（1）缓冲溶液的配制和放置

a. 准备偶联步骤的运行缓冲溶液。量取 52.5 ml 10×HBS-P 缓冲溶液，使用去离子水（已完成 0.22 μm 膜过滤处理）稀释至 500 ml，配制 1.05×HBS-P 缓冲溶液，混匀后放入缓冲溶液瓶。

b. 准备亲和力检测过程中的缓冲溶液。量取 52.5 ml 10×HBS-P 缓冲溶液以及 525 μl 1 mol/L $MgCl_2$ 水溶液，使用去离子水（已完成 0.22 μm 膜过滤处理）稀释至 500 ml，配制 1.05× 的 HBS-P 缓冲溶液（含 1.05 mmol/L $MgCl_2$），混匀后放入缓冲溶液瓶。量取 52.5 ml 10×HBS-P 缓冲溶液，525 μl 1 mol/L $MgCl_2$ 水溶液以及 1.05 ml 500 mmol/L ATP，使用去离子水（已完成 0.22 μm 膜过滤处理）稀释至 500 ml，配制 1.05×HBS-P 缓冲溶液（含 1.05 mmol/L $MgCl_2$ 和 1.05 mmol/L ATP），混匀后放入缓冲溶液瓶。量取 480 ml 的上述两种 1.05×HBS-P 缓冲溶液，加入 24 ml DMSO（已完成 0.22 μm 膜过滤处理），混匀，配制 1.0× 含 5% DMSO 的两种 HBS-P 缓冲溶液。

c. 将已经配制好的用于偶联运行步骤的 1.05×HBS-P 缓冲溶液放在 Biacore 8K 系统右侧，换上黑色的单孔盖，将缓冲溶液进液管（注意软管上的蓝色标签）插入至缓冲溶液瓶底部。

d. 另取一个 2 L 的玻璃瓶，装满 0.22 μm 膜过滤的去离子水，换上黑色的三孔盖，将水和再生试剂的进液管（注意软管上的蓝色标签）插入至缓冲溶液瓶底部。

（2）SA 芯片的放置

a. 打开 Biacore 8K Control Software，选择 Instrument control，点击 Change chip，打开芯片舱门进行芯片更换（图 5-27）。

图 5-27　软件操作界面

b. 若使用的是新芯片，则选择 New Chip（图 5-28）。在 Chip Type 的下拉菜单中选择对应的芯片种类（此实验为 SA 芯片），在 Id 中填入与芯片相关的实验信息，

Lot Number 中可填入芯片批号（选填）。若是已经使用过的芯片，请选择 Used chip，并在下拉菜单中找到与之相对应的芯片信息。对于使用过的芯片，也可以选择 New Chip 选项，则之前芯片的使用信息不会被查询到。

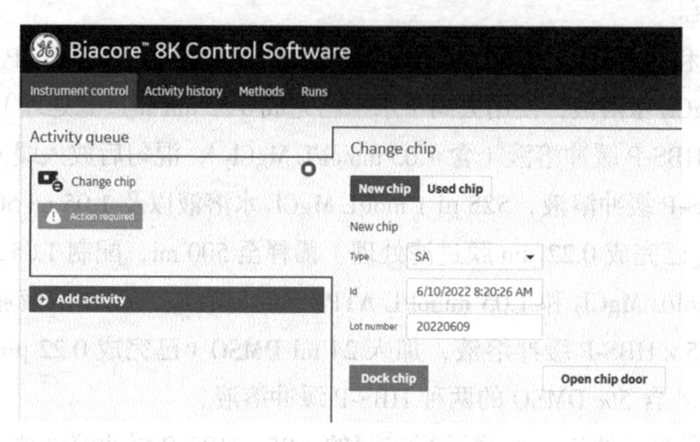

图 5-28　芯片种类的选择

c. 手持芯片，有字的一面朝上。按照芯片上的箭头方向，将芯片轻轻推入卡槽，合上芯片舱的舱门。

d. 点击 Dock Chip 按钮，芯片置入后系统将自动转入待机（Standby）状态。

e. 选择 Instrument control，点击 Change solutions，勾选 Change buffer，water and reagent，点击 Ready to start（图 5-29）。缓冲溶液会以较高的流速冲洗整个内部流路系统，整个过程耗时 6～7 分钟。结束后，系统自动转入待机（Standby）状态。

注意：当系统更换缓冲溶液或者芯片后，必须运行 Change solutions 程序。Change solutions 时缓冲溶液会冲洗整个流路系统，为下一步的实验做好准备。

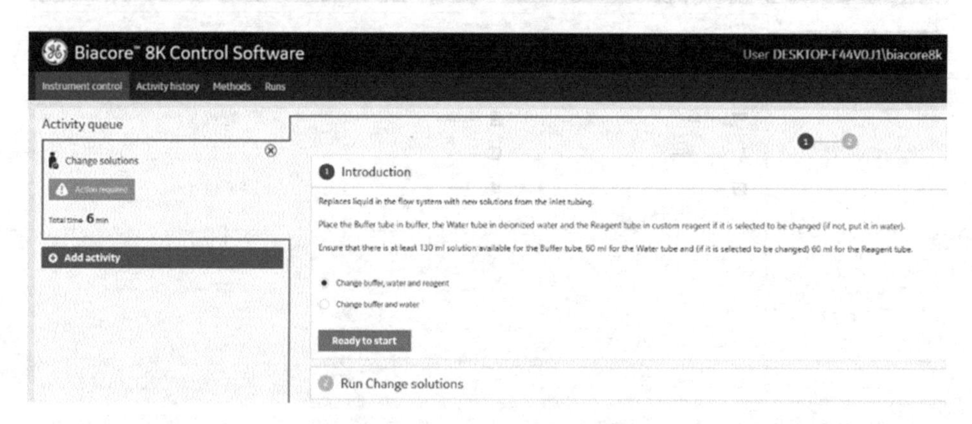

图 5-29　Change solutions 界面

（3）生物素化的 N-His-avitag（biotin）-TrpRS 偶联

a. 打开 Biacore 8K Control Software，选择 Methods，点击 Surface preparation，选择 immobilization，点击 Open（图 5-30）。

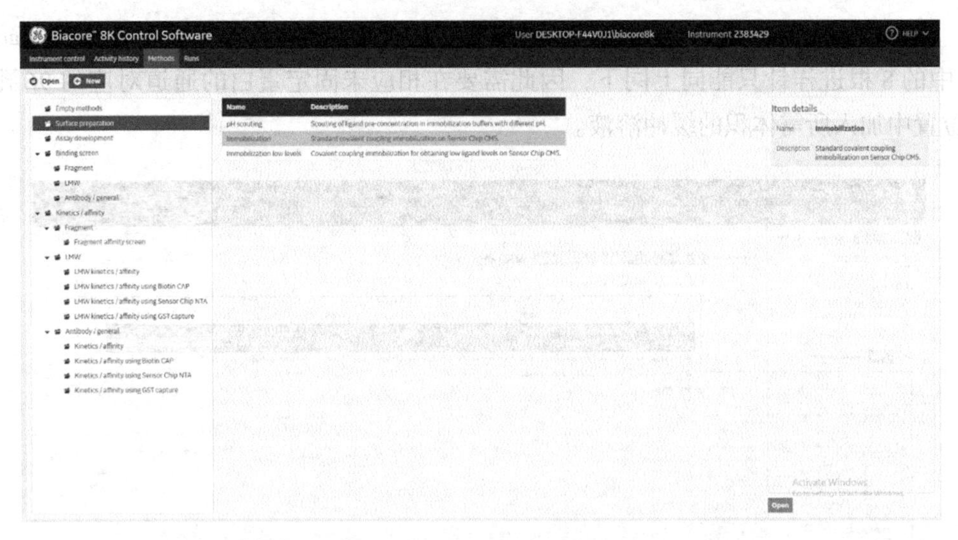

图 5-30　SA 芯片固定生物素化蛋白时偶联方法的建立

b. 在 Method definition 界面，Chip type 选择 SA，Running buffer 输入 HBS-P（根据实验体系的实际情况输入），温度一般默认 25℃（根据实验体系的实际情况输入），Add step 选择 SA-biotin capture，immobilize in 选择 Fc 2，activate/deactivate in 1，Ligand 中 contact time 输入 60 s，Flow rate 10 μl/min，在下方表格中输入固定蛋白的名字和选择需要进行固定的通道（图 5-31）。在表格 Flow cell 2 ligand name 中输入 TrpRS，选择同时固定 8 个通道。

注意：根据实际靶标蛋白的情况自行设置偶联实验，若一次达不到预定的偶联量，可以点击 Custom mode 按钮，删除 NaCl/NaOH 和 Wash 步骤，直接重复 Ligand 步骤。

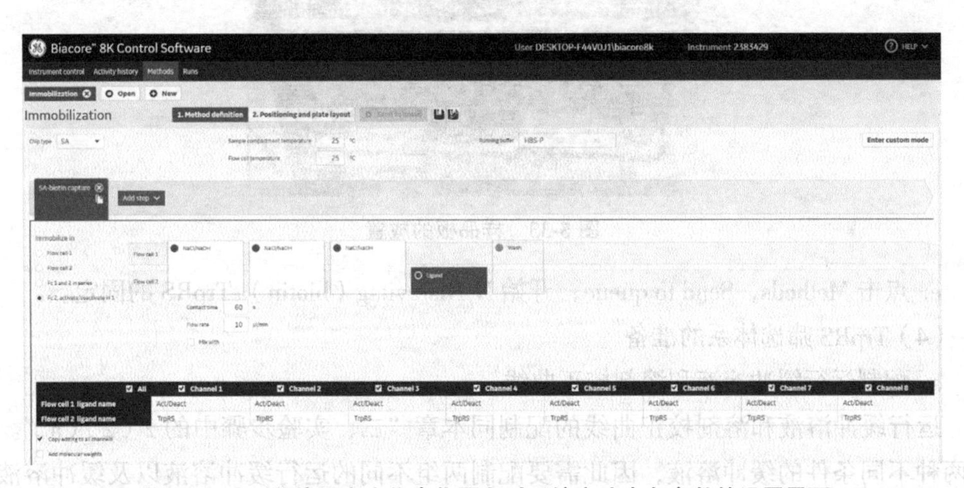

图 5-31　SA 芯片固定生物素化蛋白时系统方法中各参数的设置界面

c. 在 Positioning and plate layout 界面，根据仪器系统的要求完成样品在 96 孔板中的加样（图 5-32）。20 ng/μl TrpRS 放入 96 孔板的第一列，1M NaCl/50 mM NaOH 放入 96 孔板的第二列，50% Isopropanol/1M NaCl/50 mM NaOH 放入 96 孔板的第三列。

注意：若在 Method definition 界面中选择的蛋白固定通道少于 8 道，由于 Biacore 8K 中的 8 根进样针只能同上同下，因此需要在相应未固定蛋白的通道对应的 96 孔板的位置中加入所需体积的缓冲溶液。

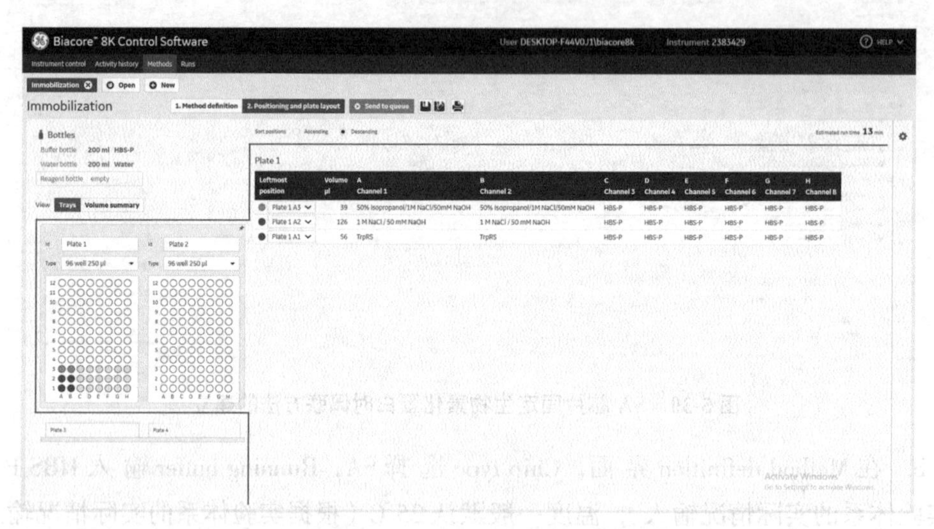

图 5-32　生物素化蛋白偶联过程中对样品体积的要求以及放置位置的设置

d. 选择 Instrument control，点击下方的 Hotel door is Open，将加好样品的 96 孔板放置于样品仓的对应位置中，关上舱门（图 5-33）。

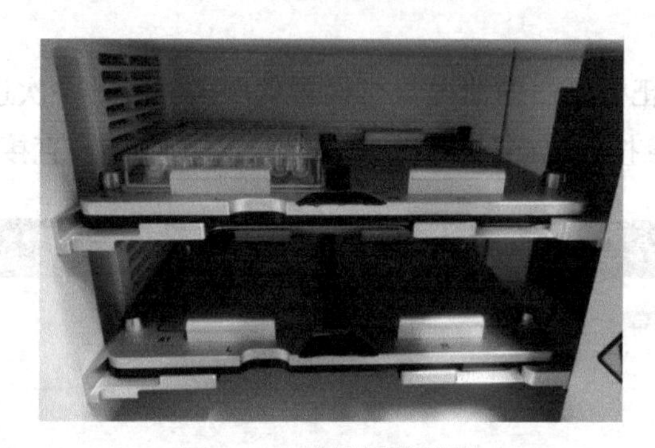

图 5-33　样品板的放置

e. 点击 Methods，Send to queue，开始 N-His-avitag（biotin）-TrpRS 的固定。

（4）TrpRS 筛选体系的准备

a. 配制运行缓冲溶液和溶剂校正曲线

运行缓冲溶液和溶剂校正曲线的配制同本章“二、实验步骤中的 2（2）（a）”。因有两种不同条件的缓冲溶液，因此需要配制两组不同的运行缓冲溶液以及缓冲溶液背景下的溶剂校正曲线。

b. 吲哚霉素浓度的配制

使用 DMSO 将 10 mmol/L 吲哚霉素稀释至 4 mmol/L，然后，使用 1.05× 的两种 HBS-P 缓冲溶液分别稀释 4 mmol/L 小分子母液 20 倍，得到终浓度为 200 μmol/L 在 5%

DMSO 中的吲哚霉素溶液。以 1.0× 含 5% DMSO 的两种 HBS-P 缓冲溶液分别作为相应的零浓度。

c. 多循环动力学 / 亲和力分析程序设置

Ⅰ. 将其中一个已经配制好的 1.0× 含 5% DMSO 的 HBS-P 缓冲溶液放在 Biacore 8K 系统右侧，换上黑色的单孔盖，将缓冲溶液进液管（注意软管上的蓝色标签）插入至缓冲溶液瓶底部，上述已放置好的水和再生试剂不动。选择 Instrument control，点击 Change solutions，勾选 Change buffer，water and reagent，点击 Ready to start。

Ⅱ. 点击 Methods，选择 New，LMW 下拉菜单中的 LMW kinetics/affinity，继续选择右栏中的 LMW multi-cycle kinetic/affinity，点击 Open（图 5-34）。

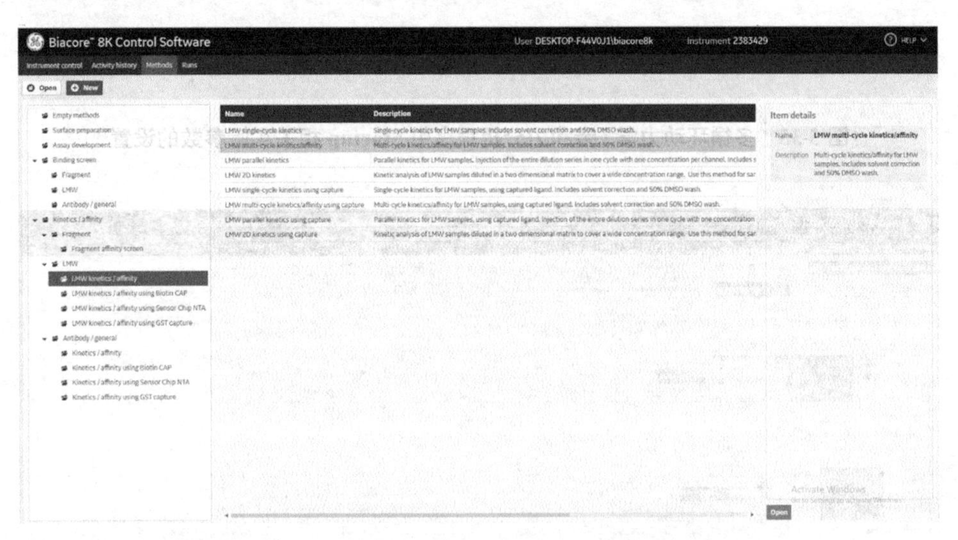

图 5-34　多循环动力学 / 亲和力分析程序的建立

Ⅲ. 在 Method definition 界面，点击 Start up，选择 Analyte 1，Solution 输入 HBS-P, $MgCl_2$，Contact time 输入 60 s，Dissociation time 输入 120 s，Flow rate 输入 30 μl/min，Type 下拉菜单选择 High performance，Flow path 选择 both flow cells，Wash 1 默认 50% DMSO 溶液，Flow cell temperature 默认 25 ℃（图 5-35）。上述参数的输入都可以按照实验体系的实际情况进行输入和修改。

Ⅳ. 点击 Analysis 选项，在 Analysis 界面，在 Variable 一栏勾选 Solution 和 Concentration，Contact time 输入 60 s，Dissociation time 输入 120 s，Flow rate 输入 30 μl/min，Type 下拉菜单选择 High performance，Flow path 选择 both flow cells，Wash 1 默认 50% DMSO，Flow cell temperature 默认 25℃（图 5-36）。

注意：一般 Start up 和 Analysis 中 Analyte 1 内设置的结合、解离时间和流速是一致的。为了消除物质迁移效应，Flow rate 一般默认输入 30 μl/min，若实验体系为亲和力很强的两类分子，则可以提高流速至 50 μl/min 或者 100 μl/min。若参数是变量，则可以在 Variable 一栏的方框中进行勾选，变量参数可以在后续的 Variables and positioning 中进行填写。

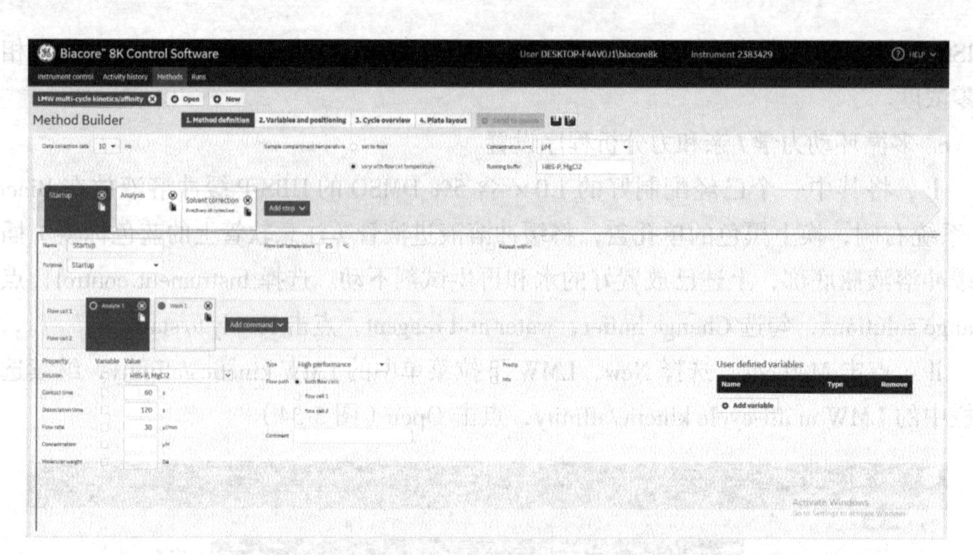

图 5-35　多循环动力学 / 亲和力分析程序中 Startup 相关实验参数的设置

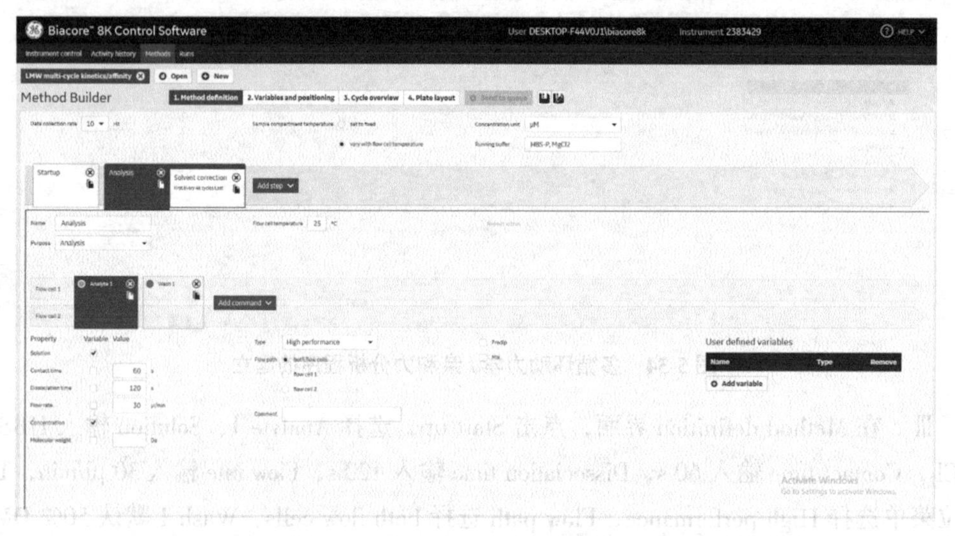

图 5-36　多循环动力学 / 亲和力分析程序中流动相相关实验参数的设置

Ⅴ. 点击 Solvent correction 选项，Number of solutions per cycle 选择 4，勾选 Repeat within Analysis every 100 cycles，勾选 Run once first，Flow cell temperature 默认 25℃（图 5-37）。

Ⅵ. 在 Variables and positioning 界面，勾选进行实验的通道，选择 Startup，点击 Add cycle，将 startup 增加为三个（图 5-38）。

Ⅶ. 在 Variables and positioning 界面，选择 Analysis，Analyte 1 Solution 输入吲哚霉素的名称，Concentration 输入吲哚霉素的浓度（图 5-39）。同时，可以通过拖拽调整右侧默认的孔板放置位置以及孔板中样品的放置位置。

Ⅷ. 在 Cycle overview 界面，可以看到整个实验的上样流程（图 5-40）。

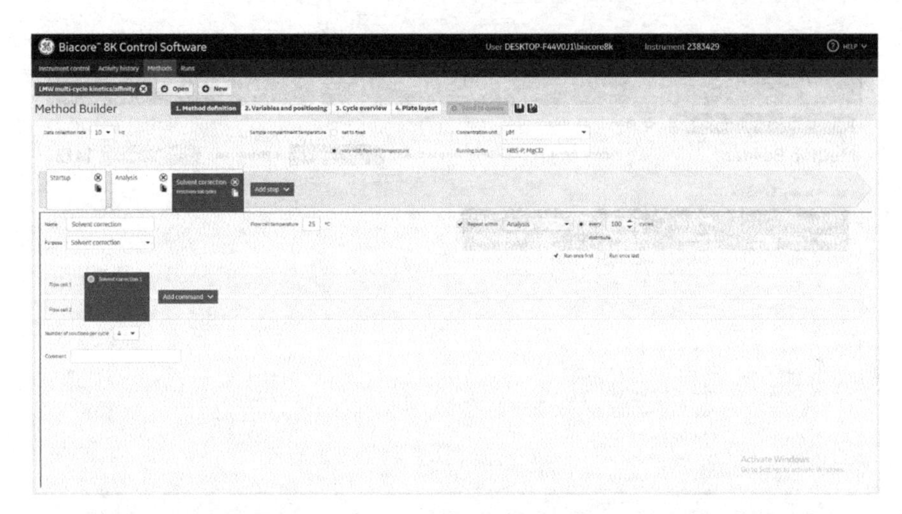

图 5-37　多循环动力学 / 亲和力分析程序中溶剂校正相关实验参数的设置

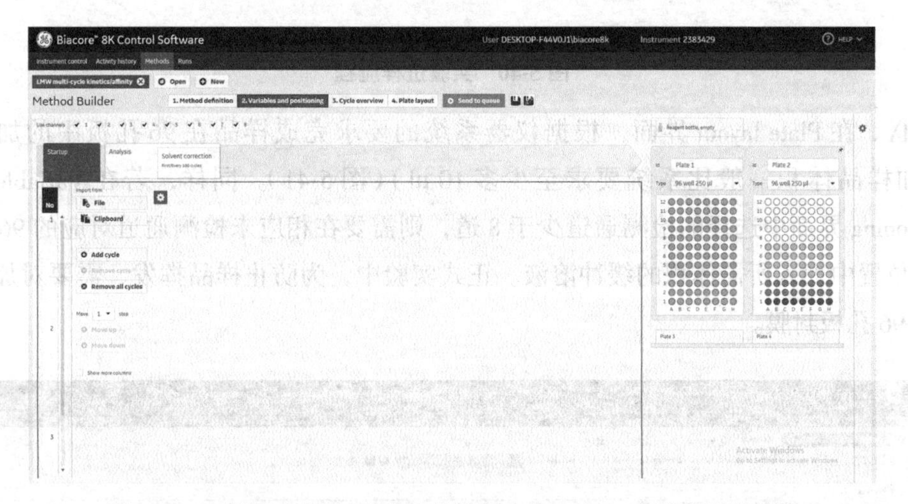

图 5-38　多循环动力学 / 亲和力分析程序中 Startup 重复次数的设置

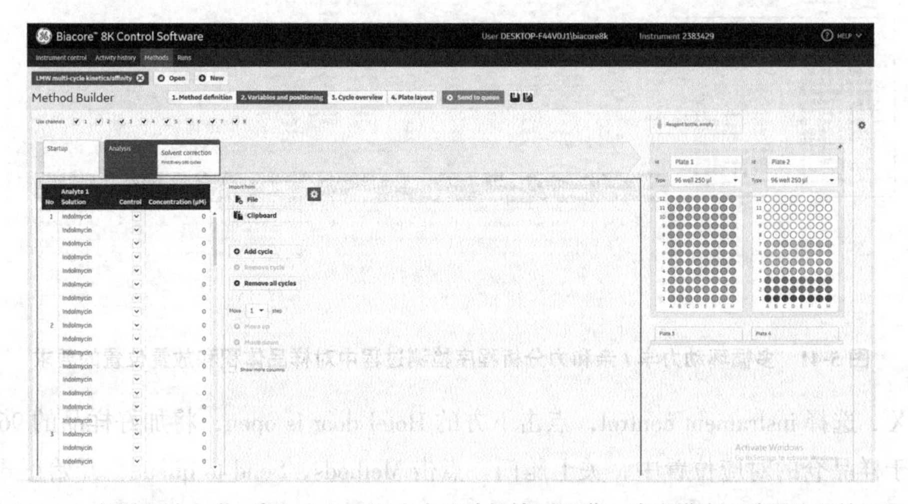

图 5-39　多循环动力学 / 亲和力分析程序中流动相检测通道、浓度梯度和放置位置的设置

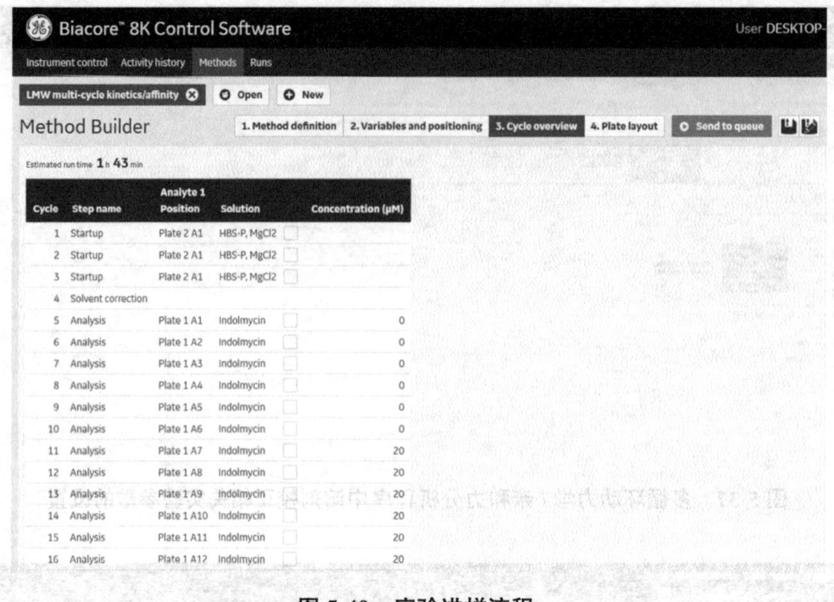

Cycle	Step name	Analyte 1 Position	Solution	Concentration (μM)
1	Startup	Plate 2 A1	HBS-P, MgCl2	
2	Startup	Plate 2 A1	HBS-P, MgCl2	
3	Startup	Plate 2 A1	HBS-P, MgCl2	
4	Solvent correction			
5	Analysis	Plate 1 A1	Indolmycin	0
6	Analysis	Plate 1 A2	Indolmycin	0
7	Analysis	Plate 1 A3	Indolmycin	0
8	Analysis	Plate 1 A4	Indolmycin	0
9	Analysis	Plate 1 A5	Indolmycin	0
10	Analysis	Plate 1 A6	Indolmycin	0
11	Analysis	Plate 1 A7	Indolmycin	20
12	Analysis	Plate 1 A8	Indolmycin	20
13	Analysis	Plate 1 A9	Indolmycin	20
14	Analysis	Plate 1 A10	Indolmycin	20
15	Analysis	Plate 1 A11	Indolmycin	20
16	Analysis	Plate 1 A12	Indolmycin	20

图 5-40　实验进样流程

Ⅸ. 在 Plate layout 界面，根据仪器系统的要求完成样品在 96 孔板中的加样品（所加样品体积一般比系统要求至少多 10 μl）（图 5-41）。同样，若在 Variables and positioning 界面中选择的检测通道少于 8 道，则需要在相应未检测通道对应的 96 孔板中的位置中加入所需体积的缓冲溶液。正式实验中，为防止样品挥发，需要对加好样品的 96 孔板封膜。

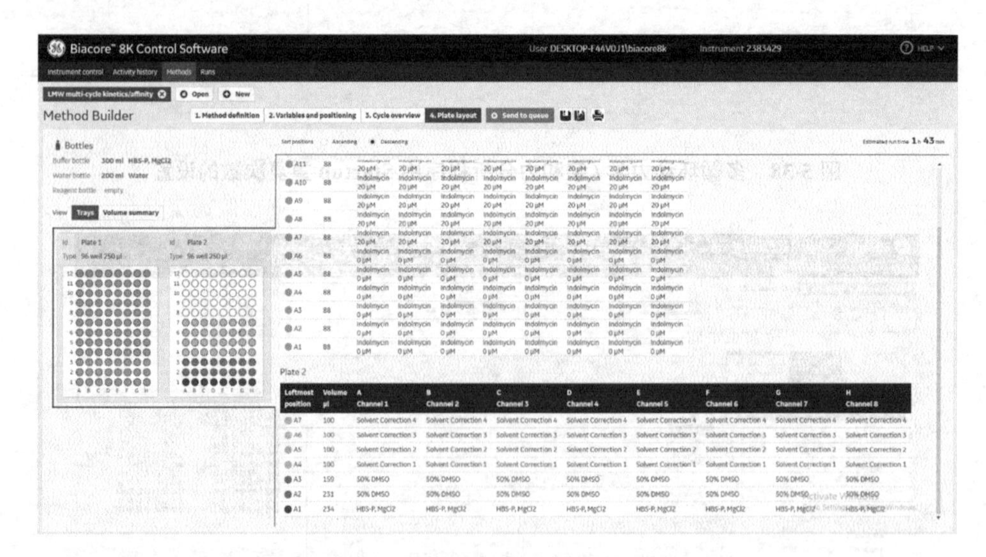

图 5-41　多循环动力学 / 亲和力分析程序检测过程中对样品体积和放置位置的要求

Ⅹ. 选择 instrument control，点击下方的 Hotel door is open，将加好样品的 96 孔板放置于样品仓的对应位置中，关上舱门。点击 Methods，Send to queue，开始正式的互作实验。

d. TrpRS 与吲哚霉素亲和力数据结果分析

Ⅰ. 打开数据分析软件 Biacore Insight Evaluation Software，在 Create new evaluation 界面，选择 select run，找到运行的程序，点击右下方的 Select evaluation method。

Ⅱ. 在 Select evaluation method 界面，选择 Kinetics/affinity 选项中的 LMW，点击 LMW multi-cycle affinity-Evaluation method，点击 Open（图 5-42）。

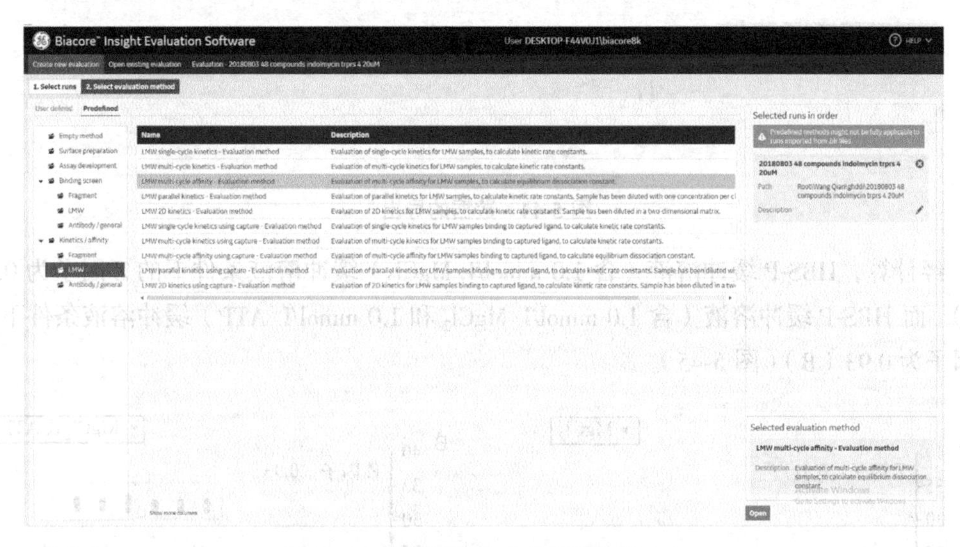

图 5-42　多循环亲和力分析程序的建立

Ⅲ. 首先弹出 Solvent Correction 界面进行溶剂校正分析（图 5-43）。若结果正常，点击 Apply and close。溶剂校正曲线一般要求落在 –500 到 +1000 RU 之间，χ^2 小于 2。如果超出此范围较多，一般是由于 DMSO 浓度配制不准确造成的。

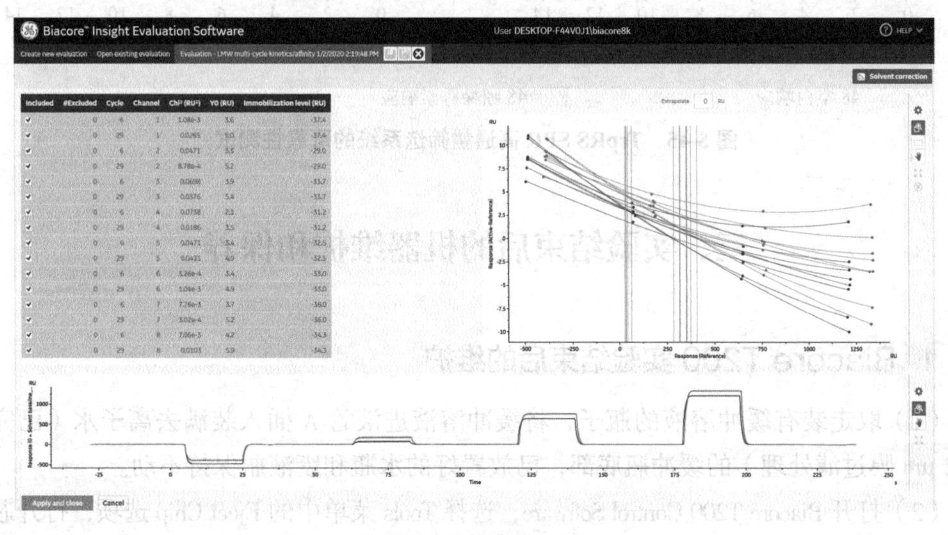

图 5-43　溶剂校正曲线

Ⅳ. 在 Home 界面，点击 plot，即可得此条件下吲哚霉素的响应值，返回 Home 界面，点击 Presentation，勾选需要导出的结果内容，点击 Export to presentation 即可完成（图 5-44）。

注意：因有两种不同种类的缓冲溶液条件，因此需要更换缓冲溶液后，重复一遍（c）过程。

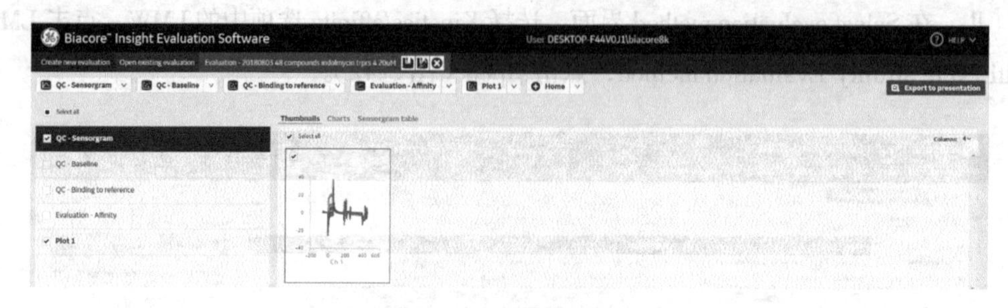

图 5-44　数据的导出

经计算，HBS-P 缓冲溶液（含 1.0 mmol/L $MgCl_2$）缓冲溶液条件下的 Z 因子为 0.91（A），而 HBS-P 缓冲溶液（含 1.0 mmol/L $MgCl_2$ 和 1.0 mmol/L ATP）缓冲溶液条件下的 Z 因子为 0.93（B）（图 5-45）。

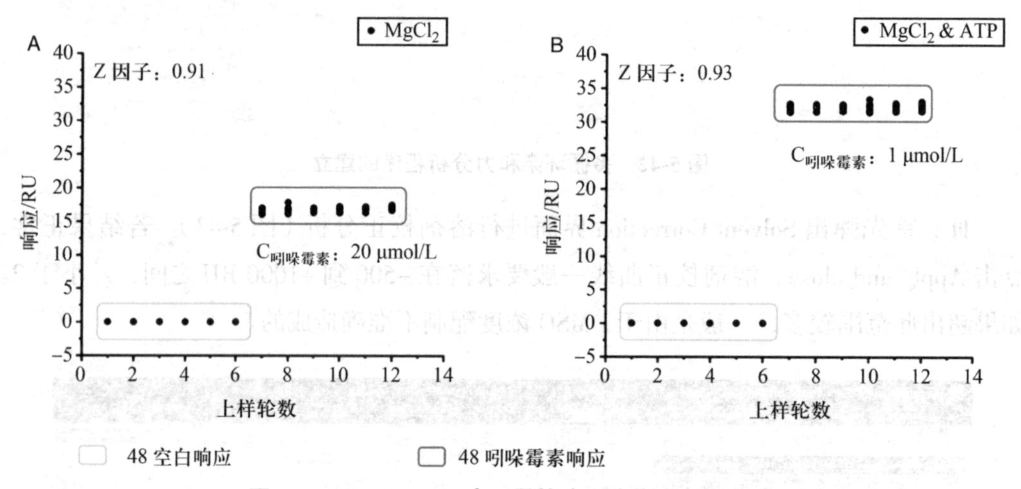

图 5-45　TrpRS SPR 高通量筛选系统的可靠性测试

三、实验结束后的机器维护和保养

1. Biacore T200 实验结束后的维护

（1）取走装有缓冲溶液的瓶子，将缓冲溶液进液管 A 插入装满去离子水（已完成 0.22 μm 膜过滤处理）的缓冲瓶底部，已放置好的水瓶和废液瓶保持不动。

（2）打开 Biacore T200 Control Software，选择 Tools 菜单中的 Eject Chip 选项，打开芯片舱门进行芯片更换。将实验过程中使用的芯片取出，将维护（maintenance）芯片有字的一面朝上。按照维护芯片上的箭头方向，将维护芯片轻轻推入卡槽，合上芯片舱的舱门。

（3）点击 Dock Chip 按钮，维护芯片置入后系统将自动转入待机（Standby）状态。选择 Tools → Prime 命令，点击 Start。

（4）选择 Tools 下拉菜单中的 More Tools，点击 Desorb，Start，继续点击 Next，Next，在 Rack Position 界面，将左侧 Reagent Rack 改为 Sample and Reagent Rack1，点开 Menu 后选择 Automatic Positioning 进入下面界面后，将 Pooling 一栏全部改为 Yes，Vial Size 可根据需求进行调整，若为 1.5 ml EP 管则选择 medium（图 5-46）。

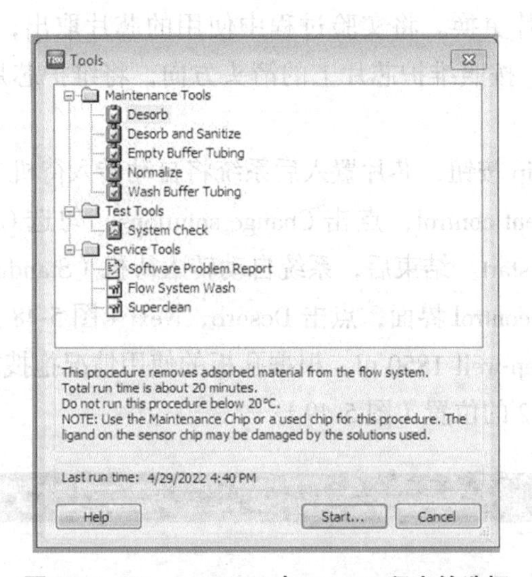

图 5-46　Biacore T200 中 Desorb 程序的选择

（5）点击 Eject rack tray，弹出试管架，依次将 1280 μl BIA desorb solution 1 放入 R1D1 以及 1280 μl BIA desorb solution 2 放入 R1D2（若使用的是带盖的 EP 管，所有盖子必须剪去）。盖上试管架盖子，点击 Eject Rack Tray 对话框中的 OK，将样品架送回样品舱。点击 Start（图 5-47）。

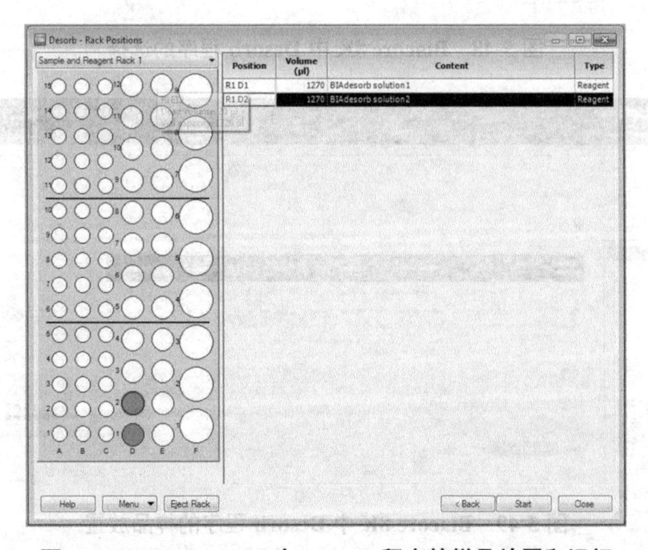

图 5-47　Biacore T200 中 Desorb 程序的样品放置和运行

2. Biacore 8K 实验结束后的维护

（1）取走装有缓冲溶液的瓶子，将缓冲溶液进液管（注意软管上的蓝色标签）插入装满去离子水（已完成 0.22 μm 膜过滤处理）的缓冲瓶底部。已放置好的插有水和再生试剂进液管（注意软管上的蓝色标签）的水瓶保持不动。

（2）打开 Biacore 8K Control Software，选择 Instrument control，点击 Change chip，打开芯片舱门进行芯片更换。将实验过程中使用的芯片取出，将维护（maintenance）芯片有字的一面朝上。按照维护芯片上的箭头方向，将维护芯片轻轻推入卡槽，合上芯片舱的舱门。

（3）点击 Dock Chip 按钮，芯片置入后系统将自动转入待机（Standby）状态。

（4）选择 Instrument control，点击 Change solutions，勾选 Change buffer，water and reagent，点击 Ready to start。结束后，系统自动转入待机（Standby）状态。

（5）在 Instrument control 界面，点击 Desorb，Next（图 5-48），在右侧 Plate 1，type 下拉菜单中选择 96 deep-well 1850 μl，根据孔板的使用情况拖拽放置 BIAdesorb solution 1 和 BIAdesorb solution 2 的位置（图 5-49）。

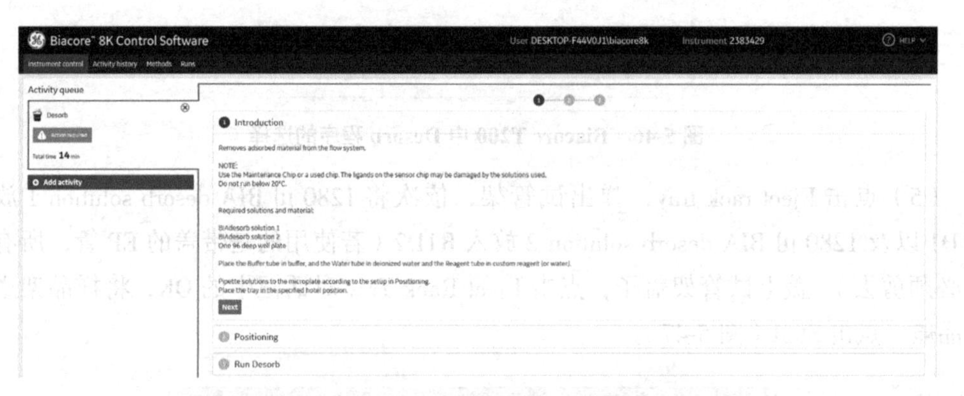

图 5-48 Biacore 8K 中 Desorb 程序的选择

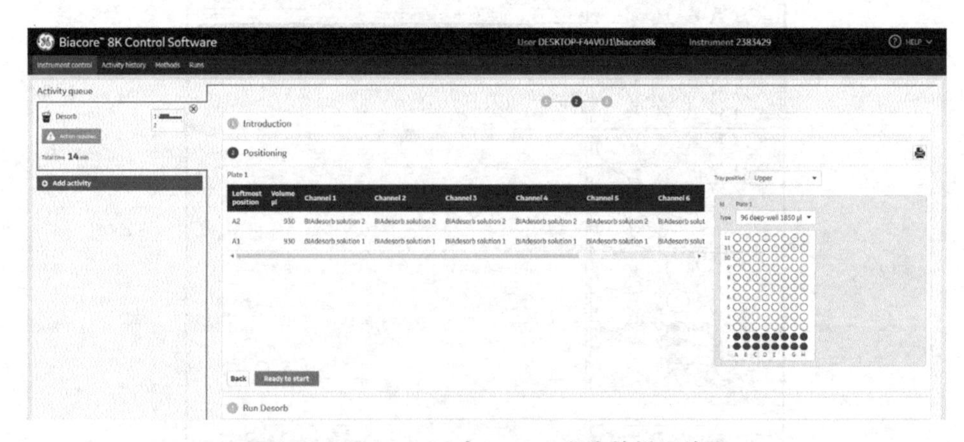

图 5-49 Biacore 8K 中 Desorb 程序的样品放置

（6）点击下方的 Hotel door is open，将加好样品的 96 深孔板放置于样品舱的对应位置中，关上舱门，点击 Ready to start。

四、小　结

在本章节中，我们以 TrpRS 和吲哚霉素的相互作用为例，描述了如何使用 Biacore 生物分子相互作用分析仪构建一个可靠的高通量结合筛选体系。在本章节中，通过优化 TrpRS 固定方法，以及实验缓冲溶液的类型和条件，成功地建立了一个稳定、可重复的 TrpRS SPR 高通量筛选和检测体系。在该体系中，吲哚霉素的 K_D 值为 0.6 ± 0.1 μmol/L。由于 SPR 技术本身具有的无标记、实时监测、无检测下限、样品消耗少等优点，SPR 被认为是高通量药物筛选和优化中最有前途的技术。我们在本章节中讨论的条件摸索可以为 aaRS、激酶和其他需要辅因子参与催化过程的酶的小分子药物筛选和检测体系的建立提供标准化的操作手册。准确、可靠以及完善的 SPR 分析体系还可以准确提供药物活性数据，从而避免在药物研发初期资源和资金的浪费。当然，也期待在本章节中优化的 TrpRS 筛选和验证体系能够帮助更多的实验课题组获得有效性和安全性更高的 TrpRS 抑制剂，为抗结核分枝杆菌研究做出贡献。

参考文献

[1] Wang Q, Zhu G, Liu Z. Establishment of inhibitor screening and validation system for tryptophanyl tRNA synthetase using surface plasmon resonance. *Anal Biochem*, 2021, 623: 114183.

[2] Zhang JH, Chung TD, Oldenburg KR. A simple statistical parameter for use in evaluation and validation of high throughput screening assays. *J Biomol Screen*, 1999, 4(2): 67-73.

第六章
OpenSPR 生物分子相互作用分析仪操作指南

在第五章中，我们以 TrpRS 和吲哚霉素的相互作用为例，介绍了 Biacore 生物分子相互作用分析仪的仪器操作。在本章节中，我们将继续介绍加拿大 Nicoya 公司的 OpenSPR 生物分子相互作用分析仪的详细实验操作指南。

一、实验使用机型、试剂和耗材

1. 本实验所用机型　OpenSPR 生物分子相互作用分析仪。

2. 芯片 & 货号 （详见 OpenSPR 芯片耗材选择指南 /Nicoya 试剂报价单），均购置于加拿大 Nicoya。

3. 缓冲溶液 （详见 OpenSPR 芯片耗材选择指南 /Nicoya 试剂报价单），均购置于加拿大 Nicoya。

4. 固定相的样品量需求，蛋白浓度　0.1 pmol/L ～ 10 mmol/L，根据蛋白具体情况选择 50 ～ 500 μl，质量 30 ～ 50 μg。若是蛋白粉末样品，则要根据蛋白分子量来计算，初步计算方法为：例如分子量为 30 kDa 的蛋白，则需要 30 × 1.5 = 45 μg 左右。若蛋白达不到一般要求的量，可以调低流通的最大摩尔浓度，但如果浓度没有接近互作的亲和力参数范围，测试得到的结合信号会很弱，甚至检测不到结合信号（除了本身不结合的情况）。

5. 流动相的样品量需求，小分子　5 ～ 10 mmol/L，100 ～ 200 μl，一般用 DMSO 溶解。蛋白：0.5 ～ 1 mg/ml，体积 10 ～ 20 μl，一般用 H_2O 或 PBS 溶解，或者给出建议的溶剂。多肽：1 ～ 5 mmol/L，体积 10 ～ 20 μl，一般用 DMSO 或者 H_2O 溶解。DNA：0.1 ～ 1 mmol/L，体积 10 ～ 20 μl，一般用 H_2O 溶解，或者给出建议的溶剂。

6. 其他耗材　详见 Nicoya 试剂报价单。

7. 实验中所使用去离子水、DMSO、缓冲溶液等溶剂均需要经过 0.22 μm 膜过滤。

二、实验步骤

1. 实验准备

（1）缓冲溶液的放置

在开始实验之前，需要进行液体设置，OpenSPR 才能正常运行。这包括将废液瓶、去离子水瓶和缓冲溶液瓶装到适当的位置，并正确安装管子。每个瓶子和管子的安装细节如下，

a. 将 250 ml 方形废液瓶（玻璃或其他材质，确保废液瓶是空的，并且做好废液标记）放置于仪器托架的右侧，拧上瓶盖，将 3 根出水管安装到废液瓶顶部的孔中。

b. 将另一个 250 ml 方形瓶中装满完成 0.2 μm 膜过滤处理的去离子水，拧上瓶盖，松开接头，将第三根（从左至右）进水管插入瓶中，使管子刚好接触瓶子底部，将瓶子放在 OpenSPR 托盘上，靠近废液瓶。

c. 将另外两个 250 ml 方形玻璃瓶装满缓冲溶液，可以是同样的缓冲溶液，也可以是不同的缓冲溶液，拧上瓶盖，松开接头，将第一和（或）第二根（从左至右）进水管插入适当瓶子中，使管子刚好接触瓶底。轻轻拧紧管子上的接头，使其固定到位，将缓冲溶液瓶子放在 OpenSPR 托盘上（图 6-1）。

注意：若实验过程只需要一种运行缓冲溶液，则建议将缓冲溶液瓶放在 BUFFER 1 位置，BUFFER 2 的进水管可以放在空瓶中，防止积灰。另外，建议每种缓冲溶液至少留 50 ml 放在另外的容器中，用于实验过程中进样口的冲洗。每种运行缓冲溶液建议至少准备 100～250 ml，并且缓冲溶液使用前用 0.2 μm 膜过滤和脱气。

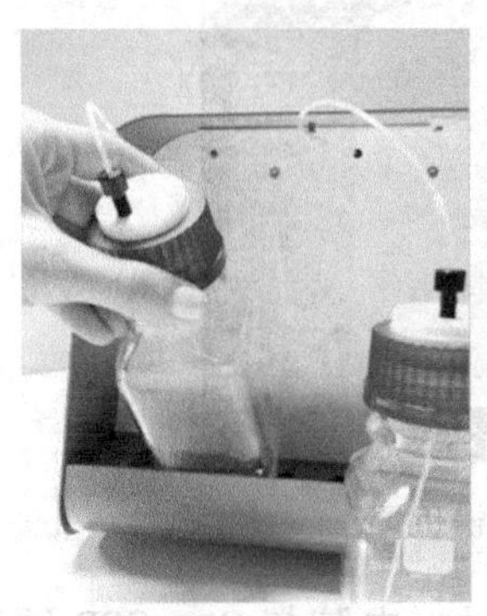
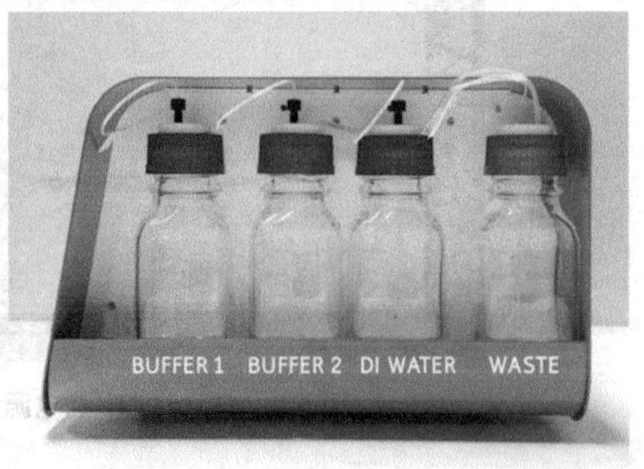

图 6-1　将瓶子倾斜插入托盘底座（左），安装在 OpenSPR 中的所有瓶子的正确位置（右）

（2）光学设置

开始实验之前，根据使用的传感器类型确保安装了合适的 LED。其中，标准传感器的传感点是红色的，对应的 LED 是冷光（蓝色）；高灵敏度传感器的传感点是紫色 / 蓝色的，对应的 LED 是暖光（红色）（图 6-2 和图 6-3）。

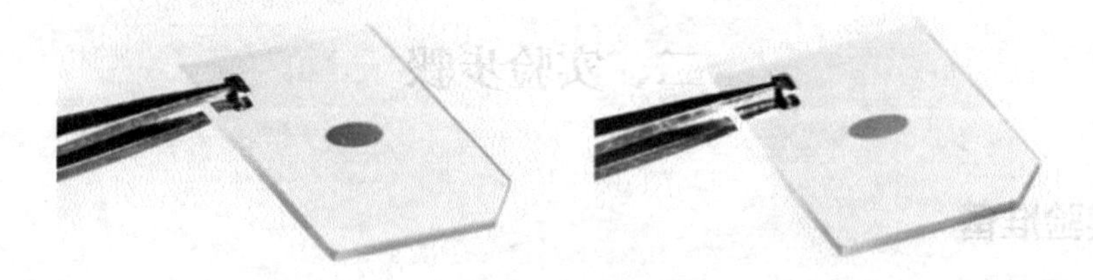

图 6-2　标准传感器（左边 - 红色）和高灵敏传感器（右边 - 紫色）示意图

图 6-3　用于标准传感器的冷光 LED（左边）和用于高灵敏传感器的暖光 LED（右边）

2. 开始测试

（1）开机操作

a. 按电源按钮打开 OpenSPR（黄色箭头处）（图 6-4）。仪器初始化时，OpenSPR 亮蓝灯。

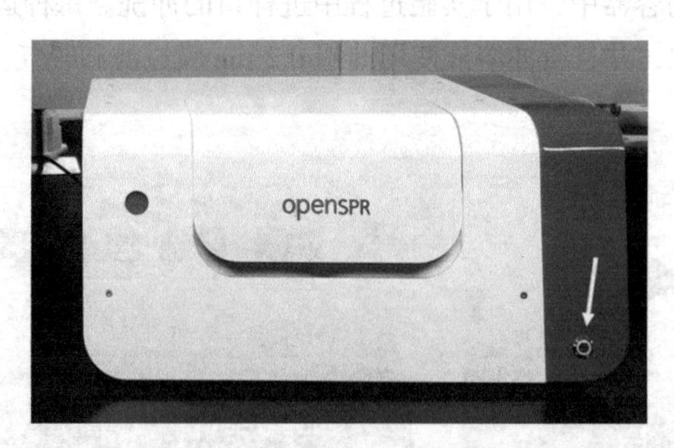

图 6-4　OpenSPR 上电源键位置

b. 双击桌面上的 OpenSPR 软件图标，打开软件，电脑与 OpenSPR 硬件建立连接（图 6-5）。连接过程可能需要几秒，进度条显示连接过程。这时不要断开连接或关闭 OpenSPR 仪器。连接完成后，开始按钮被激活。

注意：若无法建立连接，会出现红色错误信息。如果出现这种情况，可以拔掉与电脑连接的 USB 线，重启 OpenSPR，然后再重新连接 USB；如果软件仍无法连接，则重启软件。

c. 单击 Start 进入软件。在采集数据之前，软件将引导完成仪器设置和传感器设置。

图 6-5　正在进行硬件连接的 OpenSPR 主屏幕

（2）仪器设置

a. 进入 OpenSPR 软件后，出现仪器设置界面（图 6-6）。该界面允许用户确定实验的运行缓冲溶液，OpenSPR 流路初始化（priming）和获得光谱参考。

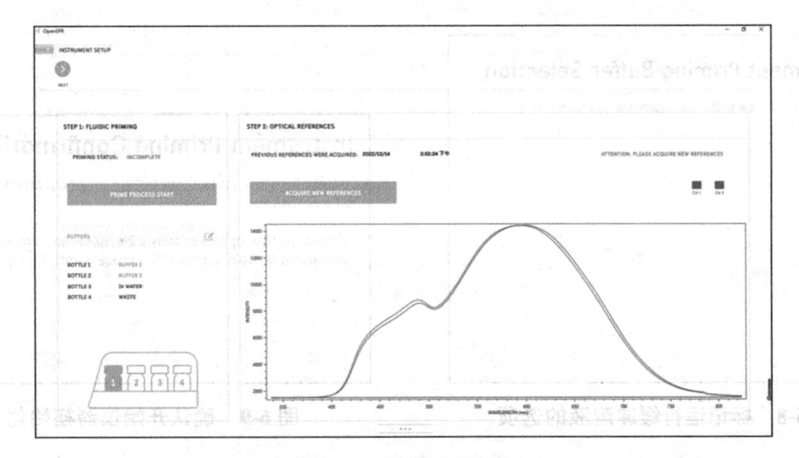

图 6-6　仪器设置界面

b. 选择 FLUIDIC PRIMING 模块下方 BUFFERS 条目旁边的 Edit 进行缓冲溶液的命名（图 6-7）。选中的缓冲溶液的相应瓶子图标会突出显示。

c. 点击 PRIME PROCESS START，选择瓶子 1、瓶子 2 里面的缓冲溶液或者去离子水进行仪器的清洗 / 冲洗程序。在此步骤中也可以对缓冲溶液进行命名（图 6-8）。确定瓶子后，单击 Next 进入下一步。

d. 单击 NEXT，确认继续使用选定的运行缓冲溶液进行仪器初始化（图 6-9）。仪器初始化过程需要大约 21 分钟。在初始化过程中建议用至少 3 ml 运行缓冲溶液冲洗进样口。当初始化程序完成后，软件中的初始化状态将相应更新。

（3）光谱参考

a. 单击 Acquire New References 按钮，获取新的光谱参考，按照屏幕提示进行操作（图 6-10）。

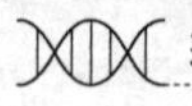

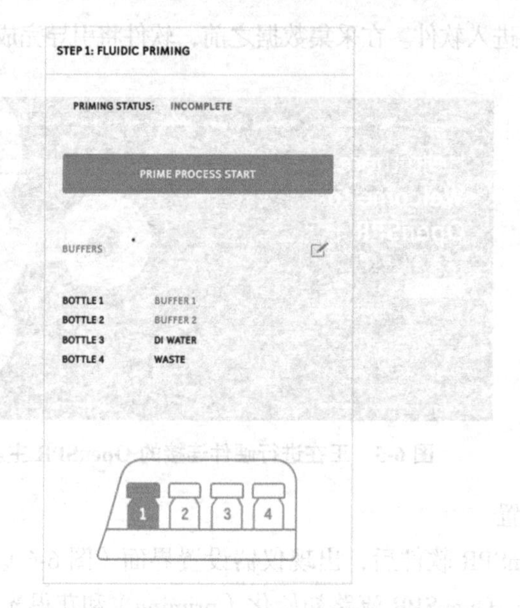

图 6-7　Edit 按钮位于 FLUIDIC PRIMING 模块。允许用户在实验中使用不同的缓冲溶液

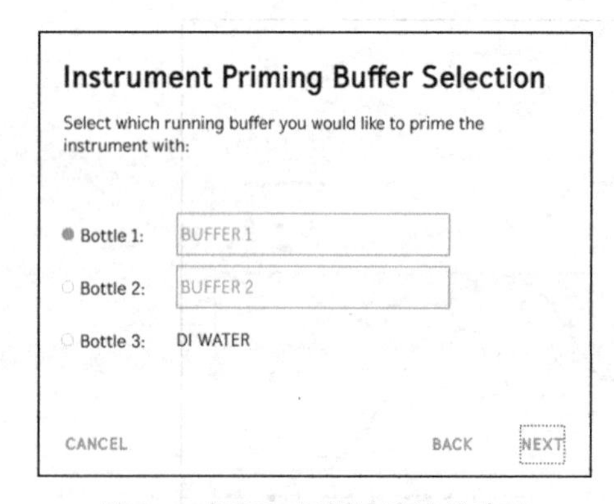

图 6-8　标记运行缓冲溶液的选项

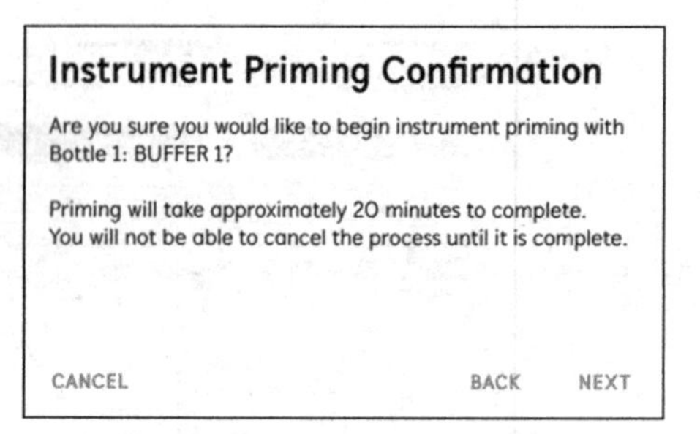

图 6-9　确认开始仪器初始化

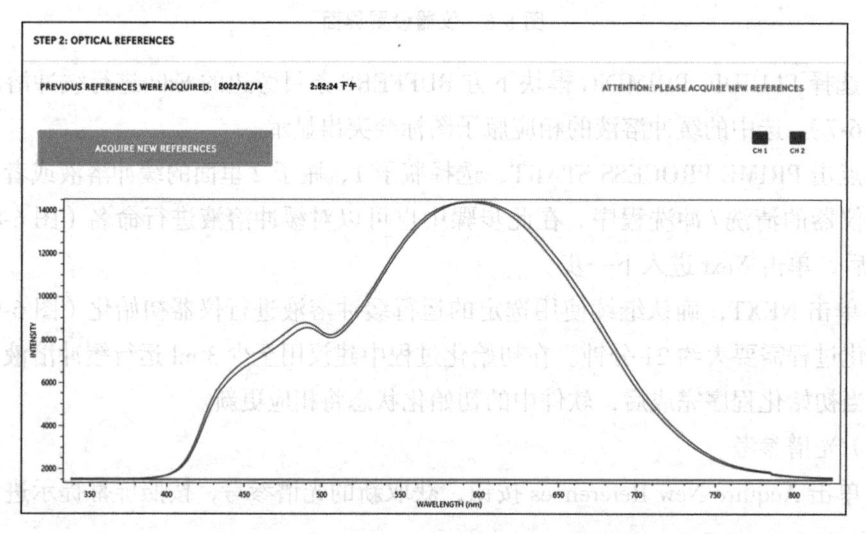

图 6-10　Acquire New References 程序按钮

b. 在 OpenSPR 盖子关闭的情况下，通过在说明窗口中单击 UNDOCK 来取消与传感器台的对接。取消对接后，从系统中移出芯片架。

c. 用无尘布蘸取 80% 异丙醇清洁流通池。确保流通池的通道中没有灰尘和碎屑，空气保持干燥。用无尘布蘸取去离子水清洁空白芯片，然后用无尘布蘸取异丙醇清洁芯片。检查芯片是否有指纹和残留物，确保芯片中央，靠近光路的地方是干净的。

d. 将空白芯片按照下图所示装入芯片架，确保芯片上的缺角位于右下角（图 6-11）。如果安装正确，支架的整个窗口会被芯片覆盖。关上 OpenSPR 的盖子，点击 DOCK 按钮，进行芯片对接。空白芯片安装完成后，点击 NEXT。

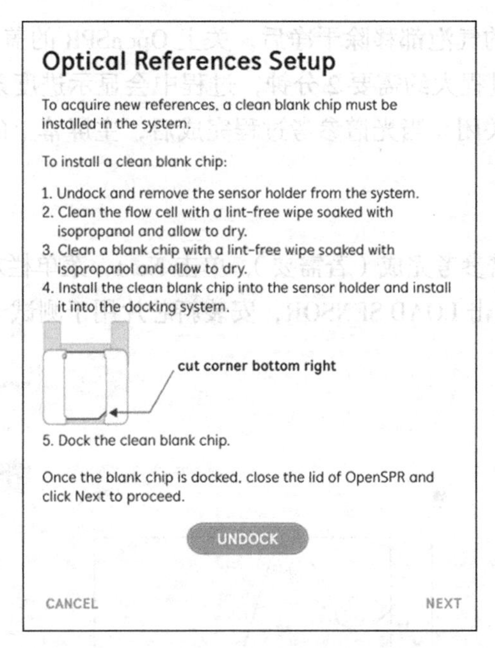

图 6-11　空白芯片正确装入芯片架

e. 流通池开始充满缓冲溶液。这个过程大概需要两分钟，会出现一个显示进度的进度条（图 6-12）。

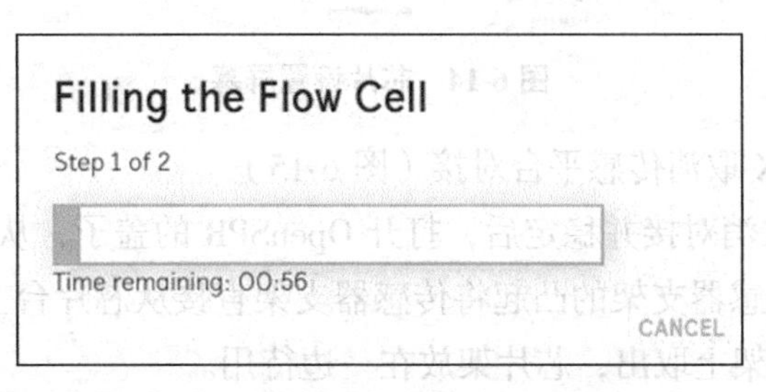

图 6-12　流通池充满缓冲溶液的进度条

f. 流通池充满缓冲溶液后，需要检查光路经过的通道中是否有气泡（要获得恰当的参比，液路中不能有气泡）。若有气泡，从进样口注入至少 150 µl 80% 的异丙醇，单击 INJECT 按钮除泡（图 6-13）。重复此步骤，直到气泡除去。

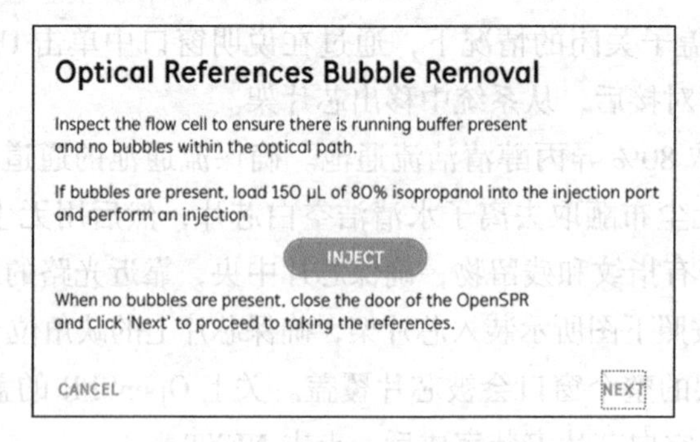

图 6-13　光谱参考气泡移除进程

g. 当光路中所有的气泡都移除干净后，关上 OpenSPR 的盖子，点击 NEXT，进入光谱参考过程。整个过程大约需要 2 分钟，过程中会显示进度条窗口。此过程中需要保持 OpenSPR 的盖子关闭。当光谱参考过程完成后，主屏幕上的最近一次光谱参考时间和日期会同步更新。

（4）装载芯片

a. 当初始化和光谱参考完成（若需要），单击 Next，菜单栏左上角的导航器将移动到传感器设置屏幕。点击 LOAD SENSOR，安装新芯片用于测试（图 6-14）。

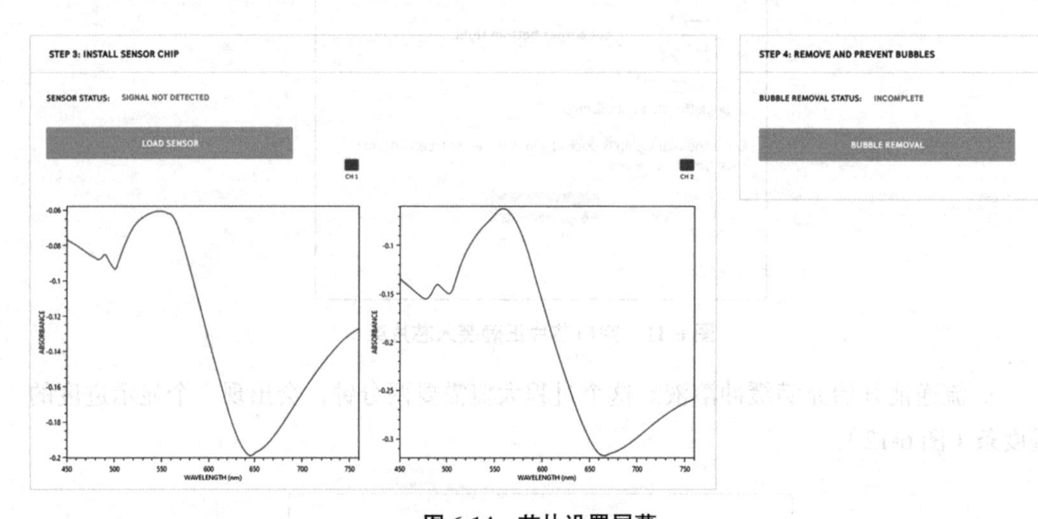

图 6-14　芯片设置屏幕

b. 单击 UNDOCK 取消传感平台对接（图 6-15）。

c. 芯片台完成取消对接并稳定后，打开 OpenSPR 的盖子，从仪器中取出带有旧芯片的芯片架。拿住传感器支架的凸起将传感器支架直接从芯片台上提起（图 6-16）。这时旧芯片可以从芯片架上取出，芯片架放在一边待用。

d. 用无尘纸蘸取异丙醇轻轻擦拭流通池表面并在空气中晾干。结束后，目视检查微流体通道是否存在灰尘。若通道中仍然有灰尘，则重复清洁过程，直到干净为止。流通池清洁和干燥之后，为下一步准备芯片。

注意：此步骤的目的为，第一，吸走多余缓冲溶液；第二，清除流体通道中的灰尘。

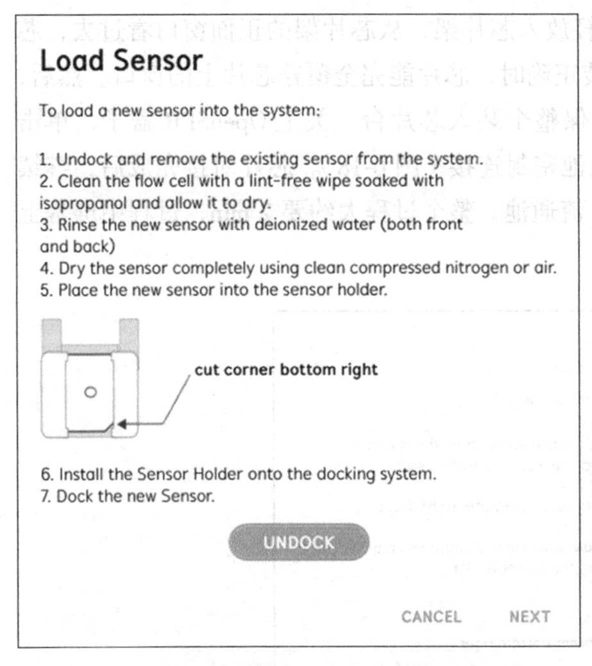

图 6-15　取消芯片对接，从仪器中取出旧芯片

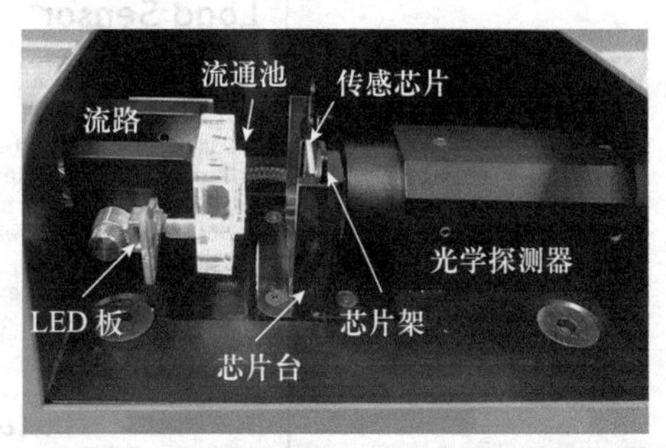

图 6-16　捏住芯片上凸片垂直提起，从载物台上取下传感器支架

e. 用镊子将芯片从储存盒中取出。传感芯片包装时传感器正面朝向存储盒外面的标签（图 6-17）。不要接触芯片的传感点，会划伤芯片表面并严重影响其性能。

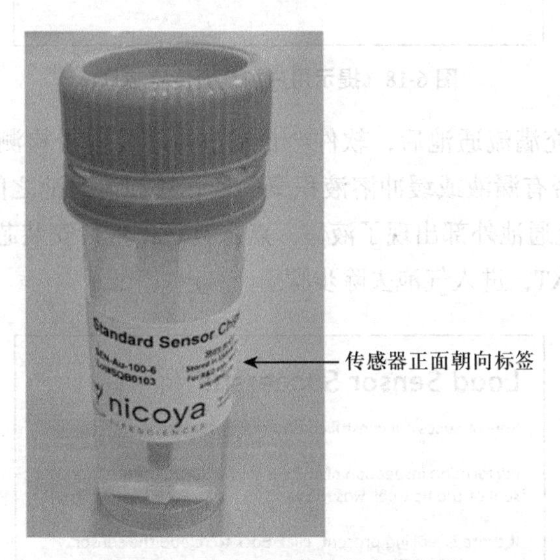

图 6-17　芯片正面朝向储存盒标签

f. 芯片正面用蒸馏水或去离子水冲洗，然后用干净的压缩空气或氮气吹干。芯片必须完全吹干，才能保证与流通池之间的密封性。

注意：清洗和干燥之后，芯片上的金传感点不能变色，金不能从芯片上掉落。若发现金传感点变色或者掉落，则不要用这块芯片，请联系 Nicoya 支持 support@nicoyalife.com。

g. 将传感芯片从芯片架的上方轻轻放入芯片架，从芯片架的正面窗口看过去，芯片右边切角应在芯片架的右下方。安装正确时，芯片能完全覆盖芯片上的窗口。然后，将装好芯片的芯片架装入芯片台，确保整个装入芯片台。关上 OpenSPR 盖子，单击 DOCK，芯片将自动对接到位，与流通池密封连接（图 6-18）。芯片对接完成后，继续点击 NEXT。运行缓冲溶液将充满整个流通池。整个过程大约要 2 min，过程中屏幕上会出现提示剩余时间的进度条。

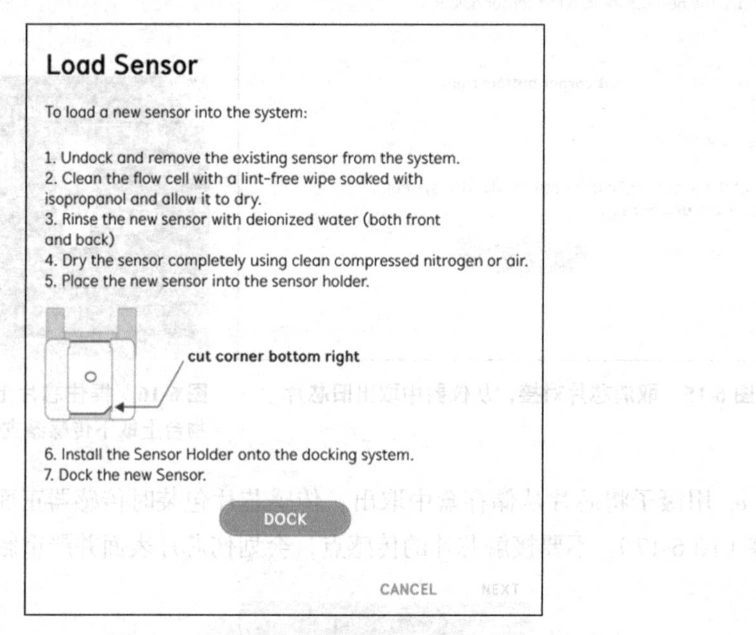

图 6-18　提示用户加载新传感芯片

h. 当缓冲溶液充满流通池后，软件会自动进行芯片信号检测。若信号检测正常，检查流通池底部是否有漏液或缓冲溶液积聚。若芯片和流通池之间密封不好，则可能会出现漏液。如果流通池外部出现了液体，点击 BACK 重新安装芯片（图 6-19）。如果没有漏液，点击 NEXT，进入气泡去除步骤。

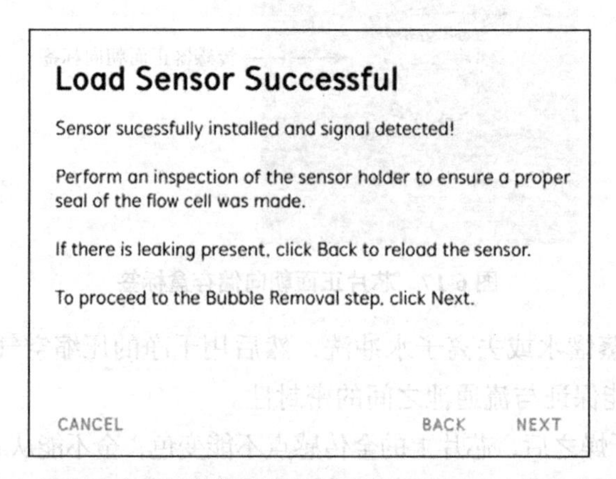

图 6-19　流通池完成运行缓冲溶液填充之后的提示（芯片检测完成）

i. 当芯片安装完成后，主屏幕上会出现通道 1 和通道 2 的吸收峰（图 6-20）。两个吸收峰在形状上应该是相似的，在吸收峰中间位置会出现一条垂直线（最大波长）。标准芯片的中心位置大约在 550 nm，高灵敏芯片的吸收峰大约在 600 nm。

注意：进行实验之前，至少需要用 0.5 ml 缓冲溶液冲洗进样口。

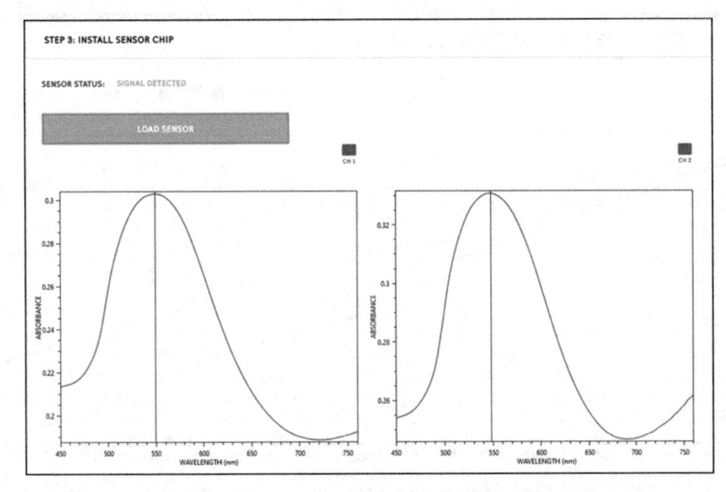

图 6-20　安装在 OpenSPR 中的标准传感器的吸光度

（5）运行实验

a. 芯片安装和气泡移除过程完成后，点击位于菜单栏左上角的 NEXT 按钮。将会开始实验以及数据采集。

注意：在进行实验之前，需进行实验命名。所有数据采集完成后会以这个名字命名文件夹。所有的实验数据文件夹会默认保存在 \Documents\OpenSPR\TestResults\。

b. 开始实验之前，介绍主要的测试接口（图 6-21）。接口可以控制 OpenSPR 仪器的各个方面。

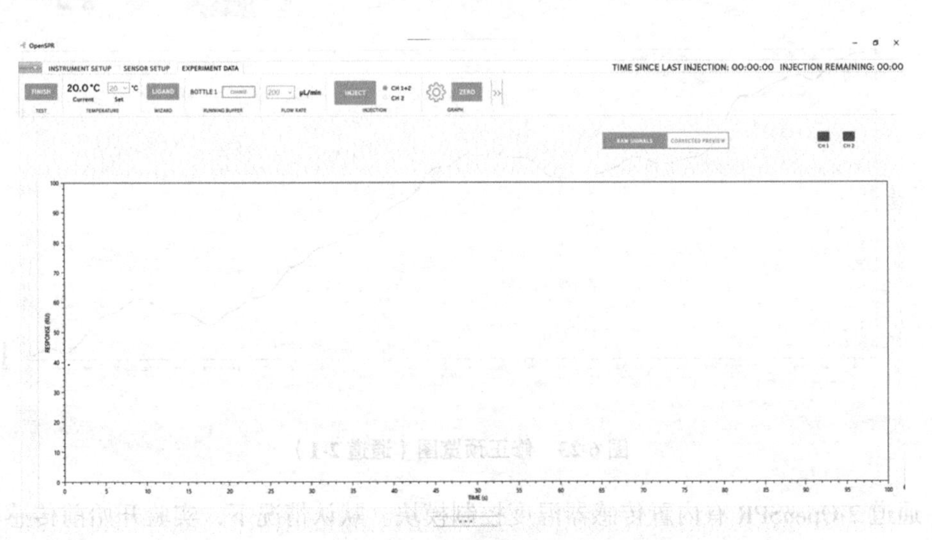

图 6-21　实验数据测试接口

大约 30 s 后，开始显示实时数据曲线（图 6-22）。默认情况下，传感图显示 2 条实时未处理数据。两条线显示通道 1（红色）和通道 2（蓝色）采集的数据。坐标轴开始很小，会随着采集数据自动调整。每个通道一分钟大约采集 4 个数据点。

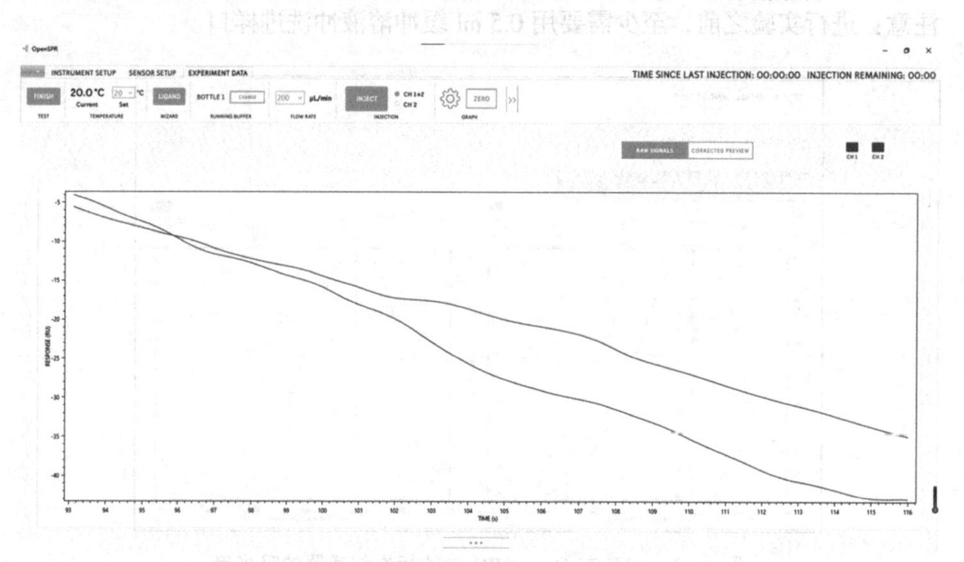

图 6-22　响应图上的原始实时数据。通道 1 数据是红色，通道 2 数据是蓝色

若实验过程中设置通道 1 为参比通道（阴性对照），通道 2 为检测通道。点击 Corrected Preview 可以预览实时修正数据，显示为一条黑线（图 6-23）。用户在实验过程中可以随时切换两个图。

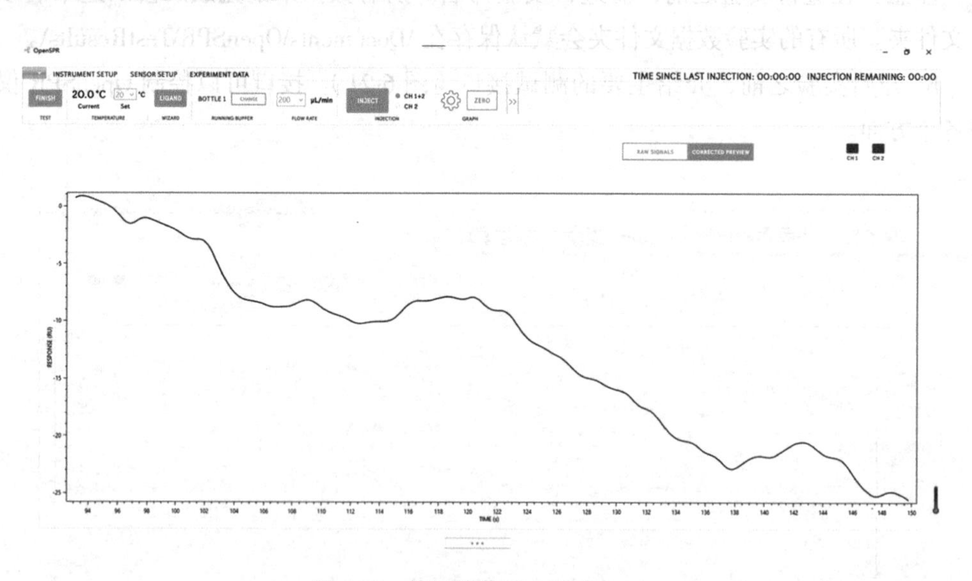

图 6-23　修正预览图（通道 2-1）

通道 2 OpenSPR 有内置传感器温度控制模块。默认情况下，实验开始前传感器的温度设置为 20℃（可根据实验体系的实际情况自行设定）（图 6-24）。

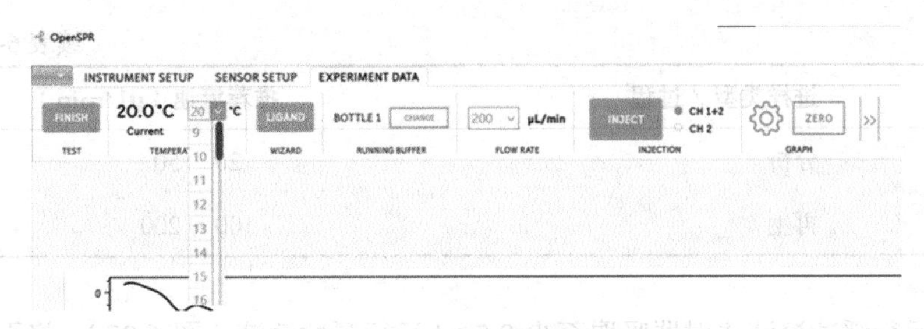

图 6-24　温度控制下拉菜单

SPR 实验过程中可以更换缓冲溶液，以应对运行缓冲溶液不是配体偶联最佳缓冲溶液的情况。在菜单栏中点击 CHANGE，可以根据提示进行新的运行缓冲溶液的选择（图 6-25）。

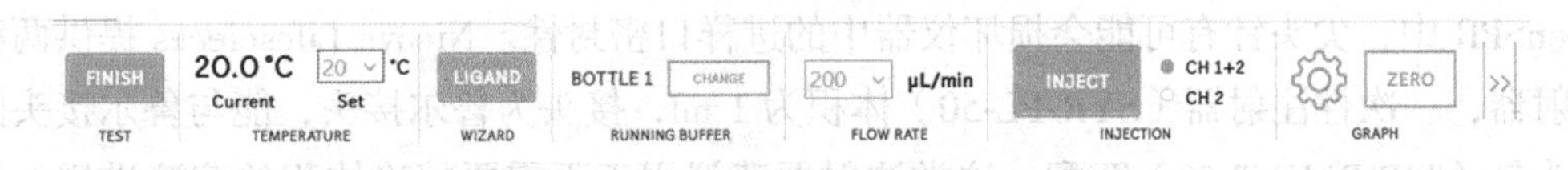

图 6-25　切换缓冲溶液按钮

注意：在更换缓冲溶液之前，需要确认新的瓶子中是否有足够的缓冲溶液，且正确的管子是否已经插入瓶子。受更换前后缓冲溶液折射率差异的影响，响应基线也会发生改变，需要等到基线平稳后再进行实验。

实验过程中，可以通过菜单栏中的下拉菜单改变流速（图 6-26）。流速用于控制样品与芯片表面的接触时间。

注意：样品的反应时间由 OpenSPR 安装的样品环尺寸和流速决定：

样品反应时间（min）= 样品环体积（µl）/ 流速（µl/min）

OpenSPR 中安装的常规样品环体积为 100 µl。

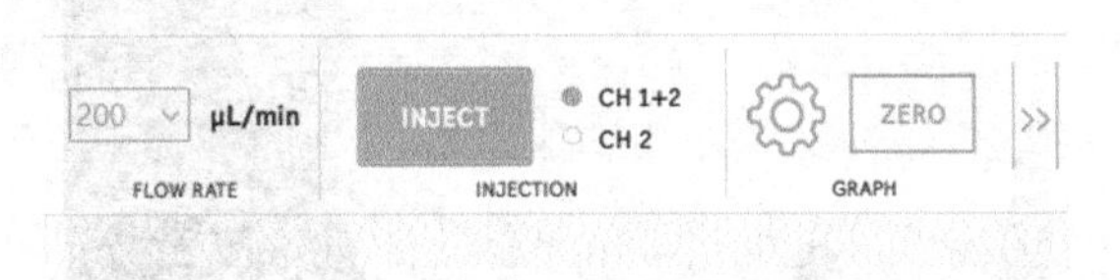

图 6-26　流速控制下拉菜单

在表 6-1 中，提供了在 OpenSPR 中不同进样类型对应的推荐流速。

表 6-1　不同进样类型和实验过程的推荐流速

进样类型 / 过程	推荐流速（µl/min）
基线平衡	200
表面处理	150
表面活化 / 封闭	20
配体偶联	5～20

续表 6-1

进样类型 / 过程	推荐流速（μl/min）
分析	20～50
再生	100～200

c. 用运行缓冲溶液注射器吸取至少 0.5 ml 运行缓冲溶液（图 6-27）。将平头注射器完全插入进样口，确保密封良好，然后轻轻推动活塞，将缓冲溶液注入仪器。过量缓冲溶液会通过出样口进入废液瓶。

注意：OpenSPR 为半自动进样过程，样品由用户注入 OpenSPR 仪器，然后由软件自动将样品送至芯片表面。用户样品和液体只能通过装有平头针的注射器注射到 OpenSPR 中，尖头针有可能会损坏仪器中的进样口密封性。Nicoya Lifescieces 提供两种注射器，一次性注射器（SYR-PL-50）体积为 1 ml，接头为鲁尔接头，能与鲁尔接头的平头针（TIP-BLUNT-50）匹配。这类注射器建议用于不需要精确体积的溶液进样，如 80% 异丙醇、再生试剂和缓冲溶液等，但这类注射器不兼容 DMSO。另外，使用一次性注射器时，注射头部分会有死体积，建议在注射器中留约 100 μl 的空气柱于靠近活塞的地方，防止空气随样品进入 OpenSPR。玻璃注射器（SYR-G）体积为 250 μl，装有气密式平头注射针，不含有死体积［替换针头（RN-G-6）］。这类注射器适合用于生物样本（分析物和配体）的注射，体积精确控制在 150 μl。若用同一个注射器进行多种样本的注射，样本之间需要用缓冲溶液进行冲洗。进样体积由安装在 OpenSPR 中的进样环决定。样品最少体积为样品环体积 +50 μl。要求样本浓度均一，样本体积过量，防止空气柱进入样品环。

图 6-27　一次性注射器插入进样口进行缓冲溶液冲洗

d. 使用同一个缓冲溶液注射器，吸取 0.5～1 ml 空气，插入样品口，将空气推入样品环。多余的缓冲溶液会通过出样口进入废液瓶，现在管子中没有任何缓冲溶液。

e. 用一个新的注射器吸取要进样的样品 / 溶液（图 6-28）。将注射器针头完全插入进样口，保证密封性，然后缓慢推动活塞将样品注入仪器。

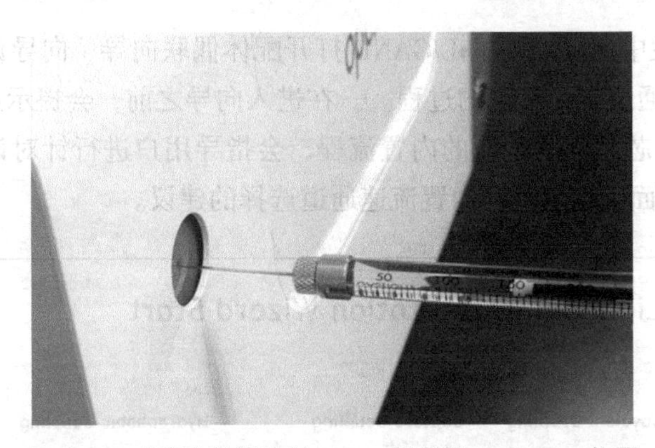

图 6-28　玻璃注射器注射 150 μl 样品进 OpenSPR 仪器

注意：将注射器从样品口拔出之前，至少等待 5 s，让样品环和注射器之间压力达到稳定。

f. 确认流速和样品需要流过的通道（图 6-29），点击 INJECT，打开进样窗口，输入样品名称和浓度（图 6-30）。点击进样窗口中的 INJECT，使样品进入芯片表面，进样过程会标记在响应图上。进样结束时，进样过程用 2 条线标记：进样开始用实线，进样结束用虚线。当进样结束时，开始进缓冲溶液。

注意：当进样过程完成并且基线达到平衡之后，用户才能进行下一次进样，重复这个过程。

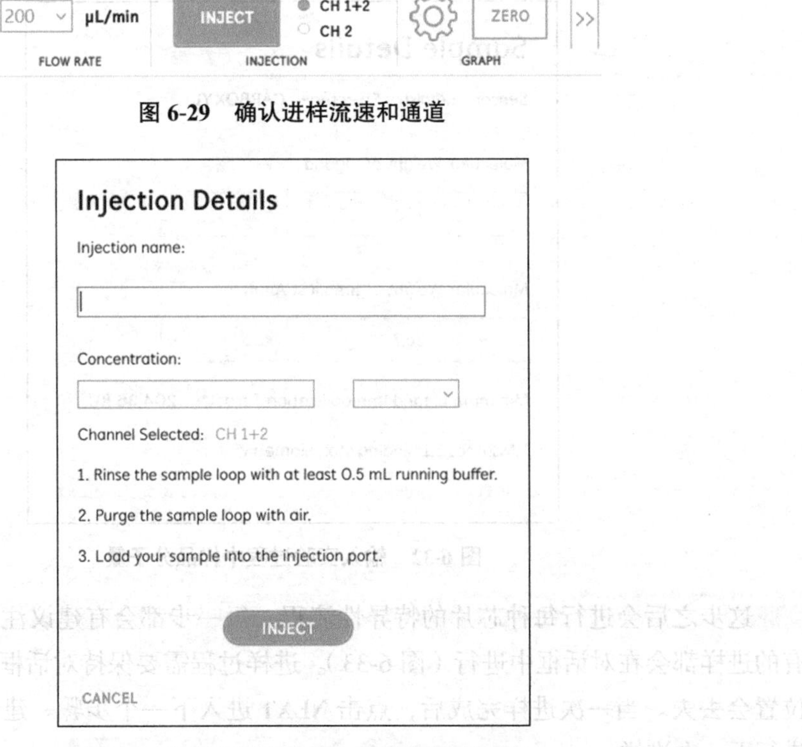

图 6-29　确认进样流速和通道

图 6-30　进样窗口可以输入样品名称和浓度

g. 点击菜单栏中向导模块的 LIGAND 打开配体偶联向导（向导设计了将配体偶联到通道 2，同时以通道 1 为参比的过程。）。在进入向导之前，会提示用户选择芯片类型（图 6-31）。每一种芯片都有独特的内置流程，会指导用户进行针对该芯片的一系列进样（表面清洗、表面活化等）和内置流速通道选择的建议。

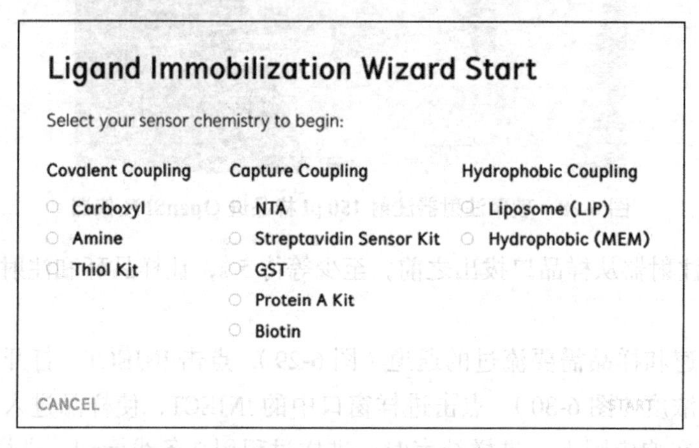

图 6-31　配体向导开始步骤，选择芯片类型

选择芯片类型之后，输入样品的分子量（图 6-32）。配体是指固定在芯片表面的分子，分析物是指流动相中与配体发生相互作用的分子。基于分子量，软件会计算出完成分析物分析的最小理论配体固定量。

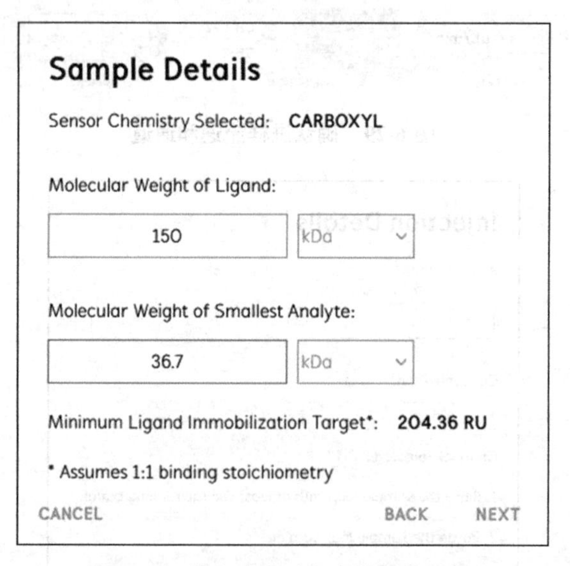

图 6-32　输入实验过程中样品分子量

这步之后会进行每种芯片的特异性流程。每一步都会有建议注入仪器的试剂，所有的进样都会在对话框中进行（图 6-33）。进样过程需要保持对话框打开，否则向导的位置会丢失。当一次进样完成后，点击 NEXT 进入下一个步骤。建议等基线稳定后再进行下一次进样。

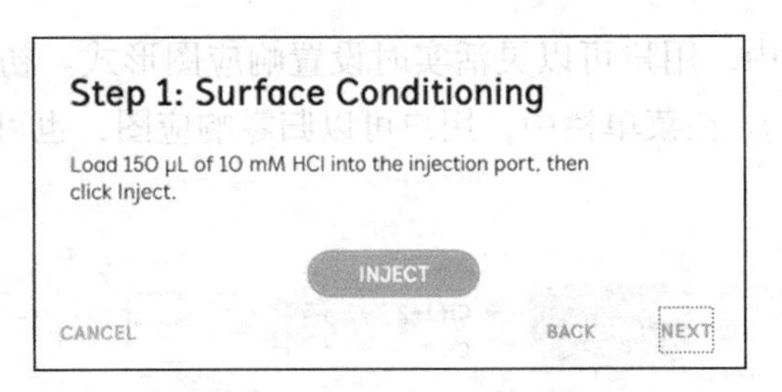

图 6-33　包括进样说明和进样按钮的进样对话框示例

配体偶联步骤中，根据配体向导提示输入配体名称、浓度以及配体与芯片表面的接触时间（图 6-34）。对于 100 μl 样品环，建议接触时间为 300 s（接触时间可根据实际的实验体系在 1200～30 s 之间进行调整）。

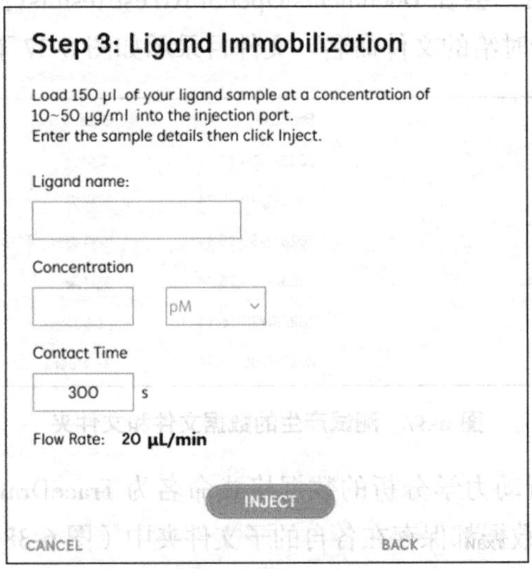

Step 3: Ligand Immobilization

Load 150 μl of your ligand sample at a concentration of 10~50 μg/ml into the injection port.
Enter the sample details then click Inject.

Ligand name:

Concentration　pM

Contact Time　300 s

Flow Rate:　20 μL/min

INJECT

CANCEL　BACK　NEXT

图 6-34　配体向导中的配体偶联步骤

配体进样后，软件开始自动计算配体偶联量，并与向导开始之前计算的最小偶联量进行比较（图 6-35）。若达到最小偶联量，则可以进入下一个步骤。若没有达到最小偶联量，则需要重复进样配体。如果配体偶联量远低于目标，则需要提高配体浓度。配体偶联完成后，软件返回主界面。进行分析物进样之前，需要进行基线归零。

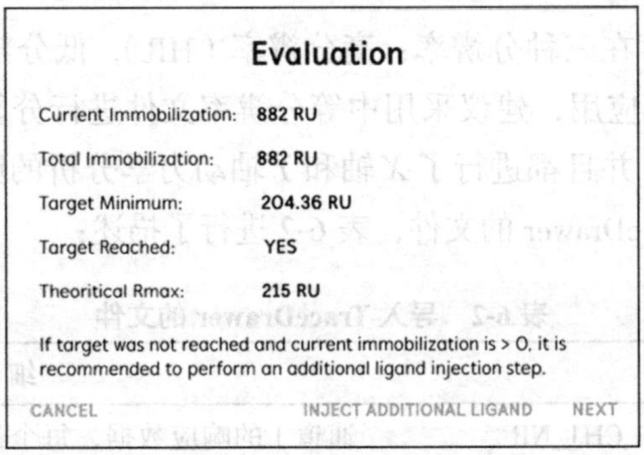

Evaluation

Current Immobilization:　882 RU
Total Immobilization:　882 RU
Target Minimum:　204.36 RU
Target Reached:　YES
Theoritical Rmax:　215 RU

If target was not reached and current immobilization is > 0, it is recommended to perform an additional ligand injection step.

CANCEL　INJECT ADDITIONAL LIGAND　NEXT

图 6-35　配体计算阶段

注意：实验过程中，用户可以灵活实时设置响应图形式。初始图控制按钮在主界面的菜单栏（图 6-36）。在菜单栏中，用户可以归零响应图，也可以打开高级设置手动调整坐标轴尺寸。

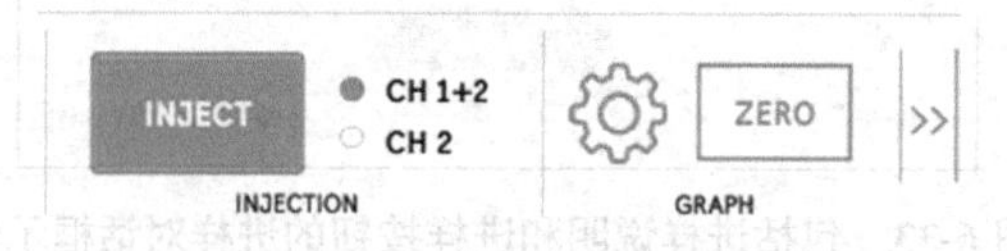

图 6-36　菜单栏中的图控制按钮

（6）数据处理

a. 数据输出

Ⅰ. 当实验完成后，会在 Documents\OpenSPR\TestResults\ 测试文件夹中生成多个数据文件，以测试开始时给的文件命名。文件目录示如图 6-37 下：

名称	修改日期	类型	大小
InstrumentState	2023/1/30 16:34	文件夹	
ReferenceSpectra	2023/1/30 16:34	文件夹	
ResponseData	2023/1/30 16:34	文件夹	
TraceDrawerExport	2023/1/30 16:34	文件夹	
Test_Injections	2023/1/30 16:34	文本文档	1 KB
TestSetup	2023/1/30 16:34	XML 文档	4 KB

图 6-37　测试产生的数据文件和文件夹

Ⅱ. 文件夹中进行动力学分析的数据格式命名为 TraceDrawerExport。在此文件夹中，3 种数据分辨率的数据都保存在各自的子文件夹中（图 6-38）。

名称	修改日期	类型	大小
HighResolution	2023/1/30 16:34	文件夹	
LowResolution	2023/1/30 16:34	文件夹	
NormalResolution	2023/1/30 16:34	文件夹	
2022-04-20--14-23-14--PA-IGG_FullTestPre...	2023/1/30 16:34	文本文档	1,435 KB

图 6-38　包含高、中、低三种分辨率数据的动力学分析文件夹

Ⅲ. 数据文件中存在三种分辨率：高分辨率（HR），低分辨率（LR）和中等分辨率（NR）。对于大部分应用，建议采用中等分辨率文件进行分析。在这些文件中，所有的进样都是分开的，并且都进行了 *X* 轴和 *Y* 轴动力学分析的归一化处理。每个文件夹包含多个能导入 TraceDrawer 的文件，表 6-2 进行了描述：

表 6-2　导入 TraceDrawer 的文件

文件	细节
测试日期－时间－文件名 _CH1_NR	通道 1 的响应数据，每个进样进行了动力学分析前的归一化

续表 6-2

文件	细节
测试日期 – 时间 – 文件名 _CH2_NR	通道 2 的响应数据，每个进样进行了动力学分析前的归一化
测试日期 – 时间 – 文件名 _CORRECTED_NR	修正响应数据（通道 2–1），进行了动力学分析前的归一化（动力学分析建议文件）
测试日期 – 时间 – 文件名 _FullTestPreview（从上级文件夹）	整个实验中的所有数据，用于回顾整个实验过程，不适用于动力学分析。

注：若使用单通道进行实验，则只会出现测试日期 - 时间 - 文件名 _CH1_NR 和测试日期 - 时间 - 文件名 _FullTestPreview。

Ⅳ. 打开 TraceDrawer 软件，点击靠近软件左下角的 Add run（图 6-39）。

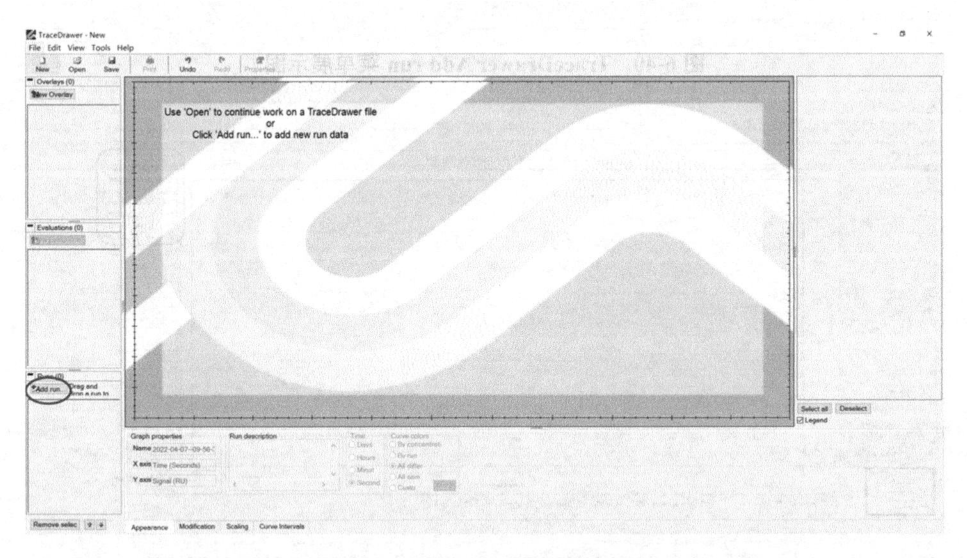

图 6-39 TraceDrawer 软件界面。其中圈出来的位置为 Add Run

Ⅴ. 打开 TraceDrawerExport 文件夹，选择 NormalResolution 文件夹。其中单通道仪器，建议使用日期 _ 文件名 _CH1_NR 文件进行分析。双通道仪器，选择使用通道 1 为参比通道时，建议使用日期 _ 文件名 _CORRECTED_NR 文件进行分析。另外，在 Add Run 菜单中，除了可以选择想要导入的数据（图 6-40）。还可以更改运行名称及添加描述（图左边），取消选择不想进行分析的所有数据（图下方），以及点击图片下面对应的单元格可以改变曲线的名称和浓度。点击 OK 将数据导入。

Ⅵ. 在界面的右上方可以选择取消分析物结合及参考曲线外的所有曲线（图 6-41）。取消曲线之后，在图上点击右键，选择 Zoom to extents 自动缩放图形。

Ⅶ. 点击进样列表下方的 Legend 展示曲线图例。点击 New Overlay 新建一个叠加。然后按住鼠标左键将一个运行拖拽到叠加中（图 6-42）。可以将多次运行添加到同一个叠加中，并且可以将多次运行的数据合并到单个叠加中进行直接比较。

Ⅷ. 在图表下方 Appearance 选项卡中的 Graph properties 部分更改叠加的标题。

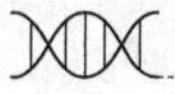

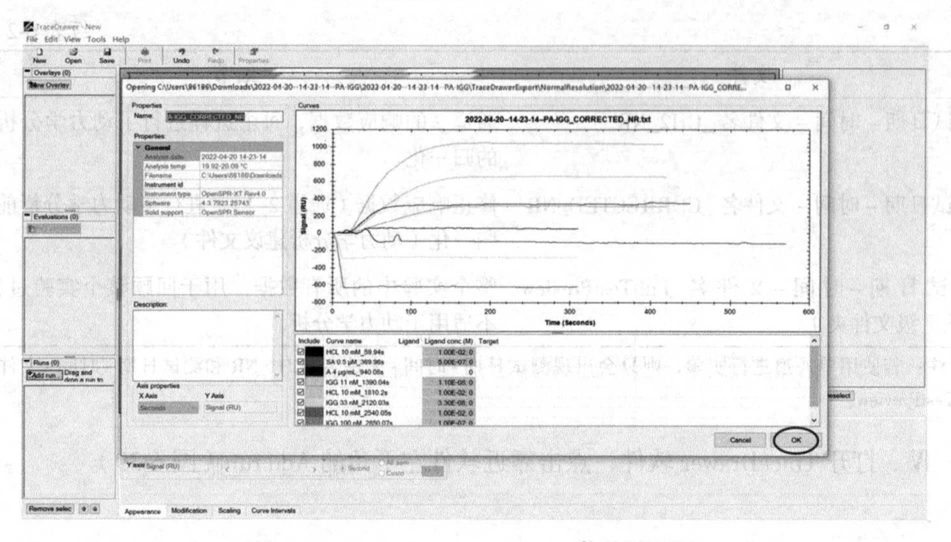

图 6-40　TraceDrawer Add run 菜单展示图

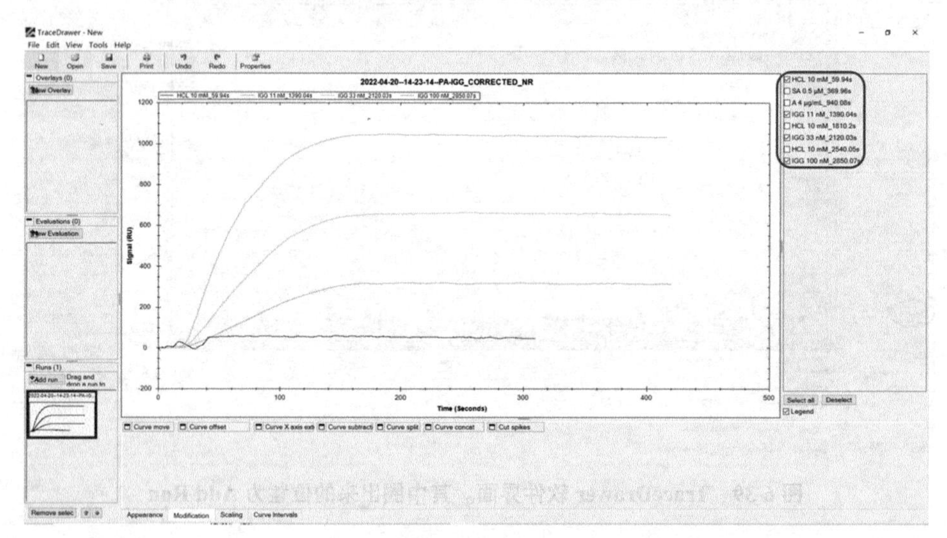

图 6-41　从界面右边的窗口选择取消不进行分析的曲线

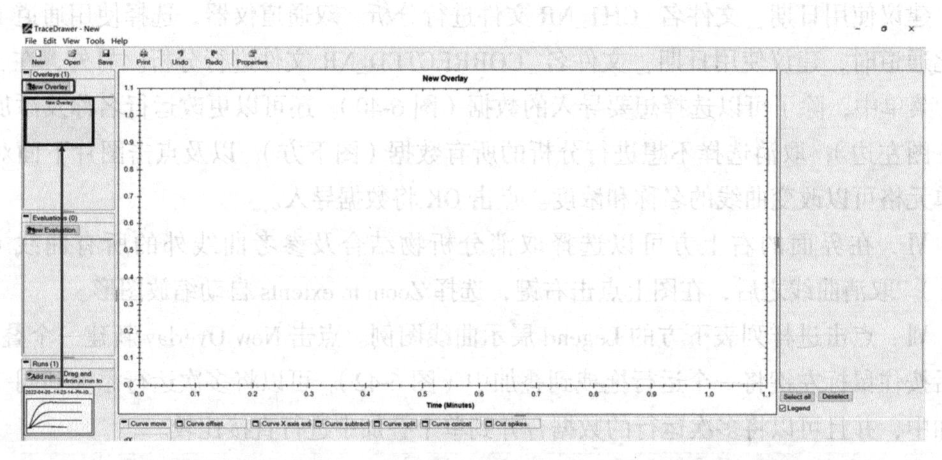

图 6-42　新建一个叠加，然后按住鼠标左键将一个运行拖拽到叠加中

b. 数据修改

针对数据修改，并不是所有的数据分析都需要进行下述的所有修改。下面简单介绍动力学分析中常用的修改。

Ⅰ. 曲线移动。在图表下方的 Modification 选项卡中选择 Curve move 输入要移动的 *X* 和 *Y* 轴值，按住 Alt 键并用鼠标左键拖动选定的曲线可以向任意方向移动曲线，按住 Alt 和 Shift 键并用鼠标左键拖动可以水平或垂直移动曲线，点击 Apply 保存改动（图 6-43）。同样点击 Modification 选项卡中的 Curve offset 标签，将 set *Y*=0 的线移动到结合开始前位置，点击 Apply（图 6-44）。完成在浓度开始改变的位置将 *Y* 轴对齐。

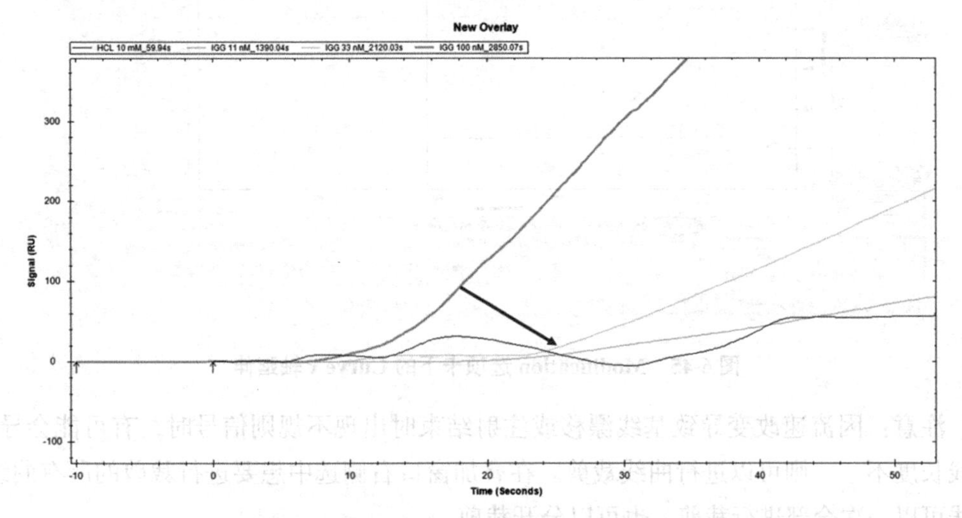

图 6-43　黑色曲线浓度改变点比其他曲线早的例子

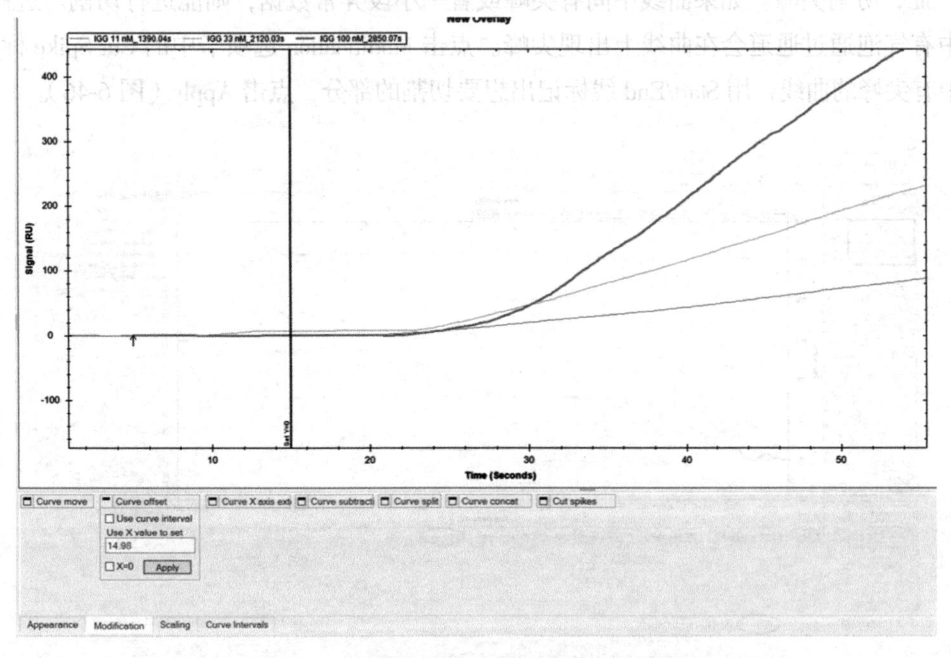

图 6-44　完成曲线移动和曲线归零后的例子

Ⅱ．裁剪曲线。点击 Modification 选项卡中的 Curve *X* axis extents 标签，选中所有进行裁剪的数据，将曲线 *X* 轴范围的起始值设置为 0，起始值 *Y* 轴也为 0，以便在曲线开始之前的数据中有一个平坦的基线，输入或者通过移动图形上的结束垂直标记到想要裁剪的位置，点击 Apply 进行裁剪（图 6-45）。

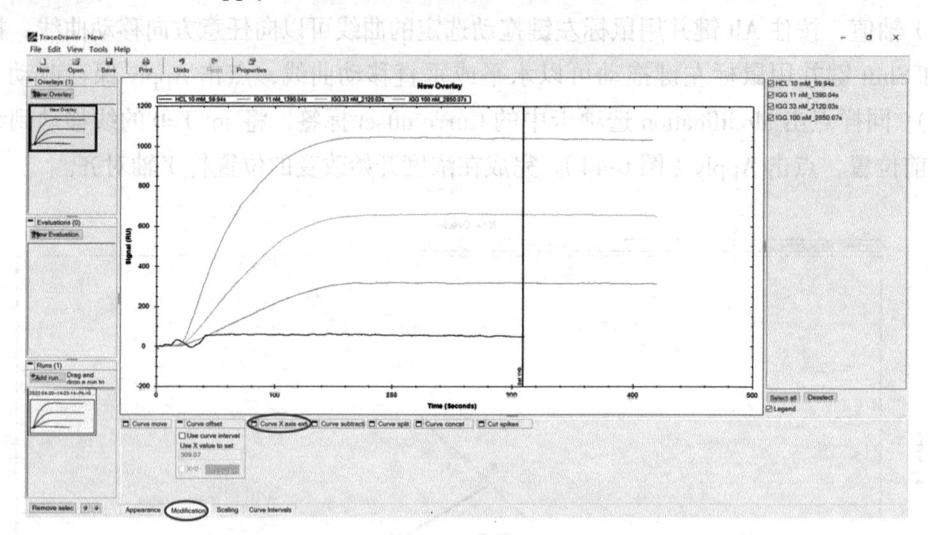

图 6-45　Modification 选项卡下的 Curve *x* 轴延伸

注意：因流速改变导致基线漂移或注射结束时出现不规则信号时，有可能会导致曲线长度不一，则可以进行曲线裁剪。在叠加窗口右侧选中想要进行裁剪的所有曲线。曲线可以一次全部进行裁剪，也可以分开裁剪。

Ⅲ．切割尖峰。如果曲线中间有尖峰或者一小段异常数据，则能进行切割。进样过程中有气泡通过通道会在曲线上出现尖峰。点击 Modification 选项卡中的 Cut Spike 标签，选中有尖峰的曲线，用 Start/End 线标记出想要切割的部分，点击 Apply（图 6-46）。

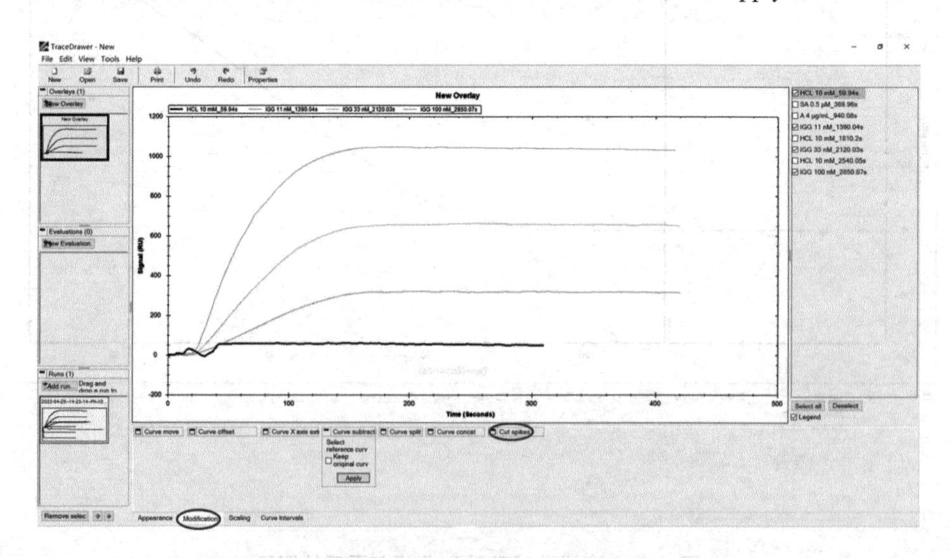

图 6-46　Modification 选项卡下的 Cut spikes 标签

Ⅳ．扣除缓冲溶液对照。若实验过程中做了缓冲溶液空白对照，则这条曲线可以作为参比曲线，对所有的分析曲线进行扣除。在叠加模块中，在窗口右侧选中要用于扣除的缓冲溶液曲线。只选中这一条曲线。点击 Modification 选项卡中的 Cut subtraction 标签，点击 Apply（图 6-47）。

注意：如果做缓冲溶液空白对照，则需要保证空白曲线比所有的分析曲线长。

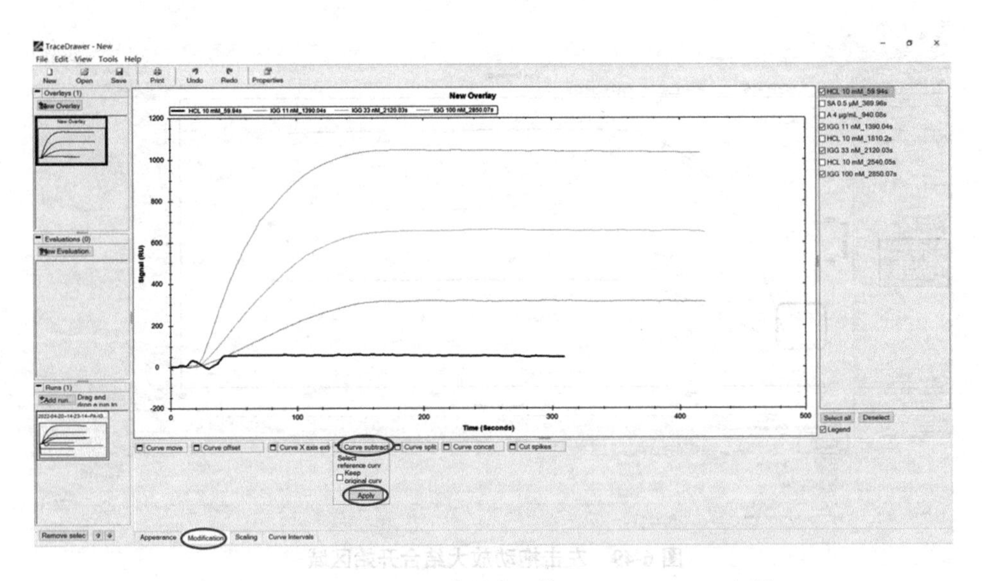

图 6-47　Modification 选项卡下的 Cut subtraction 标签

c. 动力学评估

Ⅰ．选进样曲线，窗口左边点击 New Evaluation，选择 Kinetics evaluation。选中叠加模块中要进行分析的数据，点击 OK（图 6-48）。

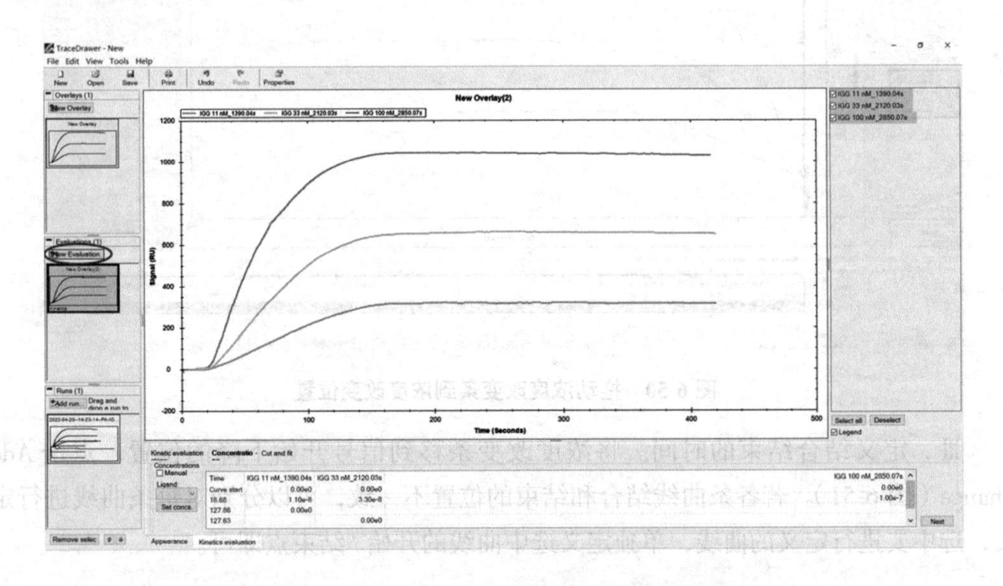

图 6-48　选择 Kinetics evaluation 进行动力学分析

Ⅱ. 定义结合开始的时间。点击鼠标左键，放大结合开始区域，点击动力学分析浓度表格中的 Manual 将浓度改变条拖到结合开始位置（信号开始上升部分）（图 6-49），也可以通过在 Time point 文本框中输入时间点导入时间点，点击 Add change，该时间点是曲线开始上升前 Y 轴为 0 时的 X 轴值（图 6-50）。在动力学评估表中出现选中时间的一行里输入每条曲线的摩尔浓度。

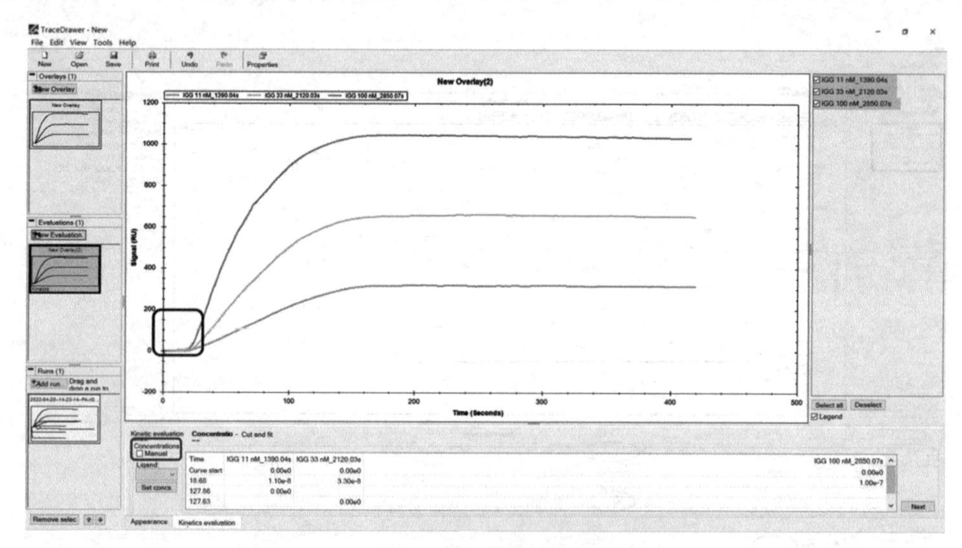

图 6-49　左击拖动放大结合开始区域

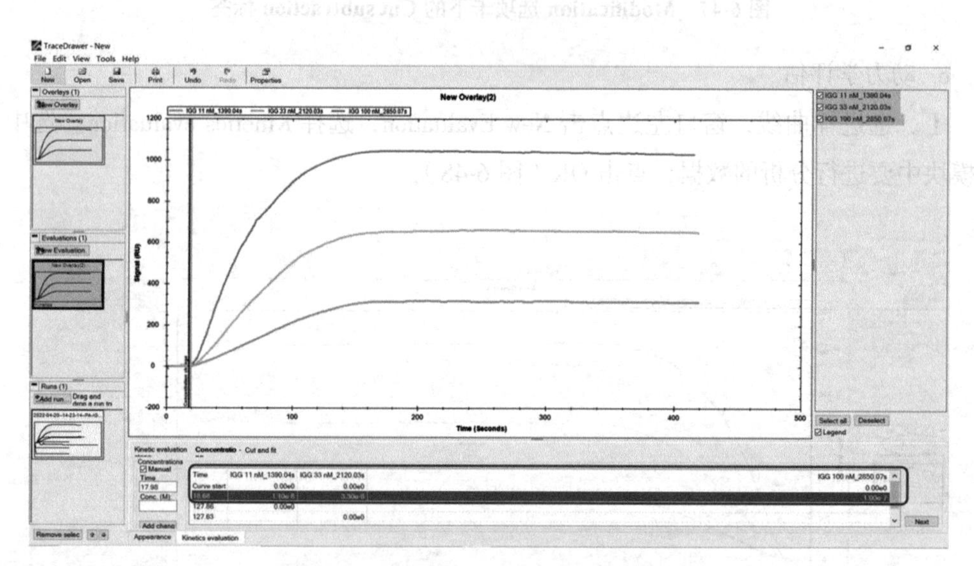

图 6-50　拖动浓度改变条到浓度改变位置

Ⅲ. 定义结合结束的时间。将浓度改变条移到信号开始下降的位置，点击 Add Change（图 6-51）。若各条曲线结合和结束的位置不一致，可以分别对每条曲线进行定义，选中要进行定义的曲线，单独定义选中曲线的开始 / 结束点即可。

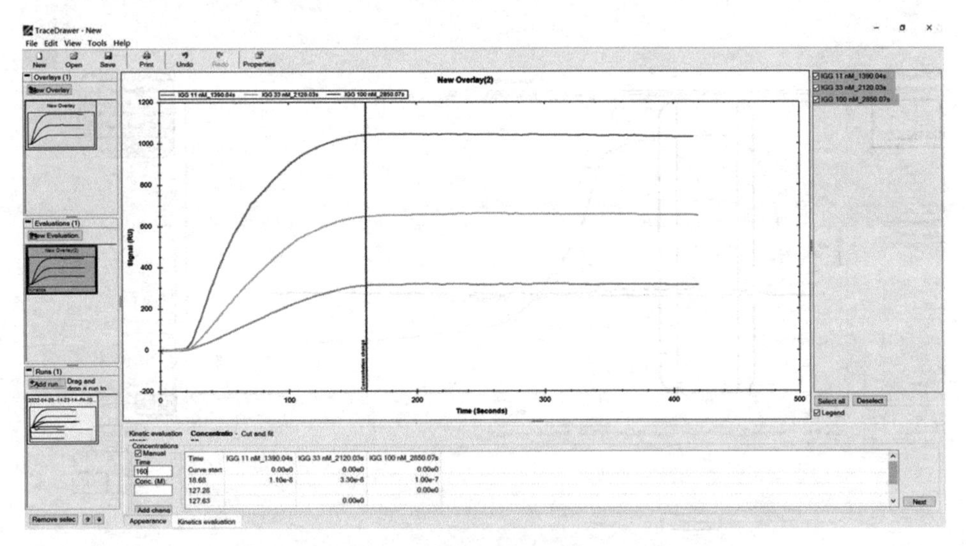

图 6-51　移动浓度改变条到信号开始下降位置

Ⅳ．点击 Next，从 Fit model 下拉菜单中选择想要的拟合模型。点击 Setting，可以对拟合参数自行进行修改，其中，k_a，k_d（k_t，如果用扩散校正模型）设置为 Global；单通道 BI 设置为 Local，双通道 BI 设置为 0；若再生完全，Bmax 设置为 Global，再生不完全设置为 Local。设置完毕后，点击 OK，点击 Fit（图 6-52）。

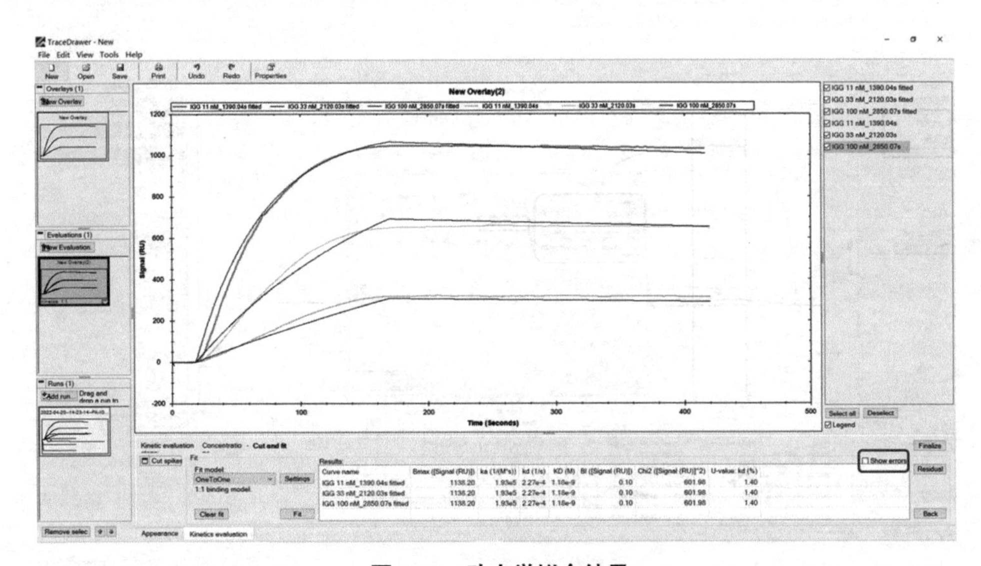

图 6-52　动力学拟合结果

d. 亲和力拟合

Ⅰ．在 Curve Intervals 标签下，点击 select all，选中所有浓度的样品曲线，分别移动 Start 与 End 游标线（或输入区间宽度后同时移动 Start 与 End 游标线），选择平衡状态下的曲线片段；在 Name 栏输入任意名称，然后点击 Add 按钮，创建曲线区间（图 6-53）。

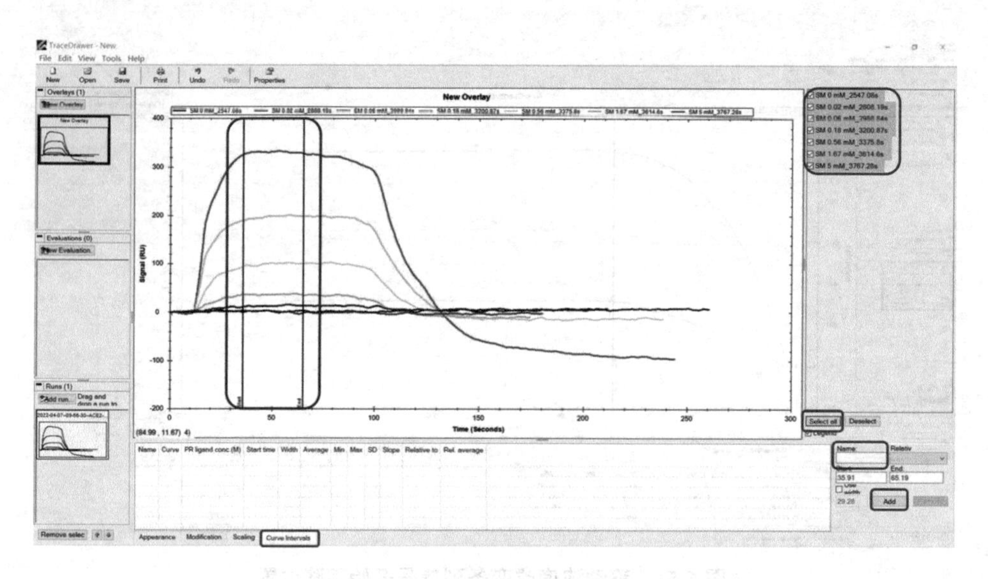

图 6-53　曲线区间选择创建

Ⅱ. 窗口左边点击 New Evaluation，确认选中的评估模型为 Affinity/EC50，选中叠加模块中要进行分析的数据，点击 OK（图 6-54）。也可以在叠加预览窗口点击鼠标右键，选择下拉菜单中的 Affinity/EC50。点击 Next。

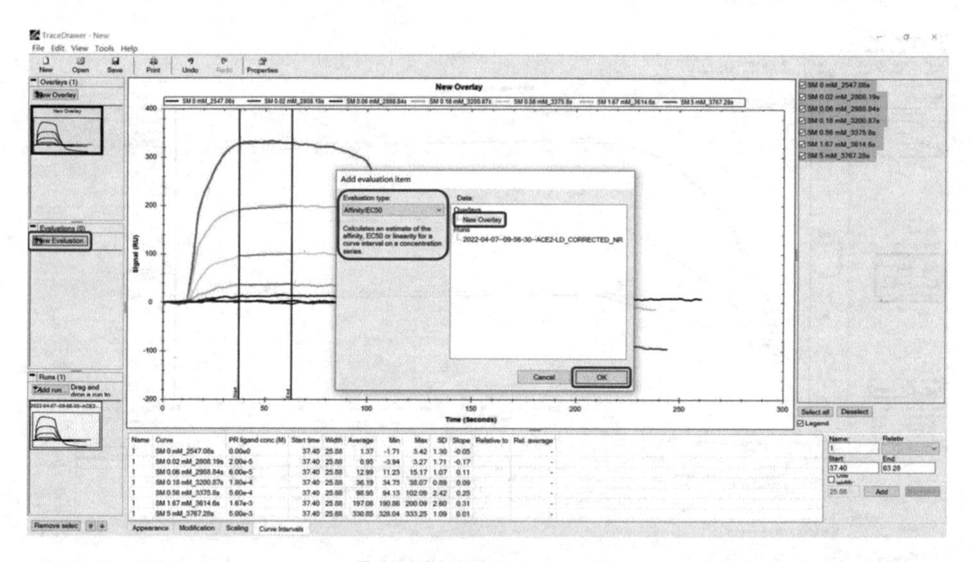

图 6-54　选中 New Evaluation，设置评估模型为 Affinity/EC_{50}，选中要进行分析的数据

Ⅲ. 选择已创建的曲线区间，并选择所有不同浓度的曲线，选择 Affinity 拟合模型，点击 Fit curve（图 6-55），得拟合结果（图 6-56）。

（7）关机程序

a. 点击菜单栏左上角的 FINISH 按钮结束 SPR 实验，然后软件完成所有数据文件，并创建用于 TraceDrawer 进行数据分析的附加文件（图 6-57）。

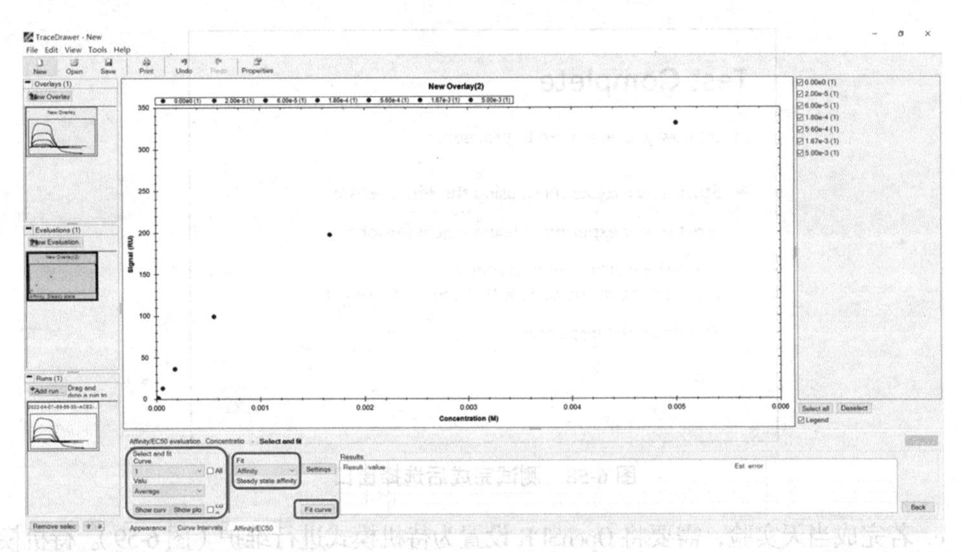

图 6-55　选择已创建的曲线区间，并选择所有不同浓度的曲线，然后选择 Affinity 拟合模型进行拟合

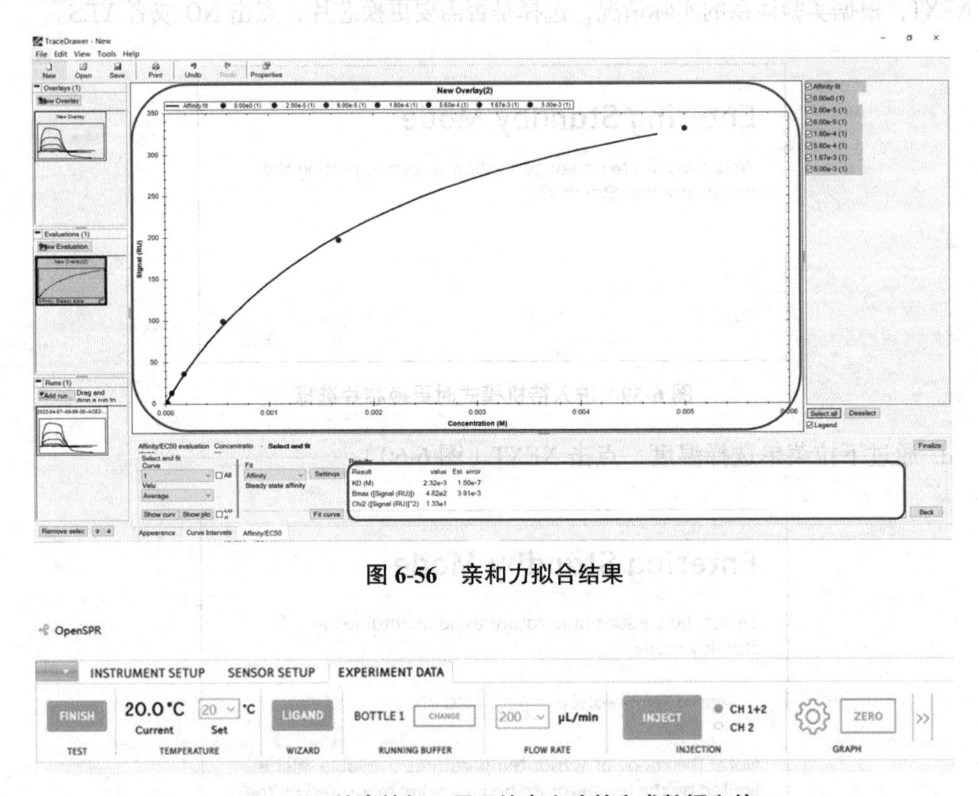

图 6-56　亲和力拟合结果

图 6-57　结束按钮，用于结束实验并生成数据文件

b. 数据文件保存后，软件会给出一些选项供选择，包括：继续使用同一张芯片开始新的实验；更换新的芯片后再开始新的实验；将仪器设置为待机状态（若已经完成实验，并且在 7 天之内会重新进行实验，则选择这个选项）；以及关机（若长时间不使用仪器则选择这个选项）（图 6-58）。

Test Complete

Select how you would like to proceed:

- Start a new experiment using the same sensor.
- Start a new experiment using a new sensor.
- Place the instrument in standby (Instrument will be used within the next 7 days).
- Shutdown the instrument.

NEXT

图 6-58　测试完成后选择窗口

c. 若完成当天实验，需要将 OpenSPR 设置为待机模式进行维护（图 6-59）。待机模式会设置持续的流速（5 μl/min），以此防止流路堵塞。选择 Place the instrument in standby，点击 NEXT，根据实验体系的实际情况，选择是否需要更换芯片，点击 NO 或者 YES。

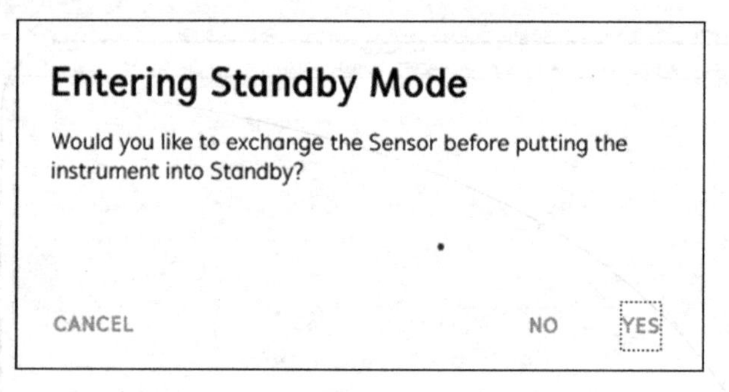

图 6-59　进入待机模式时更换芯片选择

d. 通过下拉菜单选择温度，点击 NEXT（图 6-60）。

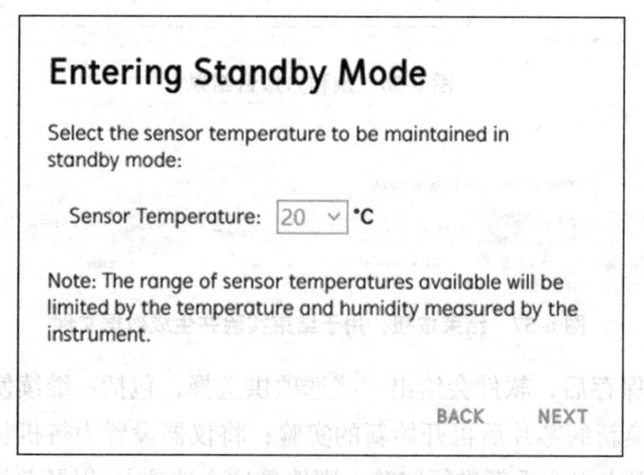

Entering Standby Mode
Select the sensor temperature to be maintained in standby mode:
Sensor Temperature: 20 °C
Note: The range of sensor temperatures available will be limited by the temperature and humidity measured by the instrument.
BACK
NEXT

图 6-60　选择待机模式时的芯片温度

e. 选择待机模式下使用的缓冲溶液瓶和缓冲溶液（图 6-61）。若待机模式下，OpenSPR 仪中是偶联后的下次要用的芯片，建议选择运行缓冲溶液。若仪器中的芯片不再使用或者是维护芯片，可以选择去离子水。

注意：待机模式的流速为 5 μl/min，24 小时需要 8 ml 缓冲溶液 / 去离子水，因此在进入待机模式前，需要确认缓冲溶液瓶中有足够的缓冲溶液。

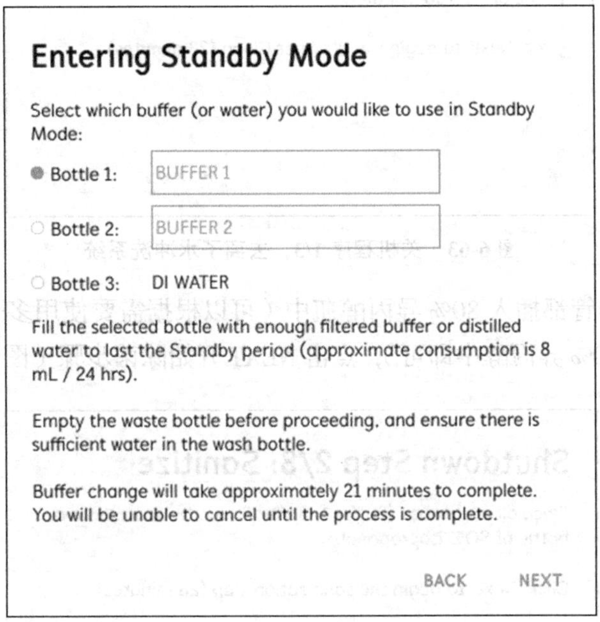

Entering Standby Mode

Select which buffer (or water) you would like to use in Standby Mode:

Bottle 1: BUFFER 1

Bottle 2: BUFFER 2

Bottle 3: DI WATER

Fill the selected bottle with enough filtered buffer or distilled water to last the Standby period (approximate consumption is 8 mL / 24 hrs).

Empty the waste bottle before proceeding, and ensure there is sufficient water in the wash bottle.

Buffer change will take approximately 21 minutes to complete. You will be unable to cancel until the process is complete.

BACK　NEXT

图 6-61　进入待机模式前选择缓冲溶液

f. 选择待机模式后，仪器会进行初始的冲洗程序，大约需要 21 min，在这个过程中，需要用至少 3 ml 的去离子水冲洗进样口。当冲洗完成后，仪器会进入待机模式，软件会停留在主界面。软件会显示仪器状况，仪器可以放置不需要进行操作。

注意：在待机模式下不要关闭软件或者开启 SPR 仪器。

g. 若长时间不使用仪器，可选择 Shutdown the instrument，点击 NEXT 进行关机操作。选择 YES 进行空白芯片的更换（图 6-62）。

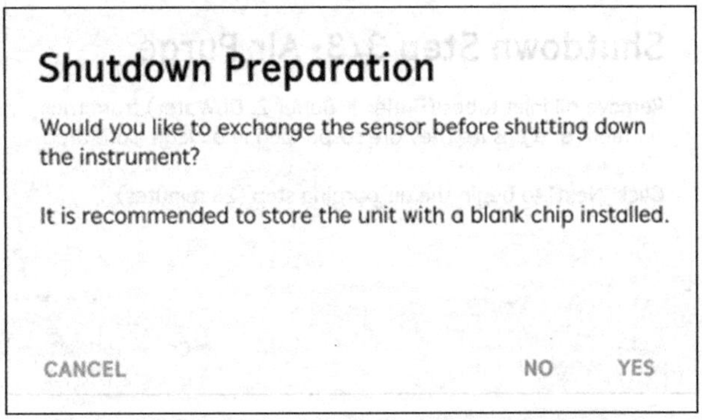

Shutdown Preparation

Would you like to exchange the sensor before shutting down the instrument?

It is recommended to store the unit with a blank chip installed.

CANCEL　NO　YES

图 6-62　更换芯片提示。建议关机时用空白芯片

h. 将 3 根进样管都放入去离子水中（可以根据需要使用多个瓶子，只要所有入口管都浸没在水中即可），点击 NEXT 开始清洗步骤（图 6-63）。

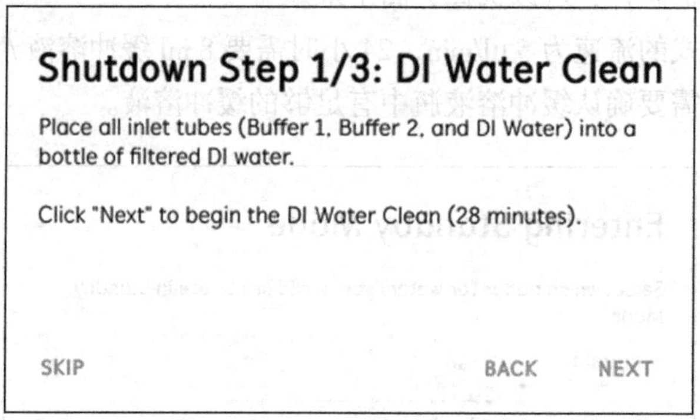

Shutdown Step 1/3: DI Water Clean
Place all inlet tubes (Buffer 1, Buffer 2, and DI Water) into a bottle of filtered DI water.
Click "Next" to begin the DI Water Clean (28 minutes).
SKIP
BACK
NEXT

图 6-63　关机程序 1/3，去离子水冲洗系统

i. 将 3 根进样管都插入 80% 异丙醇瓶中（可以根据需要使用多个瓶子，只要所有入口管都浸没在 80% 异丙醇中即可），点击 NEXT 开始除菌步骤（图 6-64）。

Shutdown Step 2/3: Sanitize
Place all inlet tubes (Buffer 1, Buffer 2, and DI Water) into a bottle of 80% isopropanol.
Click "Next" to begin the sanitization step (28 minutes).
SKIP
BACK
NEXT

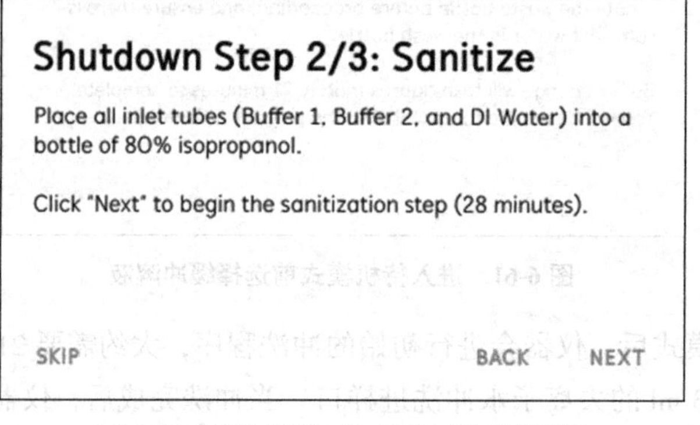

图 6-64　关机步骤 2/3，80% 异丙醇杀菌

j. 将 3 根进样管都从溶液中移出，将管子放在干净的地方。点击 NEXT 开始清空步骤（图 6-65）。

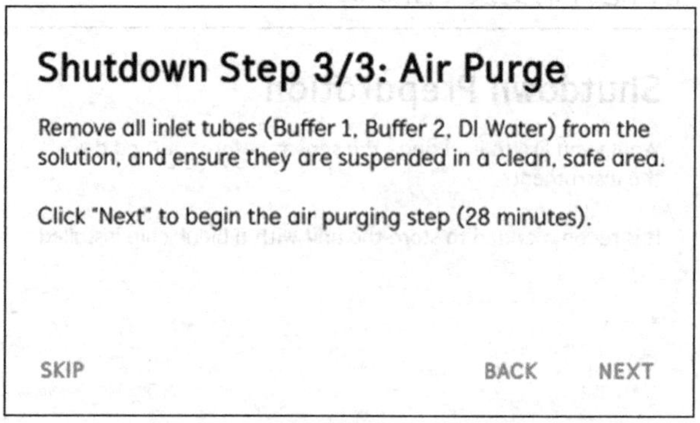

Shutdown Step 3/3: Air Purge
Remove all inlet tubes (Buffer 1, Buffer 2, DI Water) from the solution, and ensure they are suspended in a clean, safe area.
Click "Next" to begin the air purging step (28 minutes).
SKIP
BACK
NEXT

图 6-65　关机步骤 3/3，用空气清空

k. 点击对话框中的 OK，将会自动关闭软件和 OpenSPR 仪器（图 6-66）。

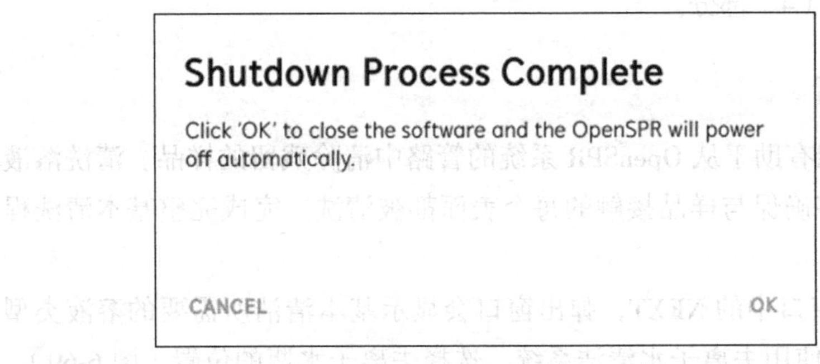

图 6-66　关机完成

三、实验结束后的机器维护和保养

OpenSPR 软件中有三种清洁选项：基本清洁、高级清洁和全仪器清洁，并提供了相应的操作向导。清洗选项可以从 OpenSPR 软件的主屏幕上访问，点击 CLEAN（图 6-67），在弹出的窗口中选择清洁选项，点击 NEXT（图 6-68）。

图 6-67　OpenSPR 主屏幕底部选择清洗选项

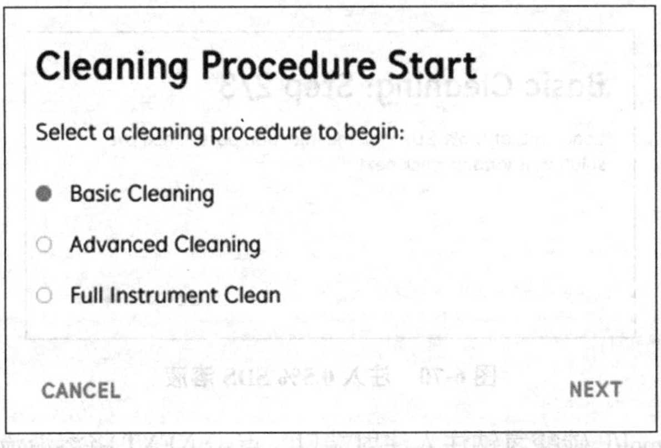

Cleaning Procedure Start

Select a cleaning procedure to begin:

- Basic Cleaning
- Advanced Cleaning
- Full Instrument Clean

CANCEL　　NEXT

图 6-68　OpenSPR 上提供的清洁选项：基本清洁、高级清洁和全仪器清洁

注意：在进行系统清洁前，需更换芯片为空白传感器芯片，具体芯片更换操作可见实验步骤中的1（4）部分。

1. 基本清洁

基本清洁功能有助于从OpenSPR系统的管路中清除残留的样品。清洗溶液通过流路和流通池，能够确保与样品接触的每个表面都被清洗。完成完整基本清洗程序大约需要35 min。

a. 点击弹出窗口中的NEXT，弹出窗口会显示基本清洁所需要的溶液类型，继续点击NEXT。首先使用去离子水清洁系统，选择去离子水瓶的位置（图6-69）。清洁需要至少50 ml的去离子水。建议清空废液瓶，确保不会溢出，耗时大约20 min。同时，使用指定的一次性注射器用至少3 ml去离子水冲洗进样口。

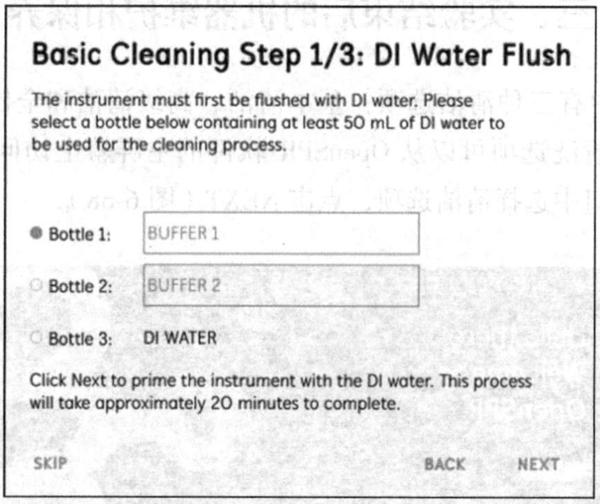

图6-69 用去离子水冲洗仪器

b. 当OpenSPR用去离子水冲洗完成时，通过进样口注入1 ml的0.5% SDS，然后点击NEXT清洗流路中的样品（图6-70）。0.5% SDS溶液通过仪器后，用3 ml去离子水冲洗进样口。

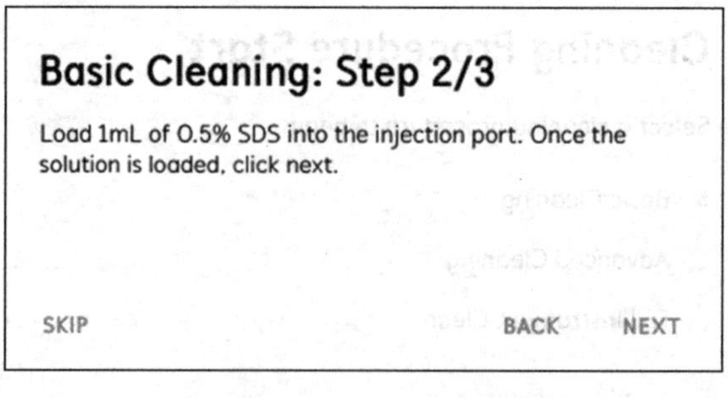

图6-70 注入0.5% SDS溶液

c. 将2 ml 0.2 mol/L碳酸氢钠注入注射端口，点击NEXT将溶液流过流路（图6-71）。0.2 mol/L碳酸氢钠进样完成后，用两次3 ml去离子水冲洗进样口。

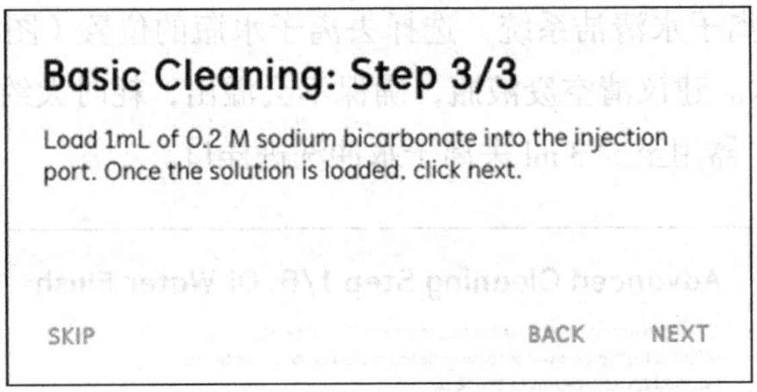

Basic Cleaning: Step 3/3

Load 1mL of 0.2 M sodium bicarbonate into the injection port. Once the solution is loaded, click next.

SKIP BACK NEXT

图 6-71 注入 0.2 mol/L 碳酸氢钠

d. 基础清洗程序完成（图 6-72）。

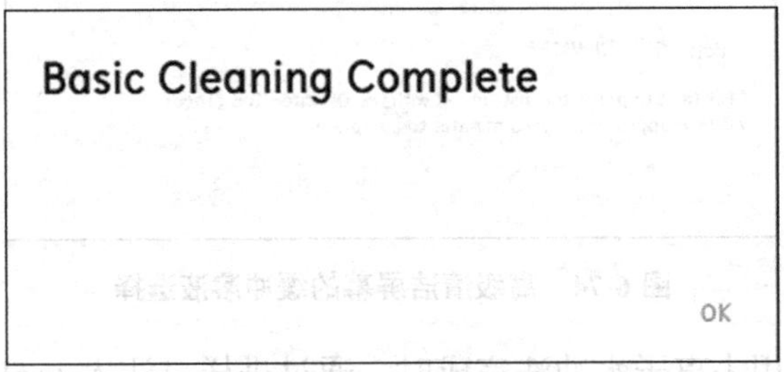

Basic Cleaning Complete

OK

图 6-72 完成清洗程序

2. 高级清洁

若在执行常规清洗程序后，OpenSPR 的流路仍有污染残留，建议执行高级清洗程序。高级清洗程序大约需要 50 min。

a. 在 Cleaning Procedure Start 窗口选择 Advanced Cleaning 选项，点击 NEXT（图 6-73）。

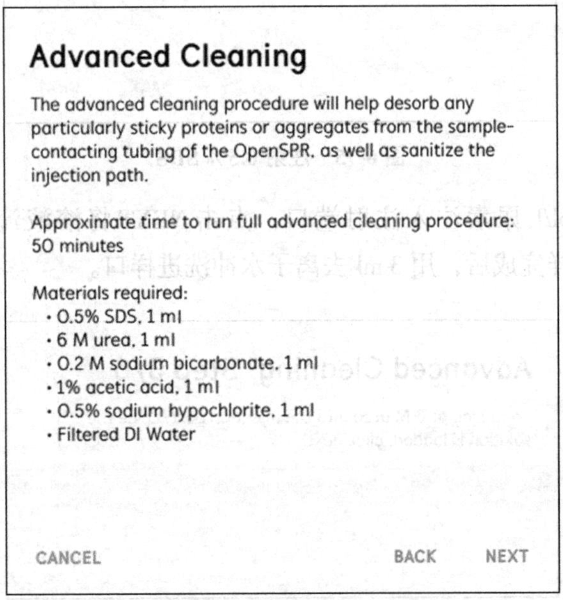

Advanced Cleaning

The advanced cleaning procedure will help desorb any particularly sticky proteins or aggregates from the sample-contacting tubing of the OpenSPR, as well as sanitize the injection path.

Approximate time to run full advanced cleaning procedure: 50 minutes

Materials required:
- 0.5% SDS, 1 ml
- 6 M urea, 1 ml
- 0.2 M sodium bicarbonate, 1 ml
- 1% acetic acid, 1 ml
- 0.5% sodium hypochlorite, 1 ml
- Filtered DI Water

CANCEL BACK NEXT

图 6-73 高级清洗开始程序

b. 首先使用去离子水清洁系统，选择去离子水瓶的位置（图 6-74）。清洁需要至少 60 ml 的去离子水。建议清空废液瓶，确保不会溢出，耗时大约 20 分钟。同时，使用指定的一次性注射器用至少 3 ml 去离子水冲洗进样口。

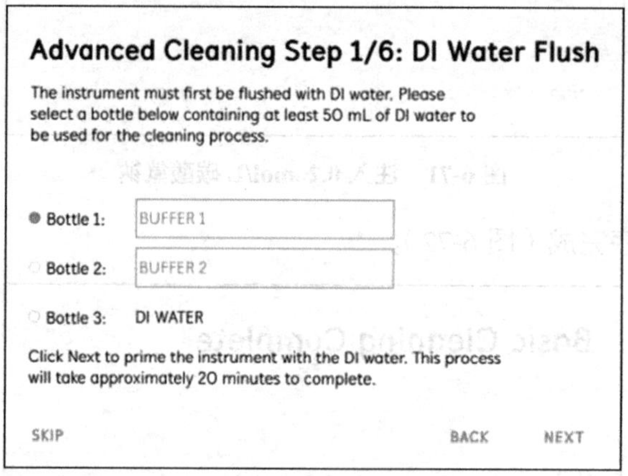

Advanced Cleaning Step 1/6: DI Water Flush

The instrument must first be flushed with DI water. Please select a bottle below containing at least 50 mL of DI water to be used for the cleaning process.

Bottle 1: BUFFER 1
Bottle 2: BUFFER 2
Bottle 3: DI WATER

Click Next to prime the instrument with the DI water. This process will take approximately 20 minutes to complete.

SKIP BACK NEXT

图 6-74　高级清洁屏幕的缓冲溶液选择

c. 当 OpenSPR 用去离子水冲洗完成时，通过进样口注入 1 ml 的 0.5% SDS，然后点击 NEXT 清洗流路中的残留样品（图 6-75）。0.5% SDS 溶液通过仪器后，用 3 ml 去离子水冲洗进样口。

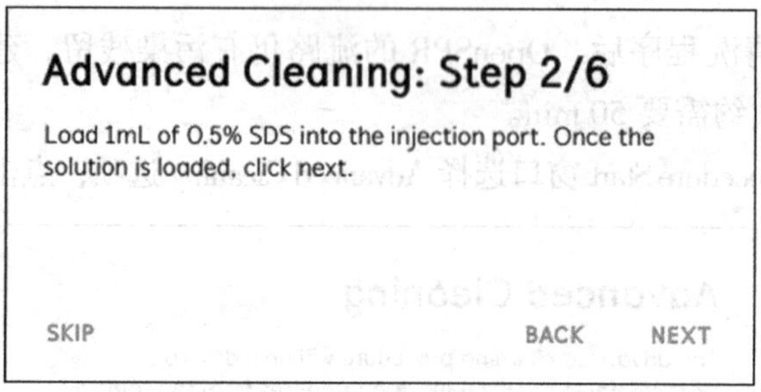

Advanced Cleaning: Step 2/6

Load 1mL of 0.5% SDS into the injection port. Once the solution is loaded, click next.

SKIP BACK NEXT

图 6-75　注射 0.5% SDS

d. 将 1 ml 6 mol/L 尿素注入注射端口，点击 NEXT 将溶液流过流路（图 6-76）。1 ml 6 mol/L 尿素进样完成后，用 3 ml 去离子水冲洗进样口。

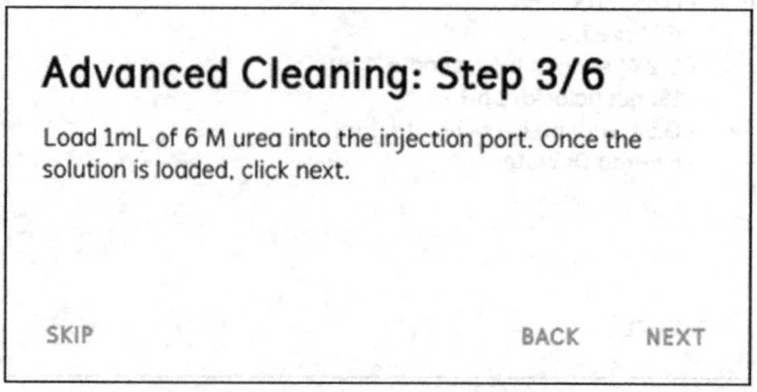

Advanced Cleaning: Step 3/6

Load 1mL of 6 M urea into the injection port. Once the solution is loaded, click next.

SKIP BACK NEXT

图 6-76　注射 6 mol/L 尿素

e. 将 1 ml 1% 乙酸注入注射端口，点击 NEXT 将溶液流过流路（图 6-77）。1 ml 1% 乙酸进样完成后，用 3 ml 去离子水冲洗进样口。

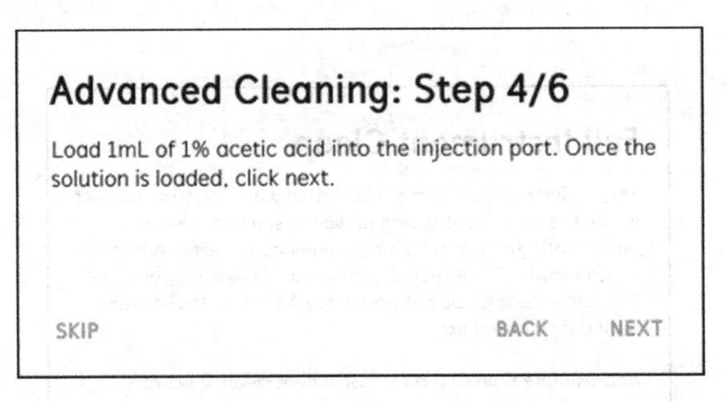

图 6-77　注射 1% 乙酸

f. 将 1 ml 0.2 mol/L 碳酸氢钠注入注射端口，点击 NEXT 将溶液流过流路（图 6-78）。1 ml 0.2 mol/L 碳酸氢钠进样完成后，用 3 ml 去离子水冲洗进样口。

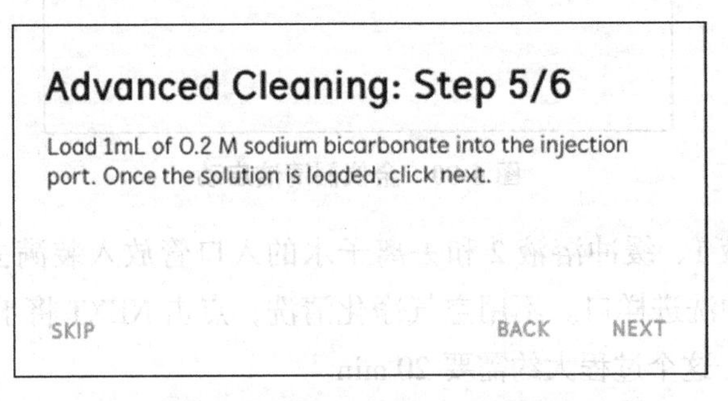

图 6-78　注射 0.2 mol/L 碳酸氢钠

g. 将 1 ml 0.5% 次氯酸钠注入注射端口，点击 NEXT 将溶液流过流路（图 6-79）。1 ml 0.5% 次氯酸钠进样完成后，用两次 3 ml 去离子水冲洗进样口。到这一步，高级清洗程序已完成。

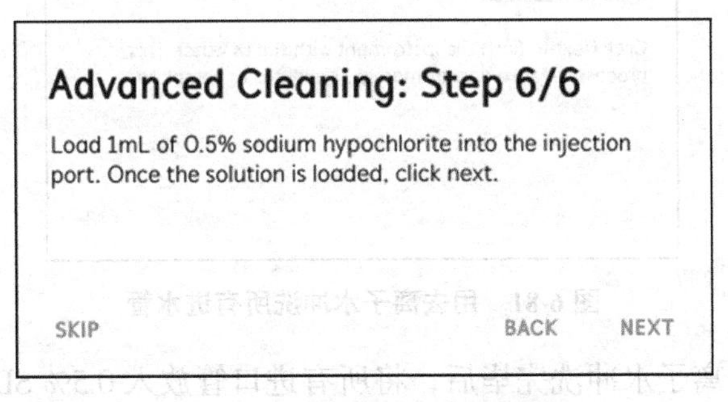

图 6-79　注射 0.5% 次氯酸钠

3. 全仪器清洁

全仪器清洁是一个综合的清洁过程，旨在清除仪器管路内存在的任何生物分子，并将整个流路消毒。如果怀疑有污染，且基本或高级清洁方法不足以解决，或设备准备长期不使用，建议使用这种清洁方法。这个过程大约需要 2 h。

a. 在 Cleaning Procedure Start 窗口选择 Full Instrument Clean 选项，点击 NEXT（图 6-80）。

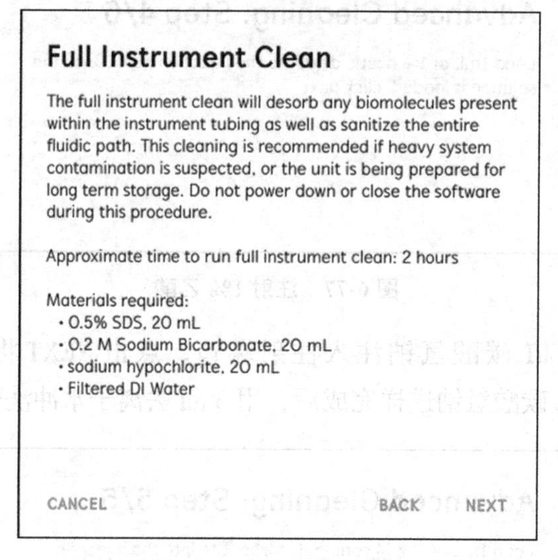

图 6-80　全仪器清洁启动

b. 将缓冲溶液 1、缓冲溶液 2 和去离子水的入口管放入装满去离子水的瓶子中。用 5 ml 去离子水冲洗进样口。不用空气净化清洗，点击 NEXT 将水注入仪器，开始清洗程序（图 6-81）。这个过程大约需要 20 min。

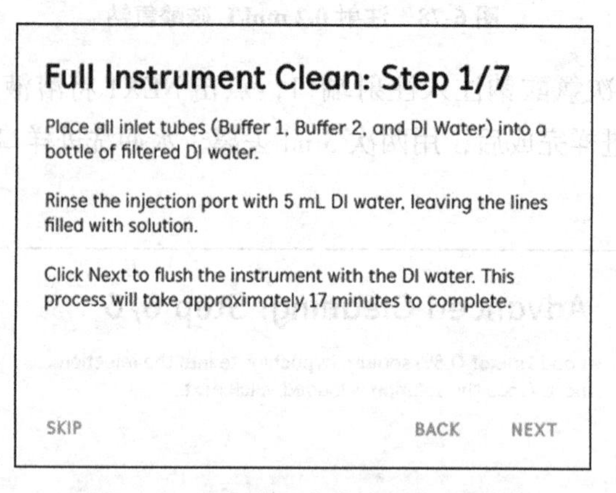

图 6-81　用去离子水冲洗所有进水管

c. 当仪器用去离子水冲洗完毕后，将所有进口管放入 0.5% SDS 瓶中。将 1 ml 的 0.5% SDS 溶液从进样口注入，点击 NEXT 将溶液注入仪器（图 6-82）。这个过程大约需要 20 分钟。

d. 将所有的入口管放入一个装满去离子水的瓶子中。用 5 ml 去离子水冲洗进样口。不用空气清洗，点击 NEXT 将水注入仪器，并进行整个仪器冲洗（图 6-83）。这个过程大约需要 20 分钟。

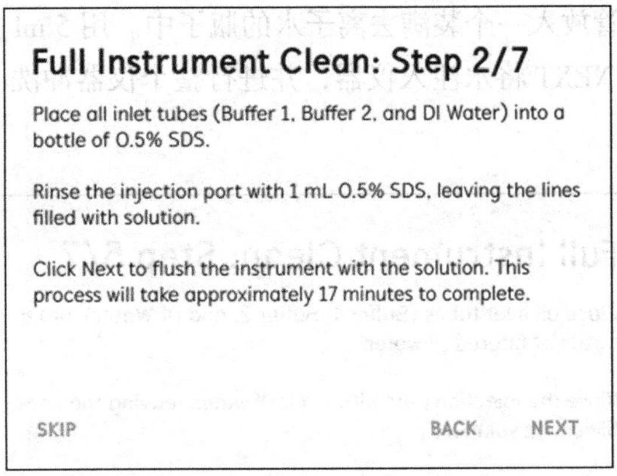

Full Instrument Clean: Step 2/7

Place all inlet tubes (Buffer 1, Buffer 2, and DI Water) into a bottle of 0.5% SDS.

Rinse the injection port with 1 mL 0.5% SDS, leaving the lines filled with solution.

Click Next to flush the instrument with the solution. This process will take approximately 17 minutes to complete.

SKIP　BACK　NEXT

图 6-82　用 0.5% SDS 冲洗所有管路

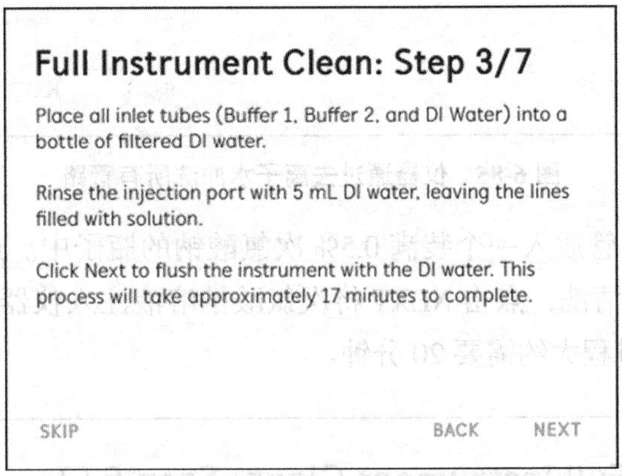

Full Instrument Clean: Step 3/7

Place all inlet tubes (Buffer 1, Buffer 2, and DI Water) into a bottle of filtered DI water.

Rinse the injection port with 5 mL DI water, leaving the lines filled with solution.

Click Next to flush the instrument with the DI water. This process will take approximately 17 minutes to complete.

SKIP　BACK　NEXT

图 6-83　用去离子水冲洗仪器的所有管路

e. 将所有的入口管放入一个装满 0.2 mol/L 碳酸氢钠的瓶子中。用 5 ml 相同的溶液冲洗进样口。不用空气清洁，点击 NEXT 将碳酸氢钠溶液注入仪器，并进行整个仪器冲洗（图 6-84）。这个过程大约需要 20 分钟。

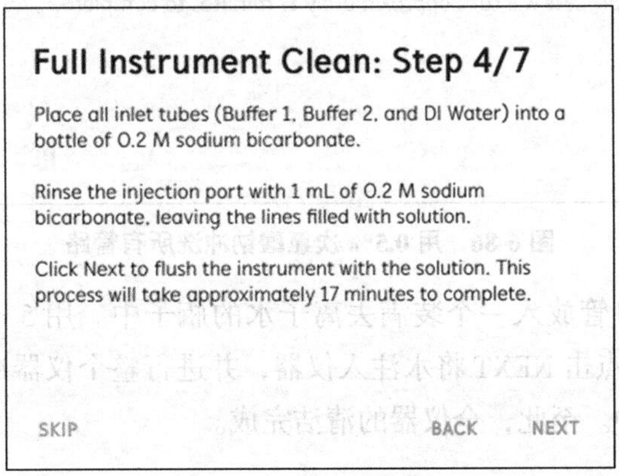

Full Instrument Clean: Step 4/7

Place all inlet tubes (Buffer 1, Buffer 2, and DI Water) into a bottle of 0.2 M sodium bicarbonate.

Rinse the injection port with 1 mL of 0.2 M sodium bicarbonate, leaving the lines filled with solution.

Click Next to flush the instrument with the solution. This process will take approximately 17 minutes to complete.

SKIP　BACK　NEXT

图 6-84　用 0.2 mol/L 碳酸氢钠冲洗所有管路

f. 将所有的入口管放入一个装满去离子水的瓶子中。用 5 ml 去离子水冲洗进样口。不用空气清洗，点击 NEXT 将水注入仪器，并进行整个仪器冲洗（图 6-85）。这个过程大约需要 20 分钟。

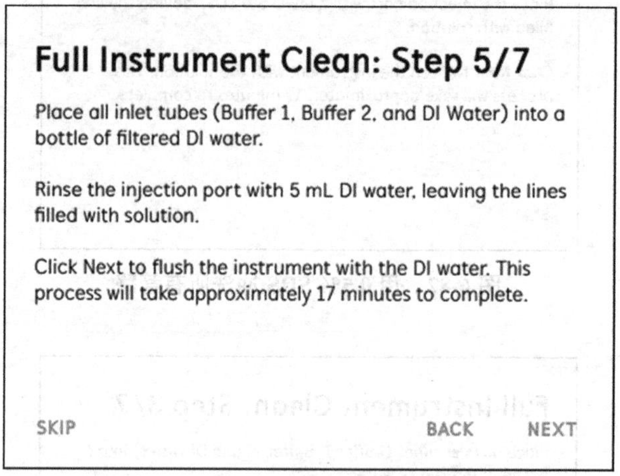

Full Instrument Clean: Step 5/7

Place all inlet tubes (Buffer 1, Buffer 2, and DI Water) into a bottle of filtered DI water.

Rinse the injection port with 5 mL DI water, leaving the lines filled with solution.

Click Next to flush the instrument with the DI water. This process will take approximately 17 minutes to complete.

SKIP BACK NEXT

图 6-85 仪器通过去离子水冲洗所有管路

g. 将所有的入口管放入一个装满 0.5% 次氯酸钠的瓶子中。用 5 ml 的相同溶液冲洗进样口。不用空气清洗，点击 NEXT 将次氯酸钠溶液注入仪器，并进行整个仪器冲洗（图 6-86）。这个过程大约需要 20 分钟。

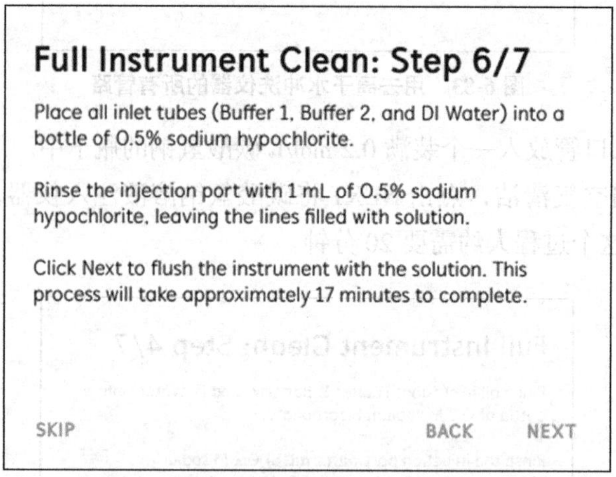

Full Instrument Clean: Step 6/7

Place all inlet tubes (Buffer 1, Buffer 2, and DI Water) into a bottle of 0.5% sodium hypochlorite.

Rinse the injection port with 1 mL of 0.5% sodium hypochlorite, leaving the lines filled with solution.

Click Next to flush the instrument with the solution. This process will take approximately 17 minutes to complete.

SKIP BACK NEXT

图 6-86 用 0.5% 次氯酸钠冲洗所有管路

h. 将所有的入口管放入一个装满去离子水的瓶子中。用 5 ml 去离子水冲洗进样口。不用空气清洗，点击 NEXT 将水注入仪器，并进行整个仪器冲洗（图 6-87）。这个过程大约需要 20 分钟。至此，全仪器的清洁完成。

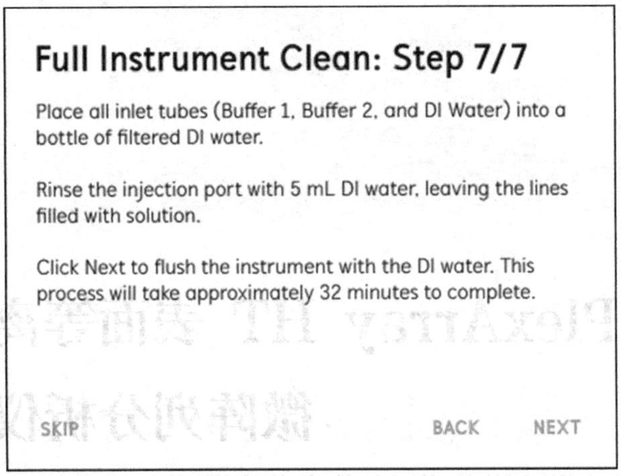

Full Instrument Clean: Step 7/7

Place all inlet tubes (Buffer 1, Buffer 2, and DI Water) into a bottle of filtered DI water.

Rinse the injection port with 5 mL DI water, leaving the lines filled with solution.

Click Next to flush the instrument with the DI water. This process will take approximately 32 minutes to complete.

SKIP　　BACK　　NEXT

图 6-87　仪器通过去离子水冲洗所有管路

四、小　结

在本章节中，我们介绍了 OpenSPR 生物分子相互作用分析仪的仪器操作和数据分析。区别于其他基于 SPR 或者 SPR 成像技术的生物分子相互作用仪，Nicoya 公司的 OpenSPR 采用的是基于纳米结构传感器的局域表面等离子共振技术（LSPR），可提供高质量、无标记相互作用的分析结果，应用领域，包括：动力学 / 亲和力分析、竞争性实验、靶标识别、表位作图、结合分析以及浓度分析等[1-3]。为解决当前 OpenSPR 手动上样带来的操作繁琐等问题，Nicoya 公司也是陆续推出了可实现自动化上样的 OpenSPR-XT，以及可以实现自动化配样的 Alto，在这里我们就不做赘述，感兴趣的读者可以去 Nicoya 公司的官网（https://nicoyalife.com）做进一步了解。

参 考 文 献

[1] Lu J, Hou Y, Ge S, et al. Screened antipsychotic drugs inhibit SARS-CoV-2 binding with ACE2 in vitro. *Life Sci*, 2021, 266: 118889.

[2] Hauser-Kawaguchi A, Tolg C, Peart T, et al. A truncated RHAMM protein for discovering novel therapeutic peptides. *Bioorg Med Chem*, 2018, 26(18): 5194-5203.

[3] Heacock-Kang Y, Sun Z, Zarzycki-Siek J, et al. Two regulators, PA3898 and PA2100, modulate the pseudomonas aeruginosa multidrug resistance MexAB-OprM and EmrAB efflux pumps and biofilm formation. *Antimicrob Agents Chemother*, 2018, 62(12): e01459-18.

第七章
PlexArray HT 表面等离激元成像微阵列分析仪操作指南

在第五章和第六章中，我们分别介绍了美国 Cytiva 公司的 Biacore 生物分子相互作用分析仪以及加拿大 Nicoya 公司的 OpenSPR 生物分子相互作用分析仪的仪器操作。在本章节中，我们将继续介绍苏州普芯生命科学技术有限公司的 PlexArray HT 表面等离激元成像微阵列分析仪的详细实验操作指南。

一、实验使用机型、试剂和耗材

1. 本实验所用机型　Plexera PlexArray HT 表面等离激元成像微阵列分析仪。

2. 芯片，购置于大恒科技。

3. 缓冲溶液　不限品牌和缓冲溶液种类，可自行购置。建议所有缓冲溶液中均需要加入 0.05% ～ 0.5% 的表面活性剂。

4. 固定相的样品量需求，小分子 5 ～ 10 mmol/L，10 ～ 20 μl，一般用 DMSO 溶解。蛋白：0.5 ～ 1 mg/ml，体积 10 ～ 20 μl，一般用 H_2O 或 PBS 溶解，或者给出建议溶剂。多肽：1 ～ 5 mmol/L，体积 10 ～ 20 μl，一般用 DMSO 或者 H_2O 溶解。DNA：0.1 ～ 1 mmol/L，体积 10 ～ 20 μl，一般用 H_2O 溶解，或者给出建议溶剂。

5. 流动相的样品量需求　蛋白浓度大于 1 μmol/L，体积多于 1.4 ml。若是蛋白粉末样品，则要根据蛋白分子量来计算，初步计算方法为：例如分子量为 30 kDa 的蛋白，则需要 $30 \times 1.5 = 45$ μg 左右。若蛋白达不到一般要求的量，可以调低流通的最大摩尔浓度，但如果浓度没有接近相互作用的亲和力参数范围，测试得到的结合信号会很弱，甚至检测不到结合信号（除了本身不结合的情况）。

另外，若流动相蛋白样品中含有带巯基（–SH）的溶剂，例如 DTT（二硫苏糖醇，有两个 –SH 基）、β-ME（β- 巯基乙醇，有一个 –SH）等，需要进行溶剂置换或者尽量降低这些还原剂的浓度，否则会破坏芯片的表面化学结构，导致实验失败。

以及若蛋白溶剂中含有甘油等高折射率的溶剂，需要进行蛋白溶剂置换，若蛋白量较少不适宜进行溶剂置换，且甘油含量在 5%～10%，则缓冲溶液中也要加相应含量的甘油，否则实验中的缓冲溶液和流通样品会有折射率高低差，影响检测信号准确性。

6. 其他仪器和耗材　N- 乙基 -N9-（3- 二甲基氨基丙基）碳二亚胺（EDC），N- 羟基琥珀酰亚胺（NHS）和乙醇胺 /H_2O 溶液均购置于中国百灵威。Arrayjet 生物点样仪，真空干燥箱，光交联仪，超声清洗仪。

7. 实验中所使用去离子水、DMSO、缓冲溶液等溶剂均需要经过 0.22 μm 膜过滤。

二、实验步骤

1. 前期准备

（1）打开电源开关，登录到系统，具体步骤：电脑 → SPRi 仪器→软件（Plexera Instrument Control 1.9.0），反向操作为关闭。

（2）在 INSTRUMENT SETUP 中设置流通池和分析温度，系统调节温度至温度稳定（图 7-1）。在 INSTRUMENT SETUP 页面设置样品和芯片位置的温度，Well Plate Cooling 下点击 ON，Flow Cell Temp Control 下点击 ON，同时，点击 H_2O/Buffer De-gasser 和 Waste Sensor 下的 ON，以此打开通入液体管道的除气装置和废液感应器。Well Plate Setpoint 和 Flow Cell Setpoint 通常设置为 25 ℃，也可以根据实验体系的具体情况而设定。

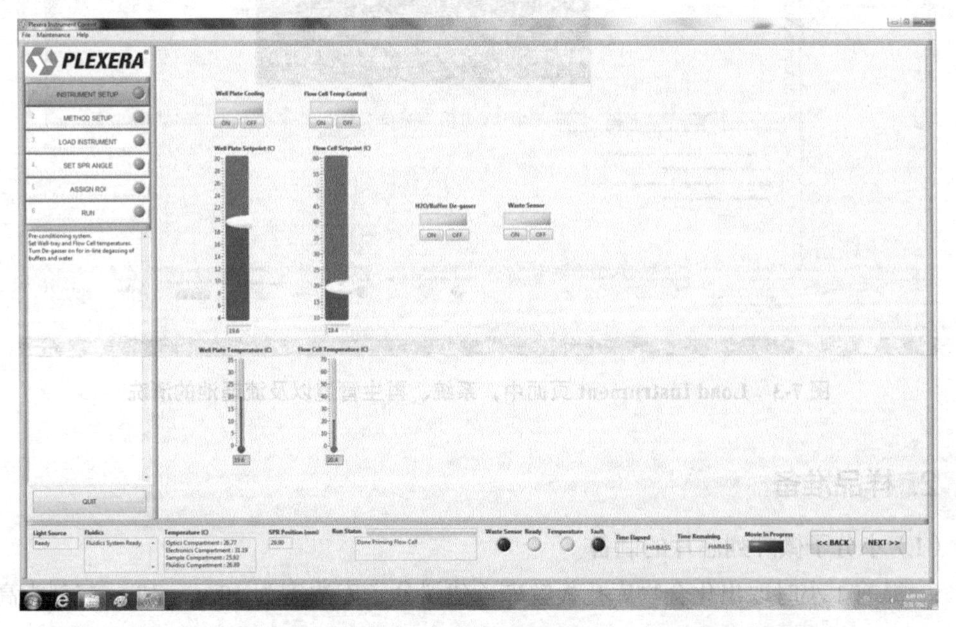

图 7-1　INSTRUMENT SETUP 页面中样品和芯片位置的温度设置

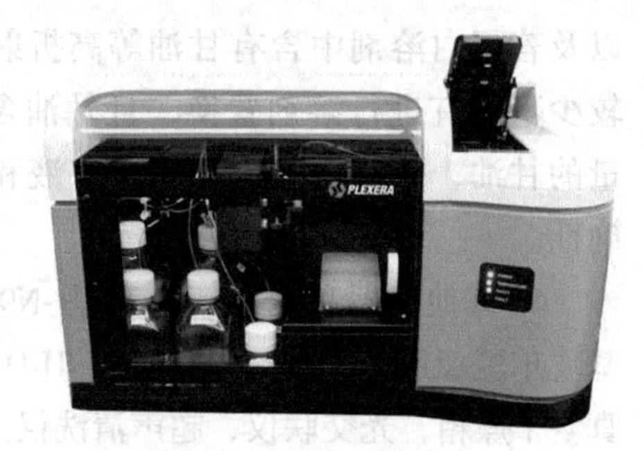

图 7-2 试剂瓶的放置

（3）打开设备前门，检查所有试剂瓶，确保每个瓶中均装有液体试剂（按照管路上的标识进行溶液的放置，分为废液瓶，溶剂瓶，再生瓶和水瓶）；将输液管连接到相应的试剂瓶中，确保废液容器是空的（图 7-2）。

（4）正式实验开始前对仪器的管道进行润洗，使仪器管道内充满正式实验时所需的再生液和缓冲溶液，将维护芯片装在仪器中，通入正式实验需要的再生液。若流动相可以解离完全，再生液可以为缓冲溶液，在 Load Instrument 页面中，按照顺序重复三次：Initial System Priming → Load Reagents → Load & Prime Flow cell（图 7-3）。说明：Initial System Priming，Prime Reagents 分别是清洗系统液体系统和清洗再生管道。

注意：对于 PlexArray 仪器，流通相一般为蛋白类溶液，固定相一般为小分子样本，因此缓冲溶液的种类和类型通常需要和蛋白样品中的溶剂保持一致。通常正式上机实验前要配制好大概 500 ml 的缓冲溶液作为备用。

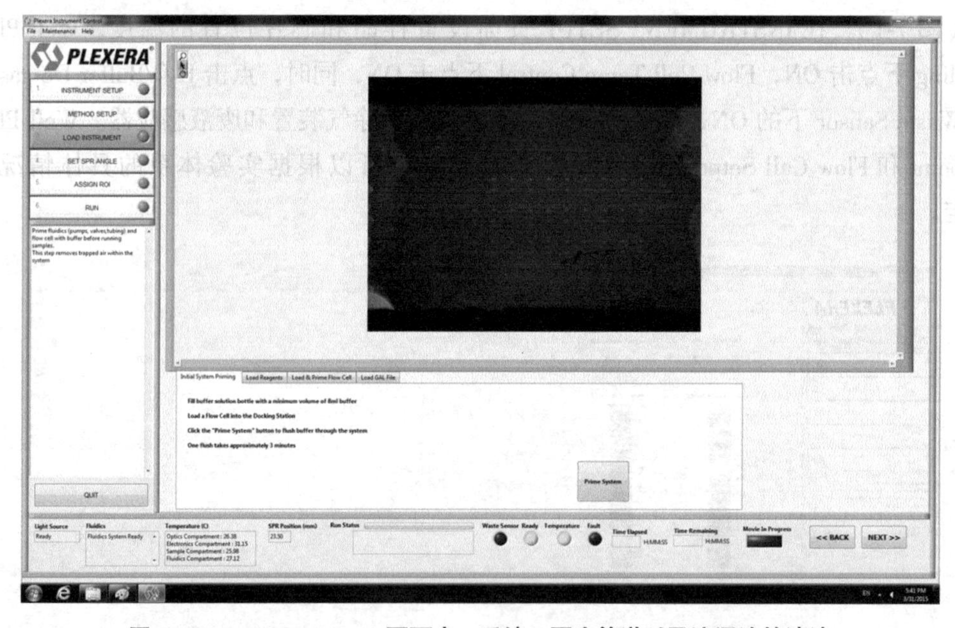

图 7-3 Load Instrument 页面中，系统、再生管道以及流通池的清洗

2. 样品准备

（1）小分子微阵列芯片的制备

a. 提前 1 小时取出化合物库孔板解冻（建议分子库浓度为 10 mmol/L，溶剂为高纯 DMSO），正式使用前 3000 rpm 离心 3 min。

b. 打开 Arrayjet 仪器，依次点击 Initialise → Hpp*4 Ph/Js*4 → Test Slide → K Test（＜210 Kpa）Hpp，并将打印文件保存在相应的文件夹中。继续按照实验体系的实际情况修改孔板类型参数（arthur），点击 Load/Anload Plates，放置好相应的化合物库孔板和需要点样的 3D 羧基表面光交联芯片，开始在芯片表面点样。点击 Iris System（Drug Off）。

注意：点样仪湿度小于 45% 且需要避光操作。

c. 点击 Load New Prp，另存打印芯片批次等关键信息。

d. 取出芯片，肉眼观察点阵是否清晰，真空干燥箱避光抽真空干燥 12 个小时以上。

注意：取出芯片时，需要先打开真空干燥器的开关，再缓慢打开三通阀，使气体进入仪器中在气压降为零后再打开真空干燥器取出芯片。

e. 将干燥好的微阵列芯片放入光交联仪中，检查交联盒的玻璃盖是否有污物，抽真空 1 min，紫外交联 15 min。

f. 将紫外交联完毕的微阵列芯片，放入 DMSO 中，摇床清洗 10 min，取出，继续依次使用 DMSO 冲洗一次，乙醇和去离子水交替清洗三次后，使用氮气吹干。

g. 将制备有化合物微阵列的芯片做好标记，待用。

（2）蛋白微阵列芯片的制备

a. 准备 EDC 0.77 g，NHS 0.12 g，分别盛放在专用的两支 50 ml 试管中，各加入 10 ml 去离子水中溶解，使用时将两种溶液混合均匀后倒入放有需要活化的芯片的方形盒中，保证溶液淹没芯片表面，在摇床上反应 15～20 min（上述 20 ml EDC 和 NHS 的混合溶液可以活化 1～3 张芯片）（图 7-4）。

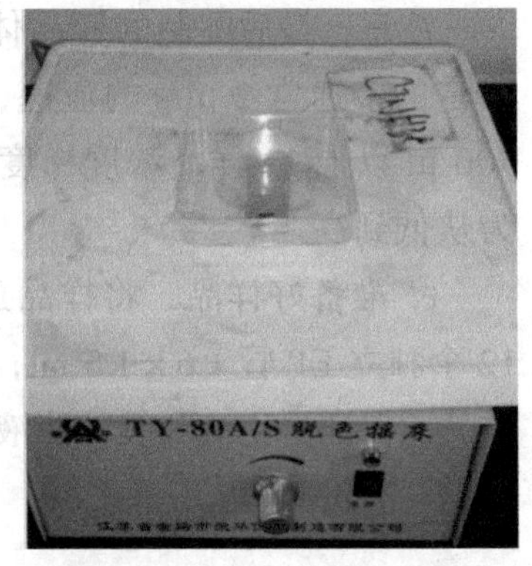

图 7-4　芯片在试剂盒中的活化

注意：在摇床活化过程中需要留意活化液是否淹没芯片表面。EDC 和 NHS 两种溶液混合后化学性质极活跃，所以两种溶液混合后应马上使用，现用现配，30 min 内必需完成此实验。

b. 蛋白（建议蛋白浓度：0.5～1.0 mg/ml）点样，将芯片放置在 Arrayjet 生物点样仪上，根据生物点样仪的操作流程设置好程序后进行点样操作［具体可见 2（1）］，点样过程中湿度应大于 60%，点样完成的芯片贴上盖了，标记芯片编号后放置在生化试剂盒内（湿度大于 60%，湿度小于 60% 时可放入湿纸条保证湿度大于 60%），4℃冰箱过夜孵育蛋白。

c. 孵育蛋白后的芯片需要使用乙醇胺水溶液（1 mol/L pH=8.4）进行封闭，封闭需要在 PlexArray 仪器上进行，具体步骤如下，步骤的详细设置过程请见本章“二、实验步骤 3. 正式实验”。将孵育完成的芯片装载在 PlexArray 仪器上，准备好缓冲溶液（1×PBS），3 份封闭样品（1 mol/L 乙醇胺水溶液，pH=8.4），重生溶液（H_2O），设置方法：基线，基线，再生，再生，样品 1，样品 2，样品 3，再生，再生，再生，再生，再生，再生（样品 1，样品 2，样品 3 之间是没有再生和基线），参数：基线（1×PBS）=2 μl/s，

5 min；样品（1 mol/L 乙醇胺水溶液，pH=8.4），结合流速，2 μl/s，结合时间，300 s，解离速率，2 μl/s，解离时间，10 s；再生（H_2O），3 μl/s，150 s，进行蛋白芯片的封闭。

（3）流动相浓度梯度的配制

a. 浓度的换算。在使用 PlexArray 进行互作实验时，除了蛋白用作固定相时，用质量浓度单位（1 mg/ml）作为实验计量单位，使用其他样品时一般都用摩尔单位（mol/L）作为计量单位，特别是蛋白样品作为流通相时，一定要用摩尔浓度作为计量单位。因为实验后期的结合浓度梯度曲线要用 nmol/L 作为计量单位进行拟合计算出结合的亲和力参数，所以实验前期要把一般的蛋白质量浓度换算成摩尔浓度。

注意：蛋白作为流动相与固定的小分子进行相互作用分析时，蛋白溶液的最大浓度一般为 1～2 μmol/L（与固定的多肽进行相互作用分析时，一般可能需要 4000 nmol/L 左右的最大浓度），所需体系为 1400 μl 左右。

b. 首先，使用缓冲溶液配制终浓度为 2000 nmol/L 的蛋白样品溶液，1400 μl，然后，继续使用缓冲溶液向下 2 倍稀释 5～8 个蛋白样品的浓度梯度，例如，1000 nmol/L，500 nmol/L，250 nmol/L，125 nmol/L（根据实际样品的亲和力强弱进行梯度调整），以缓冲溶液作为零浓度。

注意：最后配制的样品体积是根据设置的流速大小（μl/s）和结合时间（s）来确定的，通常 2 μl/s 的流速，300 s 的结合时间所需要的样品体积为 650 μl（最好 700 μl 以上）。样品浓度梯度的配制是从高到低，但在仪器上流通的样品浓度顺序为从低到高。

c. 准备好样品，将样品放入孔板或试管中 PlexArray 仪器可以实现 96 孔板或者 12 个独立 EP 管（6×1.5 ml，6×1 ml）的自动进样，在进样位置放置好实验要测的样品，保证再生液和缓冲溶液的体积能够进行此次实验，关闭设备前门（图 7-5）。

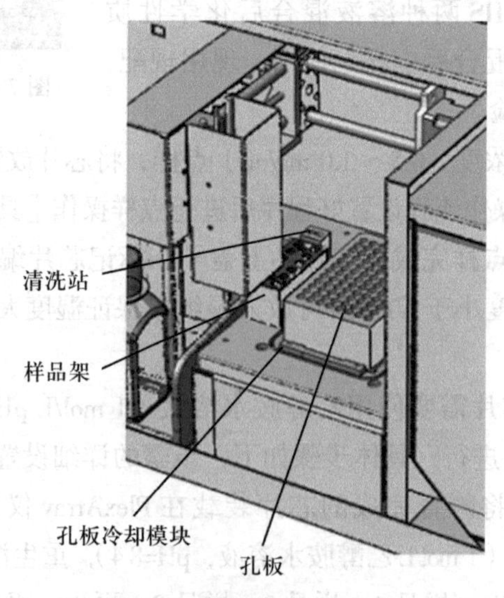

图 7-5　样品管 / 板的放置

3. 正式实验

（1）仪器管道润洗完成后，掀开芯片固定装置，抽出芯片座槽滑套（carrier），卸除维护芯片，将预打印芯片安装至芯片固定装置上；在棱镜上方滴 1～2 滴折射率匹配液，合上芯片固定装置。

（2）压片完成后，在 LOAD INSTRUMENT 页面中点击 Load & Prime Flow Cell，设定流速与时间，运行 Prime Flow Cell（图 7-6）。

注意：Prime Flow Cell 是使芯片流通池内充满液体。

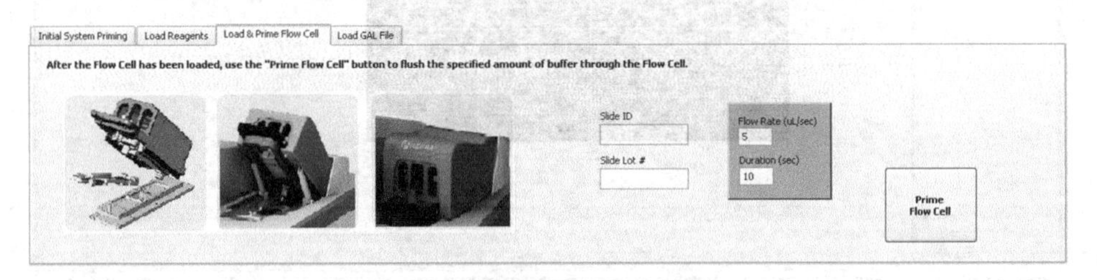

图 7-6　芯片流通池的清洗

（3）扫共振角，在 SET SPR ANGLE 中进行共振角扫描，设置 ROIs 的尺寸和编号。ROI 下 Width 输入 20，Height 输入 20；SPR angle sweep 中 End Position 输入 35 mm（可修改，尽可能比分析物共振角大），Increment 输入 0.1 mm；在页面选择感兴趣的点，选的点尽量覆盖芯片打印区域；点击 Start，页面自动跳转到 SPR Curves & Parking Angle 界面进行共振角扫描（图 7-7）。

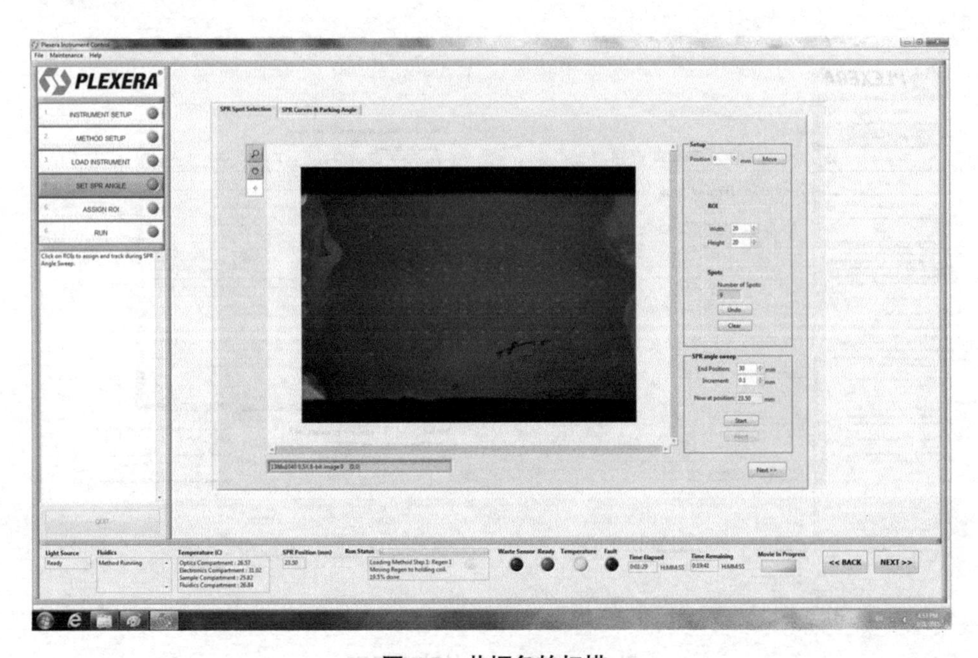

图 7-7　共振角的扫描

（4）扫描完成后，在 SPR Curves & Parking Angle 界面，SPR angle at 选择 30% 或 20%，点击 Move to Parking Angle（图 7-8）。意思是在 30% 或 20% 处进行拟合。

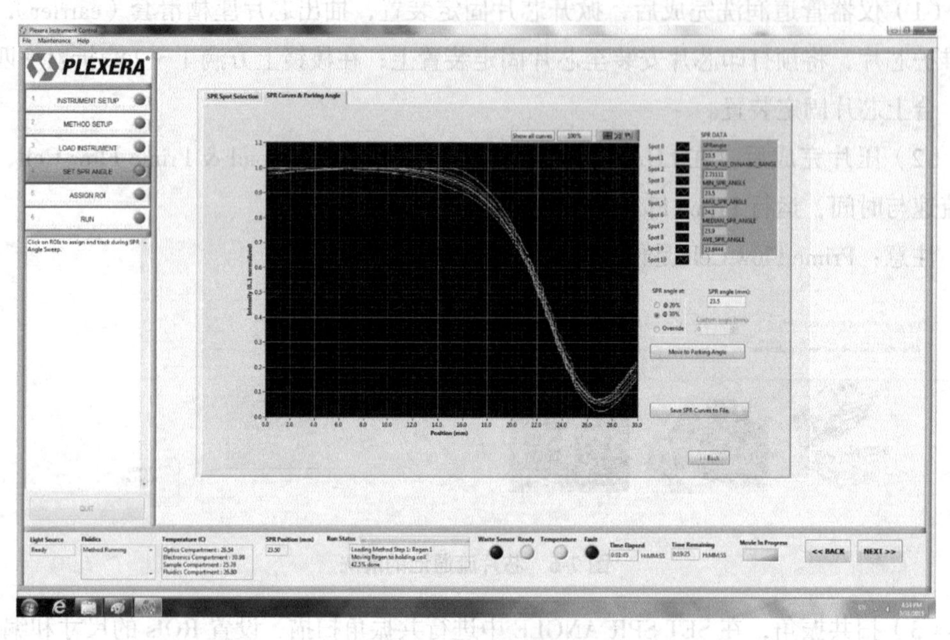

图 7-8　共振角的拟合

（5）点击左侧菜单栏中的 Method Setup 设置实验方法，Method Setup → Wizard（自定义）（图 7-9），手动设置 Analyte Table 和 Method Builder Table，或者直接装载现有的表格（图 7-10）。

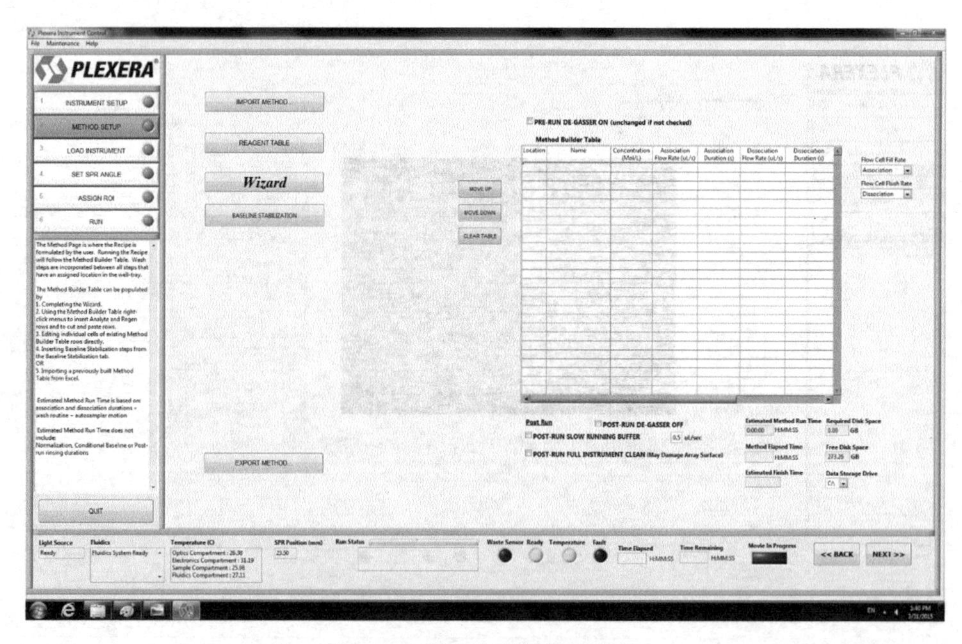

图 7-9　实验方法的建立界面

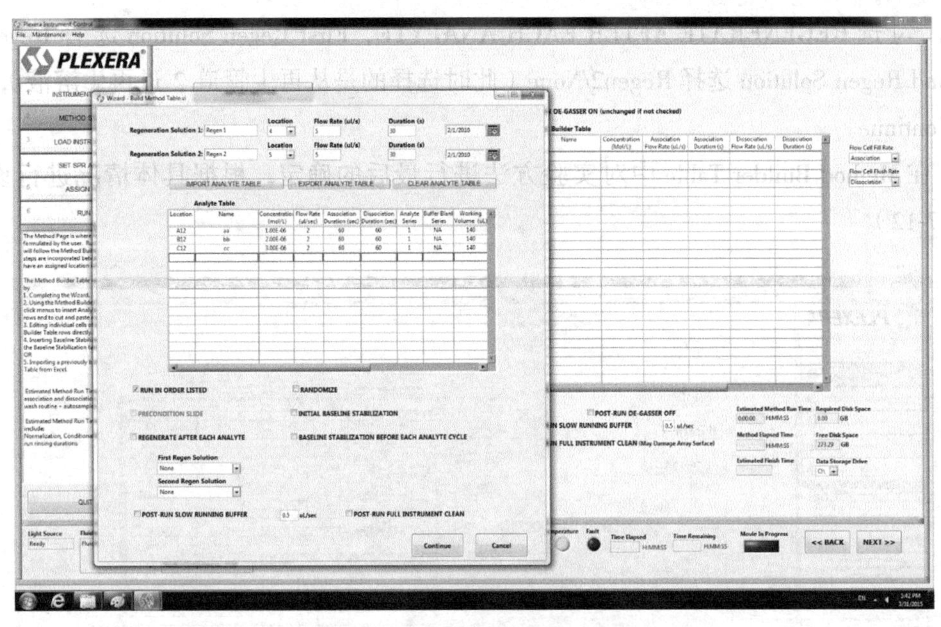

图 7-10　流动相的参数输入界面

在 Analyte Table 中可根据实验内容添加具体的检测物质信息（名称和浓度）并设置它的流速和进样时间（根据具体情况设置）（图 7-11）。勾选 INITIAL BASELINE STABILIZATION 弹出页面，对 INITIAL BASELINE STABILIZATION 进行设置。Flow Rate 输入 2 μl/s，Run For Specified Time 输入 5 min（可以根据具体情况设置），其余默认，点击 OK。勾选 BASELINE STABILIZATION BEFORE EACH ANALYTE CYCLE 弹出页面，Flow Rate 输入 2 μl/s，Run For Specified Time 输入 5 min，其余默认，点击

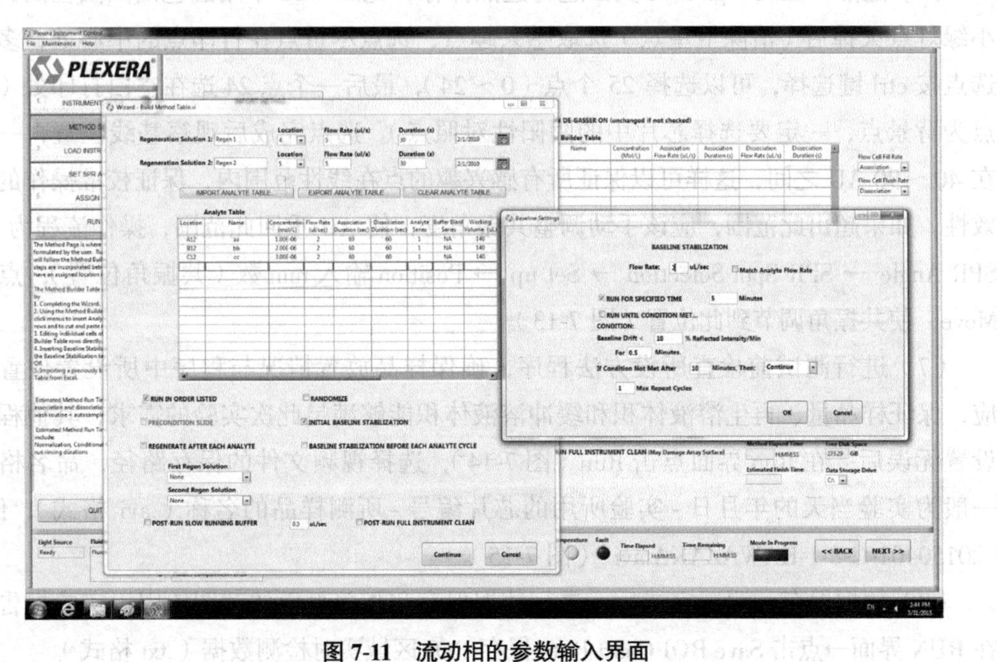

图 7-11　流动相的参数输入界面

OK。勾选 REGENERATE AFTER EACH ANALYTE，First Regen Solution 选择 Regen2，Second Regen Solution 选择 Regen2/None（此时选择的是从再生管道 2 进再生溶液），点击 Continue。

在 Method Builder Table 中对实验方法进行最后的确定，根据具体情况进行设定（图 7-12）。

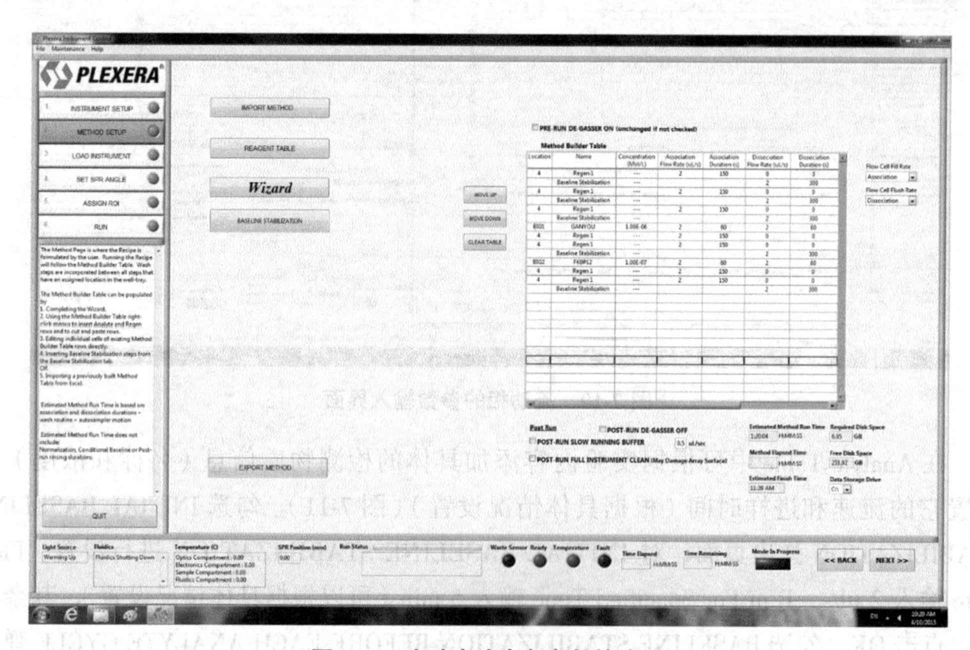

图 7-12　实验方法中各参数的确认

（6）选点，在 Assign ROI 页面进行选点操作，把图 7-13 中用红色圆圈圈住的四个小绿灯点灭掉后（清除卫星点）选取感兴趣点，选点尽量点在打印点的中心处，多个选点按 ctrl 键选择，可以选择 25 个点（0～24），最后一个点 24 选在空白打印处（此点为背景点，一定要选择芯片中的阴阳性对照点）。选点完成后观察基线位置，一般在 40～90 AU 之间，这样可以保证所有感兴趣的点在线性范围内，保证校准操作的有效性，如果超出此范围，应该手动调整共振角度，使 AU 重回此范围，操作流程为 Set SPR Angle → SPR Spot Selection → Set up → Position 输入 mm 数（共振角位置），点击 Move，使共振角调节到此位置（图 7-13）。

（7）进行测试前检查所设方法程序，确保样品放置情况与程序中所设置位置对应，保证样品量、再生溶液体积和缓冲溶液体积能够满足此次实验的需求，其他程序设置无误后，在 Run 界面点击 Run（图 7-14），选择视频文件的保存路径，命名格式一般为实验当天的年月日 - 实验所用的芯片编号 - 所测样品的名称（.avi 格式），例：（20150401-C-8-1-KAWAZAKA.avi）（图 7-15）。

（8）数据保存，测试完成后，进行数据保存和相关页面的截图（用于实验报告）。在 RUN 界面→点击 Save ROI Chart Data 保存 ROI 区域实时检测数据（.txt 格式）。

在 METHOD SETUP 界面，点击 EXPORT METHOD 导出实验方法，命名方法和视频命名方法一致。在 RUN 界面截图一张和右下图表中信号线条放大后截图保存一张。在 ASSIGN ROI 界面截图保存一张。在 SET SPR ANGLE 界面，选择 SPR Spot Selection 截图保存一张，选择 SPR Curves & Parking Angle 截图保存一张。数据保存在对应视频文件的文件夹中，文件夹中应该有 5 张截图，一个（.txt 格式）文件，一个（.avi 格式）文件和一个 excel 表文件，共七个数据文件。

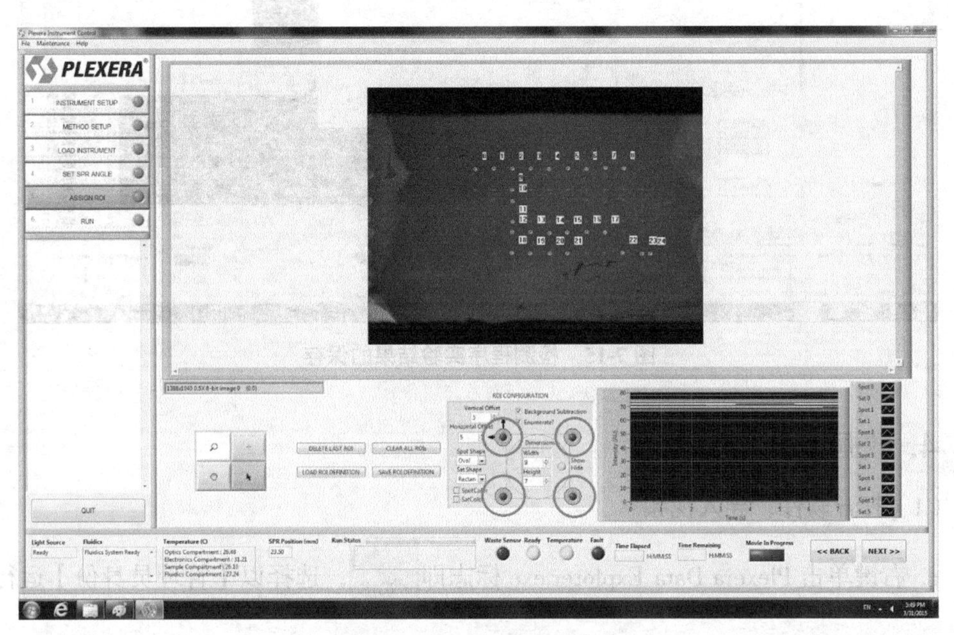

图 7-13　样品点和参照点的选择

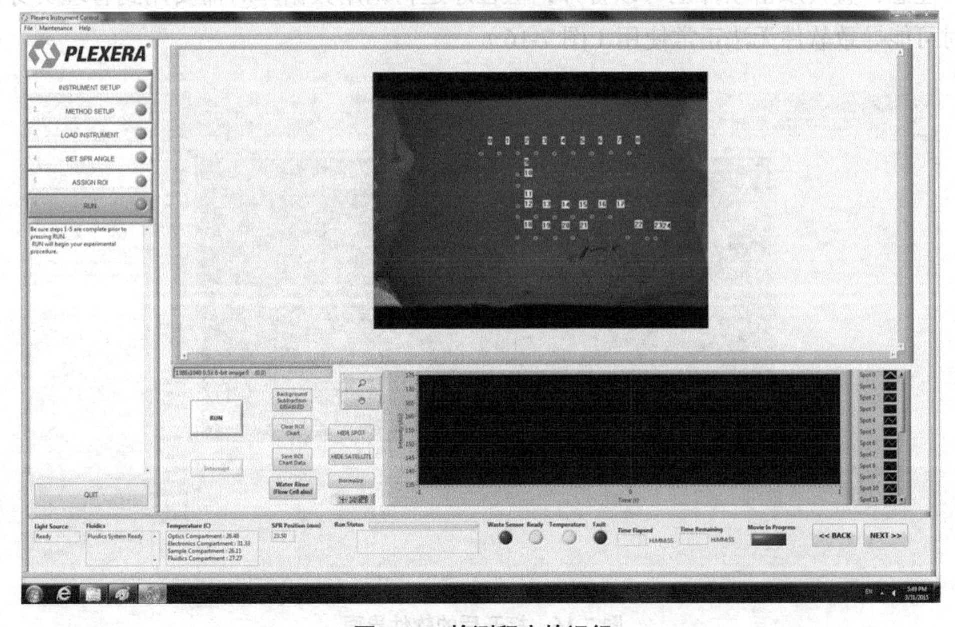

图 7-14　检测程序的运行

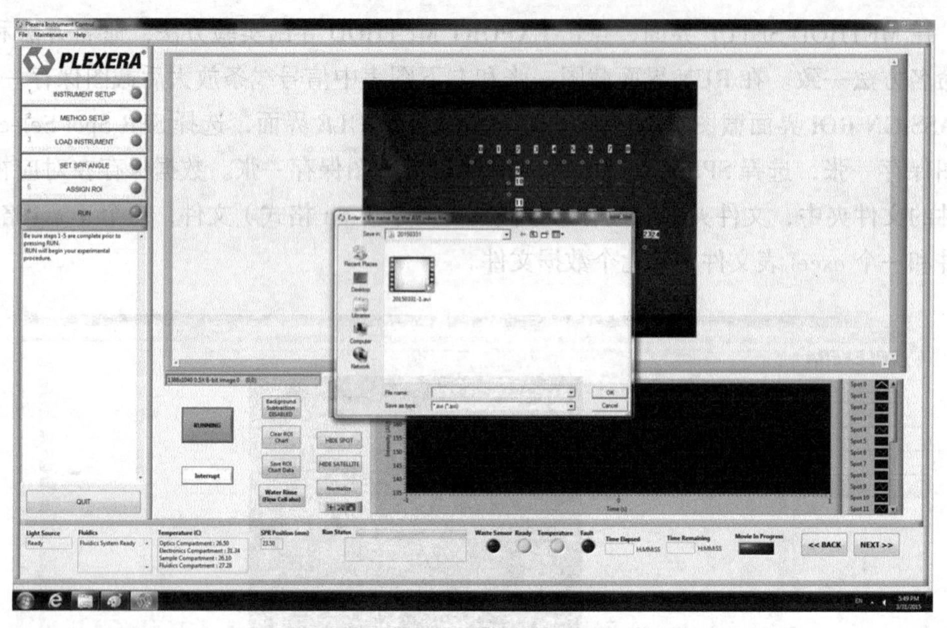

图 7-15　检测程序实验结果的保存

4. 数据处理

（1）打开软件，导入视频

a. 右键单击 Plexera Data Explorer.exe 标志即 ，选择以【管理员身份】运行软件，若此时弹出用户账户管理提示，点击“是”，即可成功进入软件。

注意：直接双击软件也可以打开，但程序运行调用数据库时需要用到管理员身份，此时可能导致软件无法正常使用（图 7-16）。

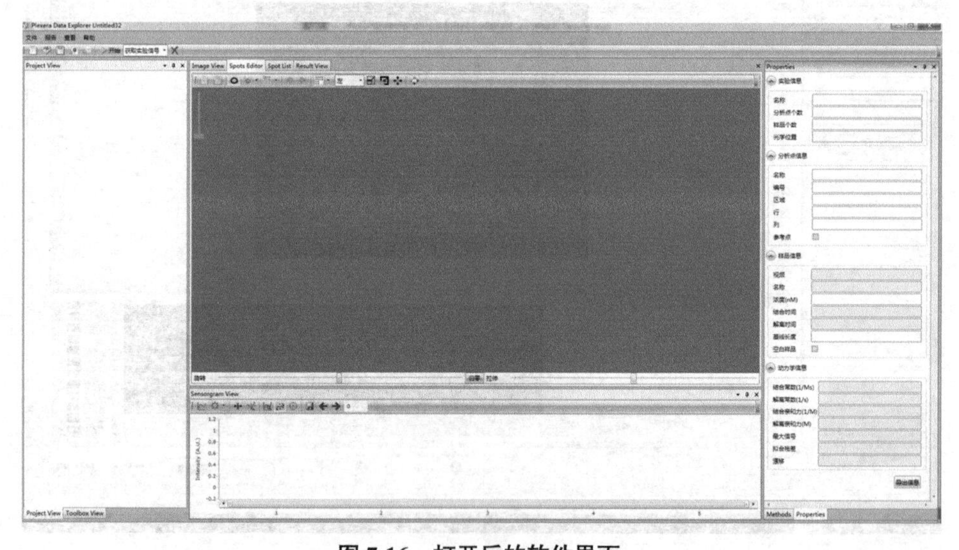

图 7-16　打开后的软件界面

b. 单击界面左上方的文件按钮，在弹出的下拉列表中选择新建项目，再次单击文件按钮，在弹出的下拉列表中选择导入视频，选中要处理的 avi 视频，点击打开（图 7-17）。

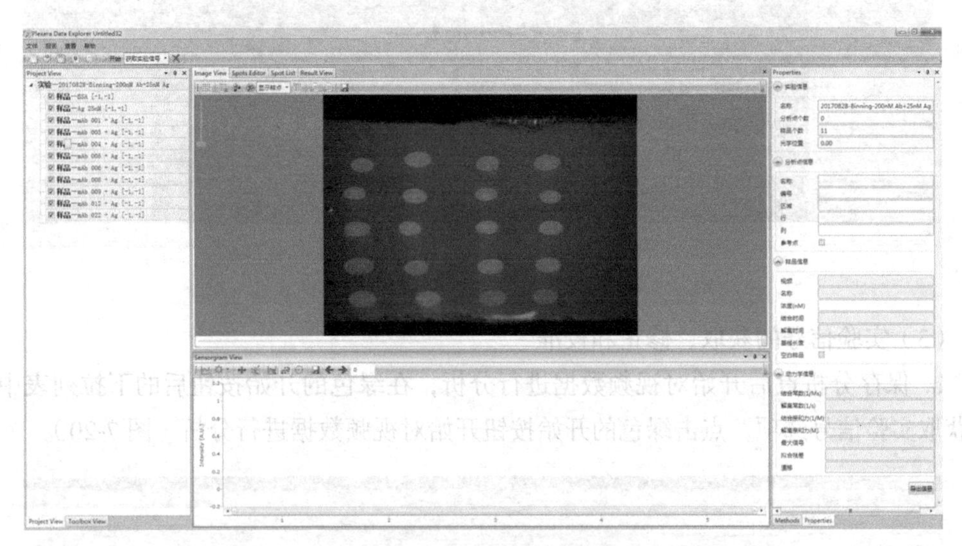

图 7-17　打开的 avi 视频文件

（2）选择分析点和参照点

a. 单击实时界面上方 Spots Editor 界面下的 按钮，进行分析点的选择以及编辑分析的位置和大小。尽量点击分析点的中心位置，出现黄色方框，可以对黄色方框的宽度、高度以及分析点的微阵列横纵数进行编辑，编辑完后，点击保存（图 7-18）。

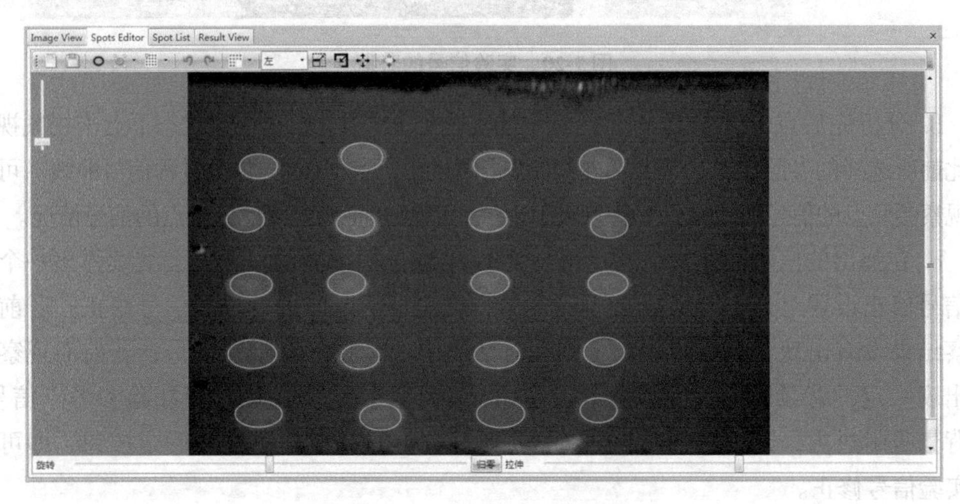

图 7-18　分析点位置的选择

b. 待分析点或分析点阵列选完后，在分析点附近空白处或分析点阵列之外的空白处选一个与分析点大小相当的点为参照点，操作与编辑分析点相同。然后在选中该点状态下点击图 7-19 中标出的按钮选择当前点为背景参考点，进而点击保存分析点按钮。

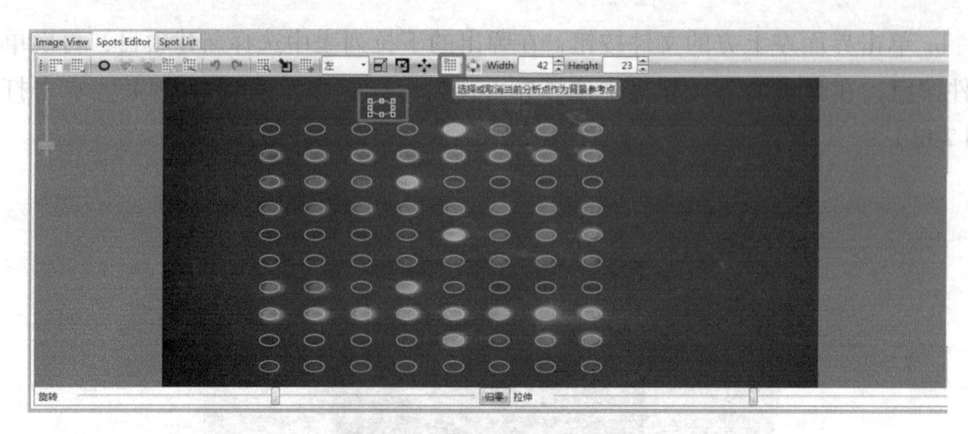

图 7-19　背景参考点的选取

（3）实验信号的获取、修正和校准

a. 保存分析点后开始对视频数据进行分析，在绿色的开始按钮后的下拉列表中选择获取实验信号选项，点击绿色的开始按钮开始对视频数据进行分析（图 7-20）。

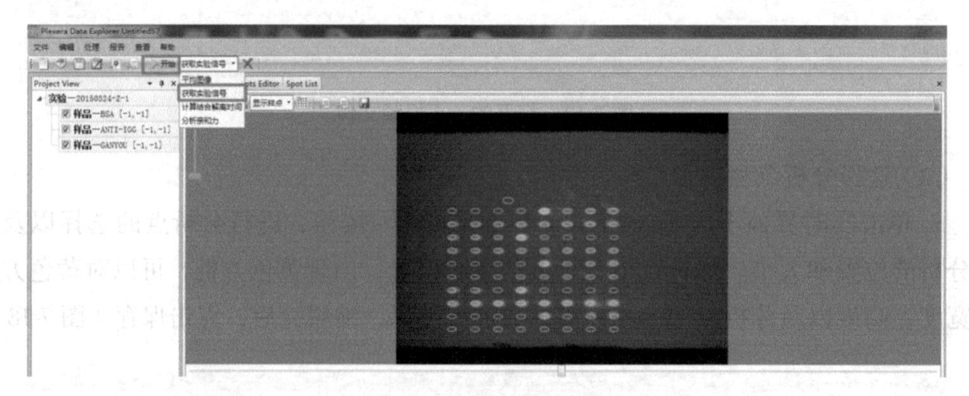

图 7-20　实验信号的获取

b. 分析完后点击选中 Project View 中的实验 -XXX 项，然后在该状态下点击视频视图中此前所选择的参照点，在下方的曲线浏览器中会出现该点的实验全过程信号曲线。可以此观察参照点的信号曲线是否有背景吸附现象，以及进而观察其他分析点的信号情况。

c. 在弹出的信号曲线窗口，点击图 7-21 中红色框标注的按钮，会继续弹出一个实验信号修正设置对话框，根据上述观察参照点信号情况，进行选择信号修正。若前面观察结果没有出现背景吸附现象，则在对话框中选择扣除背景点信号；若前面观察结果出现一定的背景吸附，但该背景吸附明显小于样点信号，则选择扣除参考点信号；若背景吸附过大，则可以判断该测试数据无意义。选择结束，点击确定按钮，即可进行实验信号修正。

d. 若实验中通有校准样品，则进行信号校准，即将信号的 AU 值转换为 RU 值。点击选中左上角的实验 -XXX 后，单击鼠标右键（注意鼠标箭头），在弹出的列表中选择信号校准设置，在弹出的实验信号校准设置对话框中，勾选校准样品选项中的“有”，并在下方的空白框中选择实验所用的校准试剂，通常为 GANYOU 校准。点击确定。

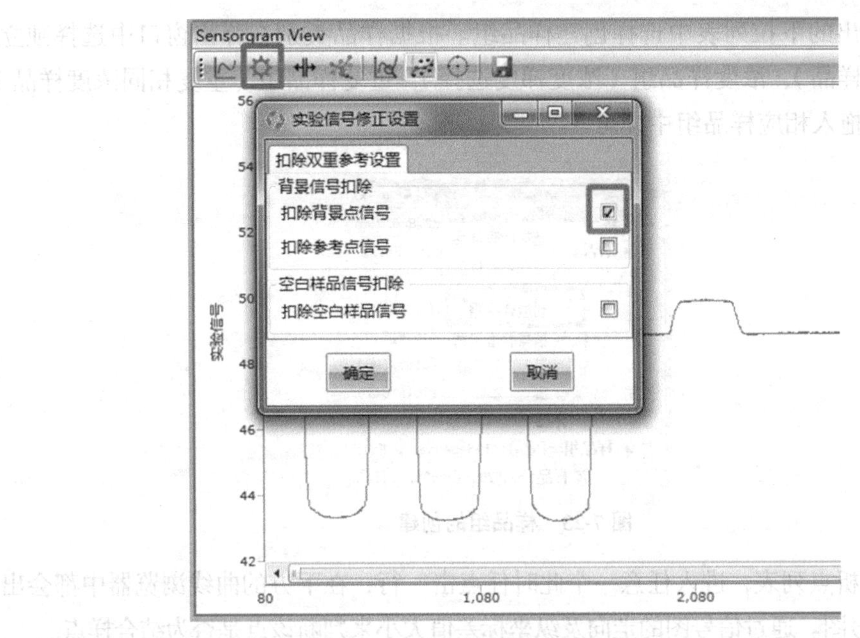

图 7-21　信号修正

e. 信号校准结束后，点击文件，选择项目“另存为”，进行路径选择，命名，保存为 ppd 格式文件，后续再打开该项目，则直接打开 ppd 文件即可。

（4）结合样点的筛选

a. 数据分析完后需要通过观察每个点的信号情况筛选出结合样点，并导出结合样点数据。该操作可以在信号校准结束后进行。

若实验无浓度梯度、无重复样品，则需在项目视图界面中，首先单击选中目标样品，再点击具体分析点观察信号情况。

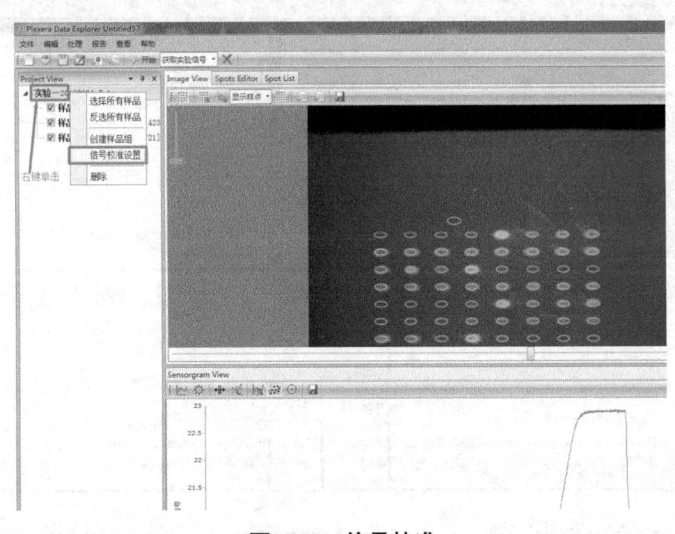

图 7-22　信号校准

若实验有浓度梯度，则需首先点击选中左侧项目名称“实验 -XXX”，进而点击鼠标右键，在弹出的下拉列表中选择创建样品组。根据样品类别在弹出窗口中选择独立样品组（单独样品）、浓度样品组（浓度梯度选择）、重复样品组（重复相同浓度样品）等，并将样品拖入相应样品组中即可。

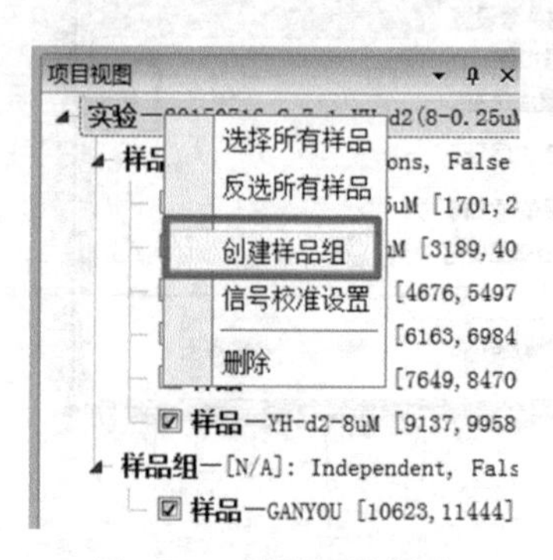

图 7-23　样品组的创建

b. 点击分析点列表，进入任意一个此时任点击一行，在下方的曲线浏览器中都会出现相应点的信号图。通过信号图的走向及纵坐标差值大小来判断该点是否为结合样点。

注意：若该样品点为结合样点，则在没有背景吸附或者背景吸附很弱的情况下，未校准时，其纵坐标差值△ AU 应该大于 0.2，校准后其纵坐标差值△ RU 应该大于等于 40 左右。

判定样品点为结合样点后，在分析点列表中的 Description 下拉列表中选择结合样点（在没筛选时 Description 列均显示为假结合样点，标记为结合样点时点击两次该单元格即出现下拉选项，选择结合样点即可）。图 7-24 显示的为某分析点在一个拥有三个浓度梯度的样品组中的信号曲线。

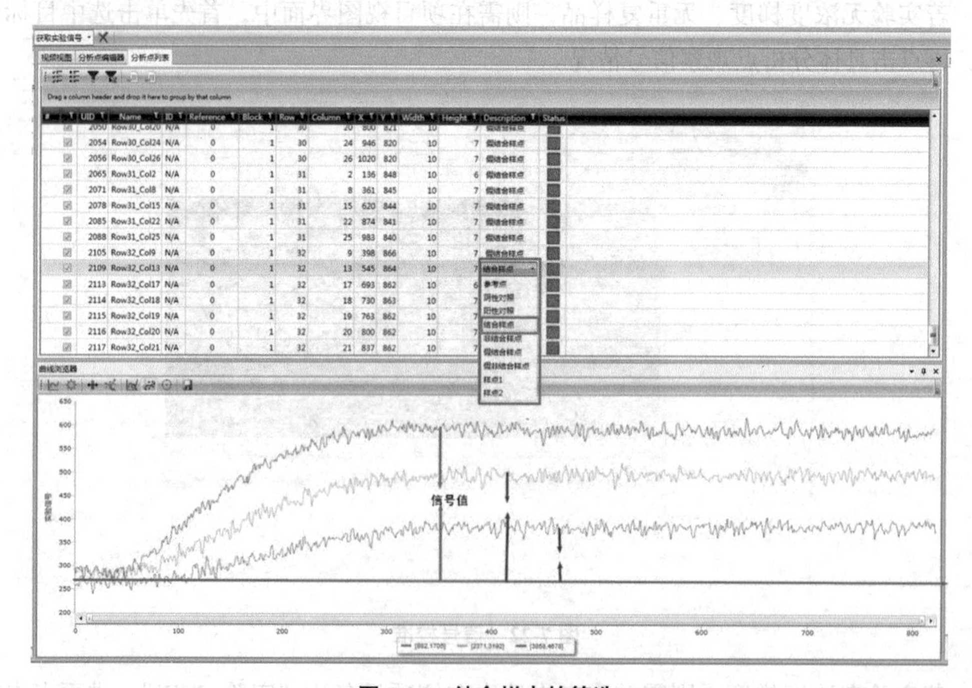

图 7-24　结合样点的筛选

c. 筛选完结合样点之后，点击列表 Description 后面的红框按钮 Description ▼，出现下拉选项，勾选结合样点项，最后点击 Filter 按钮，即可完成结合样点的筛选。记录结合样点的 Row、Column、X 及 Y 列的数值。若如果按照上述方法无法筛选结合样点，则建议使用分析点列表窗口左上角的▼按钮，然后在其下拉列表中选择 True 选项，点击 Filter，即可选出已筛选的结合样点。筛选分析点后需要再次保存 ppd 文件。

注意：筛选结合样点时，分析点阵列不同，则操作不同。若在手动点样、分析点阵列不规则及芯片质量测试等情况下，可以直接在视频视图中点击相应分析点观察判断其信号情况。若在机器打印且点数较多的规则阵列等情况下，则在分析点列表中进行筛选。

（5）亲和力拟合

a. 流通样品的浓度梯度信号曲线的基线可以自动校准 *Y* 轴坐标为零点，但为统一每次项目实验曲线的 *X* 轴时间长度样式，保证拟合区间统一以及结果的准确性，需要对基线的长度进行统一，约为 100 s。点击曲线浏览器界面中的⊙按钮，将鼠标箭头放置图 7-25 中的红线标记位置，即可确定该基线长度，在左右移动曲线的箭头旁的空白框内输入数值，然后点击左或者右箭头，即可相应地左移或者右移曲线。

注意：以上操作只要选择一个分析样点进行调整，其他样点的梯度曲线都会自动与之同步（在同一样品组的情况下）。

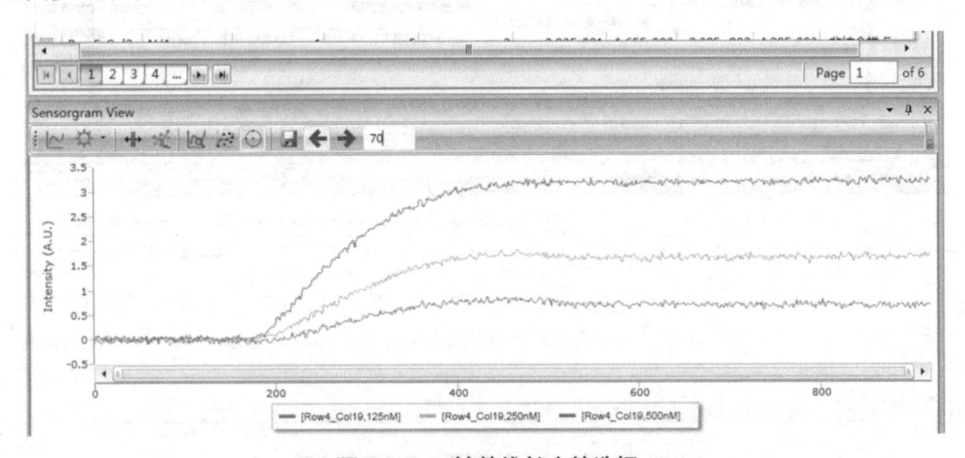

图 7-25 *X* 轴基线长度的选择

b. 确定要进行拟合的样品组，选择一个分析样点，然后在样品组内点击选中一个流通样品，在右侧属性样品信息栏的浓度空白框中输入流通样品对应的浓度（默认单位是 nmol/L），如图 7-26 所示。样品组内其他流通样品都要在属性栏里设置好对应的浓度才能进行后续的拟合操作。

c. 点击曲线浏览图中的 ☼ ▾，下拉菜单选择修正拟合设置功能，通常基线在 *Y* 轴校准（从零点开始）的情况下，漂移选项是选择“无漂移”，拟合方法的选定，若拟合的为同一样品的浓度梯度曲线，则一般选择全局拟合，即每条曲线拟合后是相同的 k_a、k_d 和 K_D 值；若拟合的为单条浓度信号曲线，则可选择局部拟合，即每条曲线拟合后是不同的 k_a、k_d 和 K_D 值。点击确定完成设置（一般默认为无漂移、全局拟合）（图 7-27）。

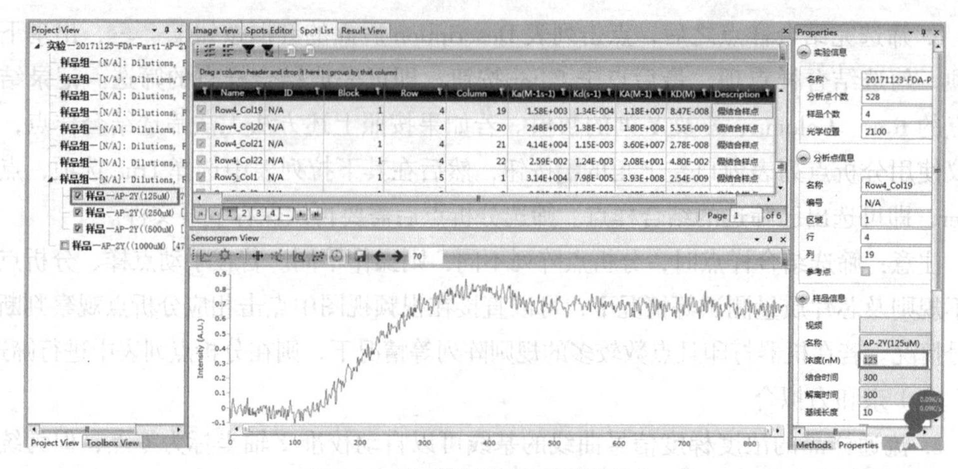

图 7-26　流通样品对应浓度的输入

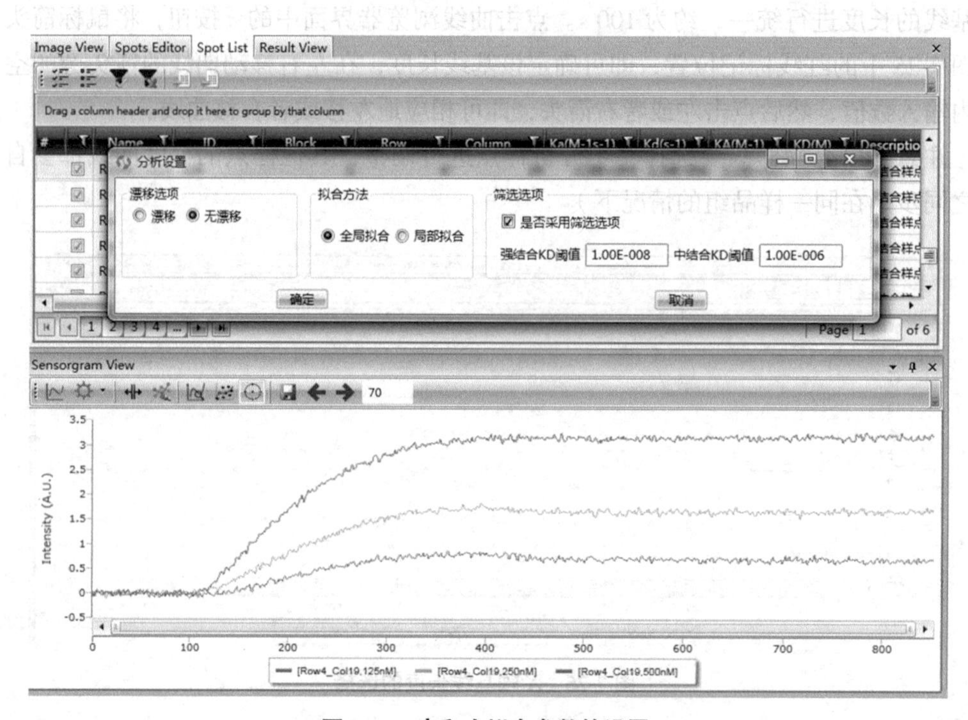

图 7-27　亲和力拟合参数的设置

d. 在完成（b）和（c）步骤的操作后，点击 ，会出现几条竖实线和虚线（图 7-28），其中蓝色和绿色的实线、虚线要分别粘连在一起进行结合区间的选择划分，而红色实线、虚线则进行解离区间（平稳阶段）的划分。区间线的可用鼠标右键点击按住拖动。

注意：两区间划分完成后点击 （应用结合 / 解离时间设置于所有分析点），此时其他分析样点拟合的结合、解离区间会与这一个分析样点的保持一致。因此在设置信号曲线拟合的结合、解离区间时，要先选择一个与其他分析样点曲线趋势都相近、具有代表性的分析样点进行设置，然后再应用同步到其他分析样点上。

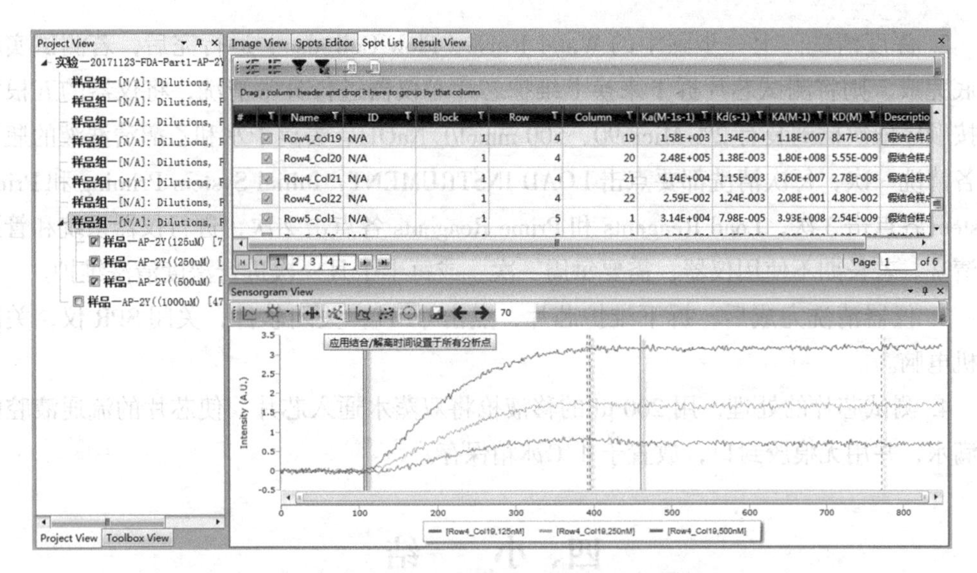

图 7-28　分析样点结合、解离区间的选择

e. 在分析功能下拉菜单里选择分析亲和力，然后点击开始（图 7-29）。曲线拟合完毕后，进行数据的保存和导出。

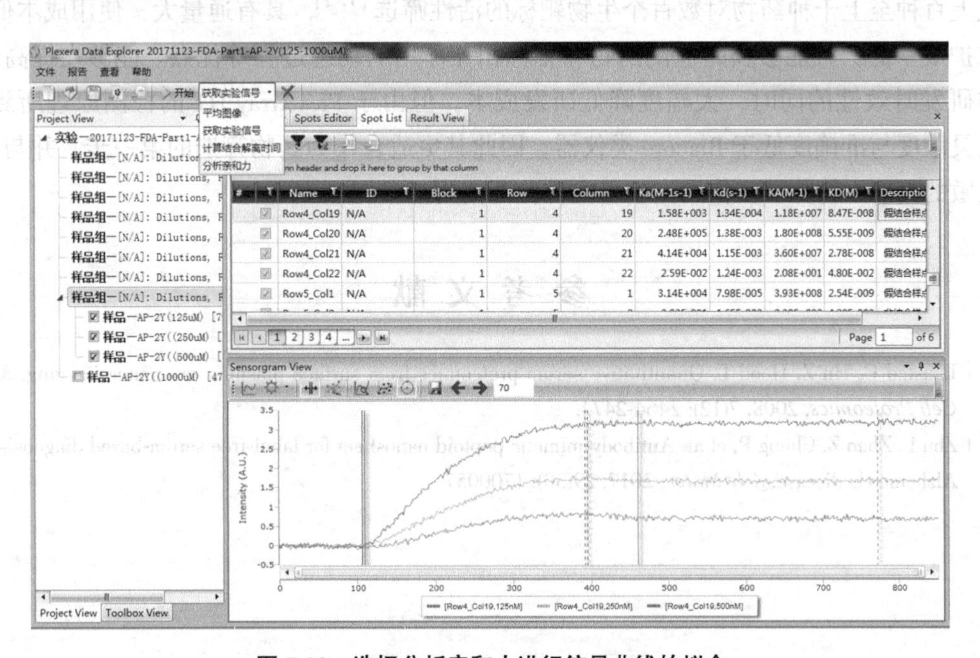

图 7-29　选择分析亲和力进行信号曲线的拟合

三、实验结束后的机器维护和保养

1. 简单清洗　将仪器的五根管子插到双蒸水中，点击 Run 界面的 Water Rinse（Flow Cell also），直接用水清洗仪器管道。

2. 深度清洗　上一步骤中的 Water Rinse（Flow Cell also）运行完后，若测试实验彻底完成，则将测试芯片拆下来换上维护芯片对仪器进行日常清洗，将仪器的五根管子按顺序依次插到装有 2% Micro90、500 mmol/L NaOH、去离子水和乙醇清洗液的瓶子中各清洗一次，每次清洗都要点击 LOAD INSTRUMENT，Initial System Priming 和 Prime System 各点击 3 次，Load Reagents 和 Prime Reagents 各点击 2 次，进行仪器系统和管道的清洗。若长期不使用仪器，需要每周一次，或每半个月一次进行深度清洗维护。

3. 仪器清洗完成后，拆下维护芯片，点击 QUIT，关闭软件，关闭 SPR 仪，关闭主机电脑。

4. 测试芯片的处理，用 200 μl 的移液枪将双蒸水通入芯片，使芯片的流通液腔内充满水，并用无痕胶封口，放置于 4 ℃冰箱保存。

四、小　结

在本章节中，我们介绍了 PlexArray HT 表面等离激元成像微阵列分析仪的仪器操作和实验指南。PlexArray HT 表面等离激元成像微阵列分析仪的特点在于可以一次完成上百种至上千种药物对数百个生物靶标的活性筛选[1, 2]，具有通量大，使用成本低，维护成本低，且能够实时监测药物和靶标相互作用的动态过程等优点。能够在提高药物研发时效性的同时，大幅度降低研发成本。但由于 PlexArray HT 的检测原理所致，其灵敏度与准确度低于 Biacore 类仪器，因此其更适合作为药物筛选的第一步，并与更灵敏的其他生物分子互作用类仪器配合验证使用。

参 考 文 献

[1] Lausted C, Hu Z, Hood L. Quantitative serum proteomics from surface plasmon resonance imaging. *Mol Cell Proteomics*, 2008, 7(12): 2464-2474.

[2] Zhu L, Zhao Z, Cheng P, et al. Antibody-mimetic peptoid nanosheet for label-free serum-based diagnosis of Alzheimer's disease. *Adv Mater*, 2017, 29(30): 1700057.

第八章
表面等离子共振仪的应用案例总结

在第五、六、七章中我们分别介绍了 Biacore 生物分子相互作用分析仪，OpenSPR 生物分子相互作用分析仪以及 PlexArray HT 表面等离激元成像微阵列分析仪的操作指南，其中 Biacore 分析仪是基于广角度入射光入射的表面等离子分析仪，OpenSPR 分析仪是基于局域表面等离子共振技术的分析仪，而 PlexArray HT 分析仪是基于平行光入射的表面等离子分析仪。Biacore 分析仪的特点在于灵敏度高、精度高，OpenSPR 分析仪的特点在于响应信号更集中、操作简便，而 PlexArray HT 分析仪的特点在于通量高，速度快。当然，这些仪器的应用领域非常广泛，涉及科学研究和产业发展的各个环节，本章节将从蛋白和离子、蛋白和小分子、蛋白和糖、蛋白和多肽、蛋白和核酸、蛋白和蛋白、抗原和抗体以及蛋白和病毒的相互作用出发，依次介绍上述 SPR 分析仪在这些领域的具体应用案例。

一、蛋白质和离子的相互作用

1. Biacore 生物分子相互作用分析仪

鉴于 Biacore 分析仪的高灵敏性，它们对生物分子的检测并无分子量下限。例如，山西医科大学谢军课题组使用 Biacore T200 成功表征了分泌磷脂酶 A2s（sPLA2）及其突变体与钙离子的亲和力（野生型 sPLA2 与钙离子的 K_D 值为 496 μmol/L）（图 8-1）[1]。分泌磷脂酶 A2s 是钙依赖性酶，参与脂质代谢和炎症等的生物反应。谢军课题组利用 sPLA2 的酶活性实验，关键残基突变实验，亲和力分析实验和动力学模拟等，成功验证了钙离子的结合对人 sPLA2 基团 IIE（hGIIE）正常发挥催化功能的重要作用。

2. OpenSPR 生物分子相互作用分析仪

顶端连接复合体（AJC）是一种膜蛋白超微结构，可以调节细胞黏附和体内平衡。紧密连接（TJ）和黏附连接（AJ）是 AJC 的子结构，但 TJ 和 AJ 膜蛋白组装成 AJC 间

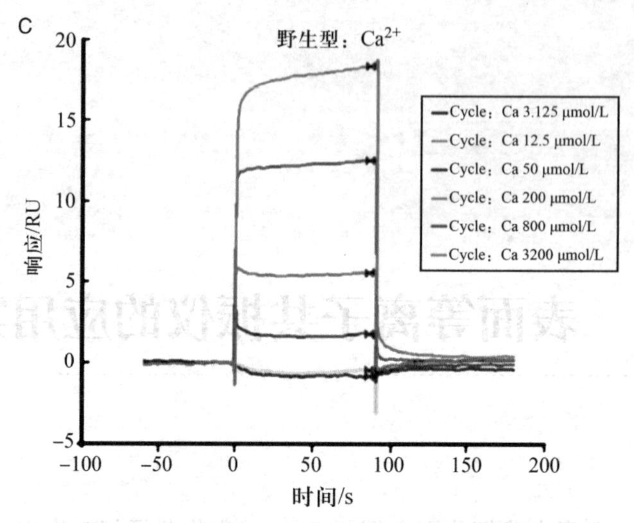

图 8-1　钙离子与野生型 sPLA2 的 SPR 结合传感图[1]

的相互作用仍不清楚。杨百翰大学 Dario Mizrachi 课题组采用合成生物学的策略表达了一个简单 AJC 所需的基本膜元件 - 连接黏附分子 A（JAM-A）的黏附胞外结构域、上皮钙黏蛋白、claudin 1 和 occludin 来研究它们之间的相互作用（图 8-2）[2]。他们使用圆二色谱仪和 OpenSPR 分析仪研究了钙离子浓度波动和作为 TJ 和 AJ 之间界面分子的 JAM-A 是如何协调它们之间的相互作用。实验结果表明钙离子影响 TJ 和 AJ 组分同型和异型相互作用的二级结构、寡聚化和结合亲和力，因此充当影响 AJC 动力学的分子开关。

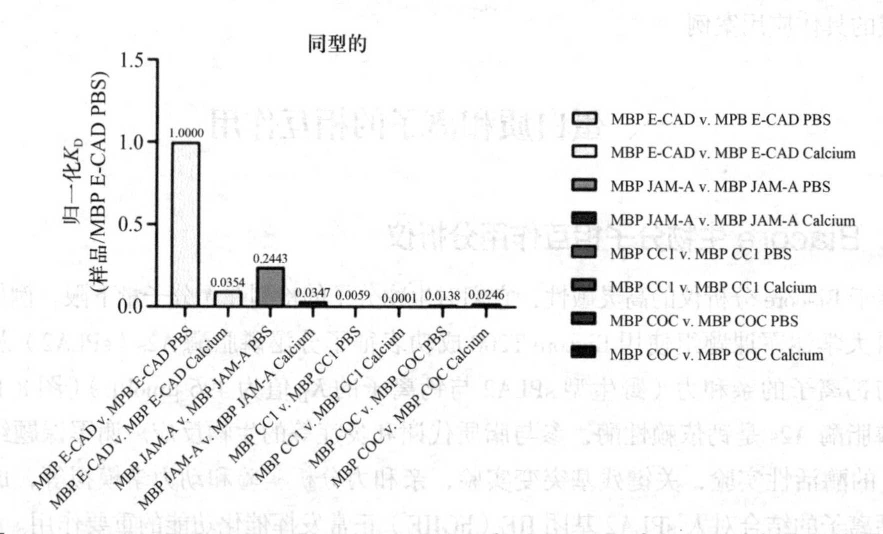

图 8-2　MBP E-CAD、MBP JAM-A、MBP CC1 和 MBP COC 在 PBS 和含钙离子的缓冲溶液中的 SPR 结果比较。MBP E-CAD，带麦芽糖（MBP）标签的上皮钙黏蛋白；MBP JAM-A，带 MBP 标签的连接黏附分子 A；MBP CC1，带 MBP 标签的嵌合 claudin 1；MBP COC，带 MBP 标签的嵌合 occludin[2]

二、蛋白质和小分子的相互作用

蛋白质和小分子相互作用的表征一直是各 SPR 分析仪的拿手好戏，所涉及的靶标蛋白和小分子的种类也是各式各样。

1. Biacore 生物分子相互作用分析仪

以“瓦尔堡效应”为依据，根据癌细胞与正常组织细胞的代谢差异，以代谢酶为抗癌靶标，发展选择性抗肿瘤药已成为一项非常有效的治疗癌症的策略。丝氨酸合成通路上的关键酶 D-3- 磷酸甘油酸脱氢酶（PHGDH）已被证实至少在 11 种癌细胞中存在过表达的情况。北京大学的来鲁华教授课题组克服 PHGDH 活性口袋体积较小、辅基 NAD^+ 在生物体内浓度高以及完整晶体结构至今仍未得到的研究瓶颈，采用别构位点预测方法首次成功获得了具有明确结合位点的 PHGDH 别构抑制剂[3]，并使用 Biacore T200 表征了 PHGDH 与 PKUMDL-WQ-2101（K_D 值为 0.56 μmol/L）（图 8-3）和 PKUMDL-WQ-2201（K_D 值为 35.7 μmol/L）的亲和力，这些抑制剂能够特异性靶向癌细胞内的 PHGDH 并在小鼠异种移植模型中显示出较好的体内生物活性。

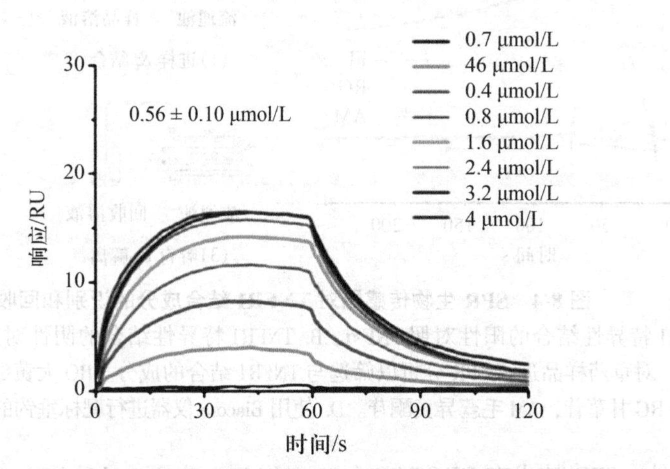

图 8-3　PHGDH 与 PKUMDL-WQ-2101 的 SPR 结合传感图[3]

除了常规蛋白和小分子相互作用的表征，SPR 的另一个主要优势还体现在其在中医药新靶标发现及作用机制以及寻找中药有效小分子等方面的应用。北京大学屠鹏飞教授课题组通过靶标垂钓实验发现中药活性成分苏木酮 A（sappanone A）可以通过选择性结合在人的肌苷一磷酸脱氢酶 2（IMPDH2）的非催化贝特曼结构域来发挥抗神经炎症作用，并使用 Biacore T 200 表征了苏木酮 A 与 IMPDH2 的亲和力为 3.944 nmol/L[4]。第二军医大学张俊平教授课题组以肿瘤坏死因子受体 1（TNFR1）为“诱饵蛋白”，采用 Biacore 垂钓技术进行了 5 种中药的筛选和分离，经过仪器自动化地完成样品进样、结合、洗涤、孵育、解离、回收、中和等垂钓实验的全部过程，最终从大黄酚中分离回收得到了TNFR的配体大黄素甲醚-8-O-β-D-葡萄糖苷（PMG）（图8-4）[5]。并进一步使用Biacore表征了PMG与TNFR1的亲和力为376 nmol/L。这是人类第一次发现大黄中PMG成分为TNFR1的配体，为抗炎药物研发提供了新的方向，也为中药活性成分的分离鉴定提供了新的方法和思路。

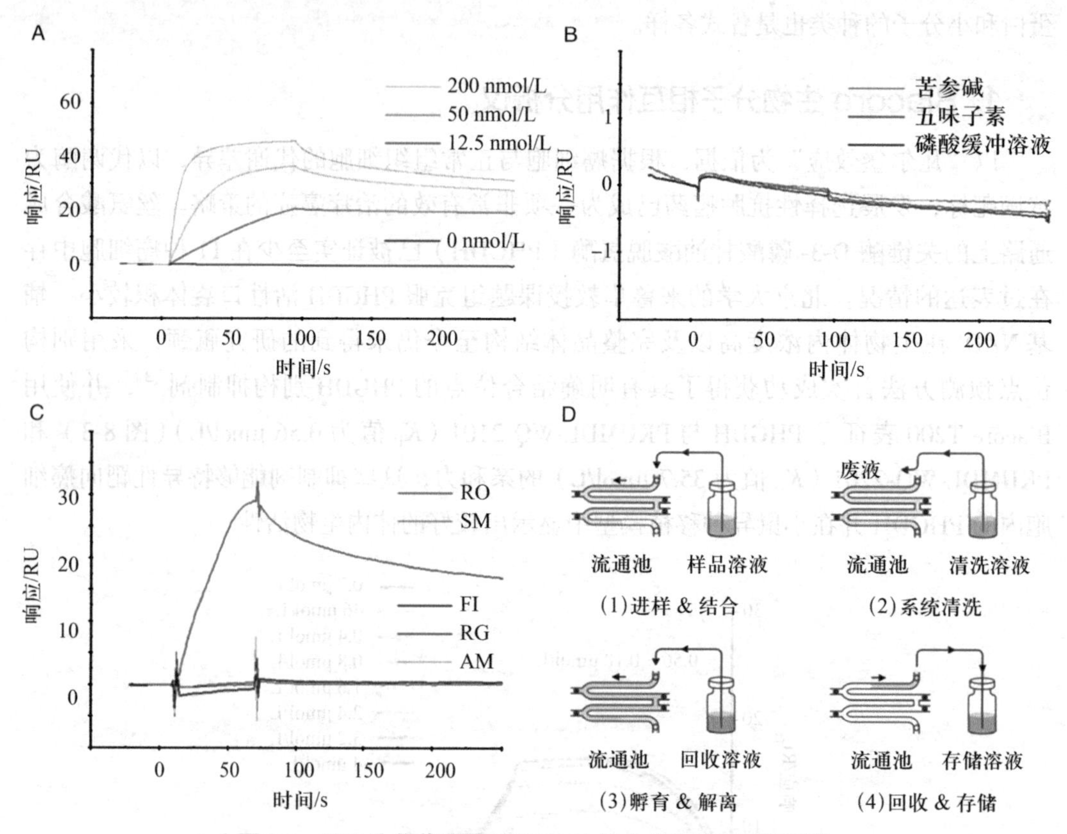

图8-4　SPR生物传感器对TNFR1结合成分的识别和回收

A. TNFR1特异性结合的阳性对照TNF-α。B. TNFR1特异性结合的阴性对照苦参碱和五味子素。C. 对草药样品进行SPR分析以筛选与TNFR1结合的成分。RO大黄酚，SM丹参酮Ⅱ，FI靛红，RG甘草苷，AM毛蕊异黄酮苷。D. 使用Biacore仪器进行靶标垂钓的过程示意图[5]

除此之外，SPR技术在PROTAC（proteolysis-targeting chimeras，蛋白降解靶向嵌合体）介导的针对靶蛋白进行降解的药物开发技术方面也扮演着重要的角色。北京大学周德敏/肖苏龙教授团队基于前期发现的天然产物五环三萜广谱抑制病毒进入宿主细胞的分子机制，借助PROTAC定向降解蛋白技术特征，将与流感病毒血凝素蛋白（HA）结合的齐墩果酸（OA），分别与Cereblon（CRBN）和Von Hippel-Lindau（VHL）两种E3连接酶配体连接，建立了五环三萜细胞内靶向降解血凝素蛋白的方法，实现了五环三萜抗病毒作用由细胞膜外向细胞内的跨越，并有助于克服因突变导致的耐药性[6]。在研究工作中，他们使用Biacore 8K分别表征了OA、VHL配体小分子、OA-Linker-CRBN配体小分子（V3）与HA的亲和活性，以及OA、VHL配体小分子、OA-Linker-VHL配体小分子（V3）与VHL的亲和活性，以此证实PROTAC分子V3能够保持两端分子与原靶标蛋白 HA 和 VHL 的亲和活性。

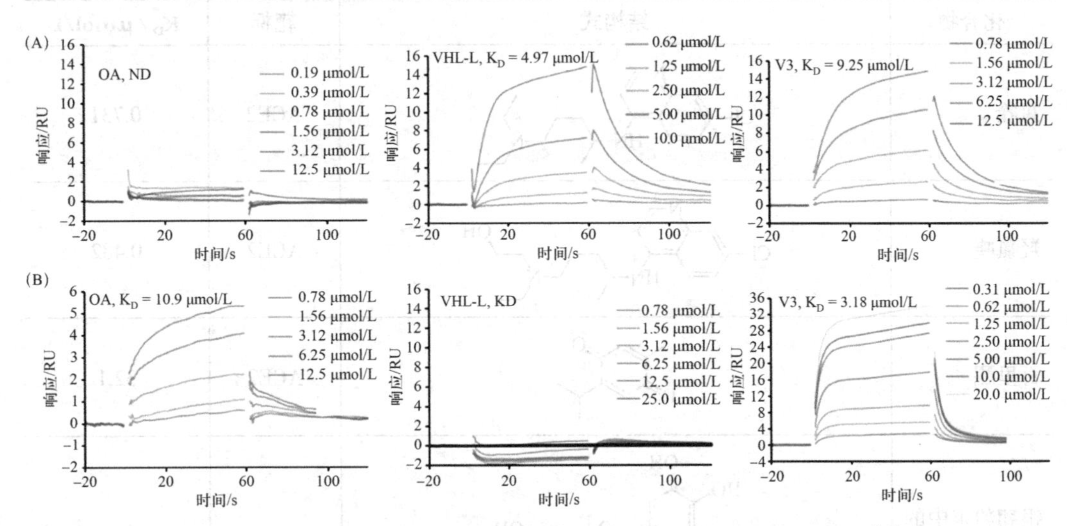

图 8-5　OA、VHL 以及 V3 分子与 VHL 和 HA 的 SPR 结合传感图[6]

2. OpenSPR 生物分子相互作用分析仪

2019 年底，由严重急性呼吸系统综合征冠状病毒 2（SARS-CoV-2）引起的新型冠状病毒突然肆虐，给中国和世界带来了严重的公共卫生危机。关于 SARS-CoV-2 侵入宿主细胞的方式，一般认为是由病毒的 S 蛋白与宿主细胞上的膜受体 ACE2 结合，从而实现病毒与细胞膜的融合。以此 SARS-CoV-2 的侵袭机制为基础，科学家们研究发现了一系列的潜在的抗新冠病毒的抗体药物、小分子药物以及疫苗等，为后续抗病毒药物的研发奠定了良好的结构基础。西安交通大学的众多课题组利用 OpenSPR 分析仪表征了众多老药与 ACE2 的结合，并进一步验证了这些老药的抗病毒活性（表 8-1）。这些老药包括：阿司咪唑[7]、氯喹和羟氯喹[8]，百里醌[9]，银翘散[10]，连花清瘟[11]，黄芪甲苷和芦丁[12]，木蝴蝶素 A[13]，异鼠李素[14]，盐酸多塞平片[15]，抗精神病药[16]，氯雷他定和地氯雷他定[17]、伊文思蓝[18]等。当然，研究者们也发现了一些针对刺突（S）蛋白、S 蛋白的受体结构域（RBD）或 S 蛋白和 ACE2 的药物，如槲皮素和异槲皮苷[12]、氟草酸钠[18]、亚油酸[19]、甘草酸[20]、艾曲波帕[21]、丹酚酸 A/B/C[22]、02B05[23]等。

表 8-1　老药与新冠病毒相关靶标亲和力的归纳表

化合物	结构式	靶标	K_D / μmol/L
阿司咪唑		ACE2	37.5

续表 8-1

化合物	结构式	靶标	K_D / μmol/L
氯喹	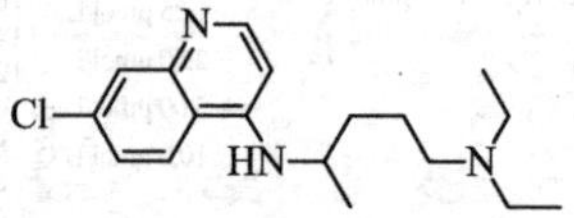	ACE2	0.731
羟氯喹	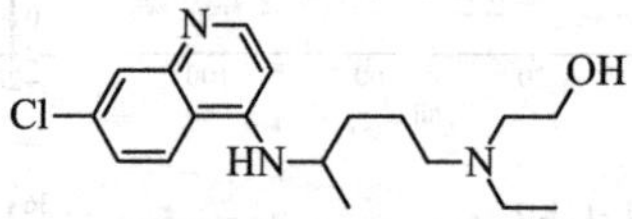	ACE2	0.482
百里醌	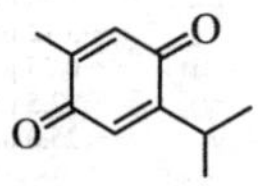	ACE2	32.1
银翘粉末中的木犀草素	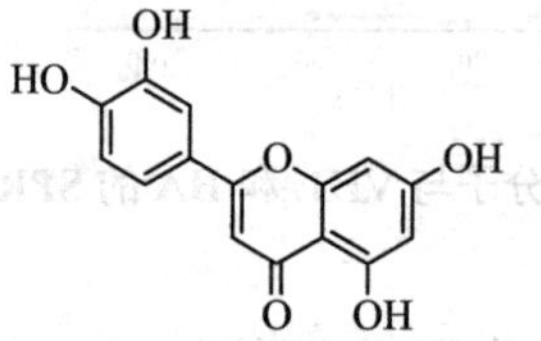	ACE2	121
连花清瘟中的大黄酸	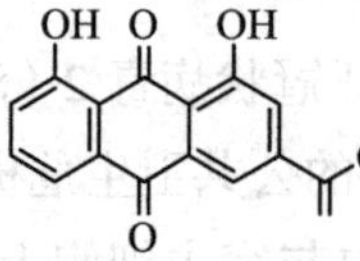	ACE2	33.3
黄芪甲苷	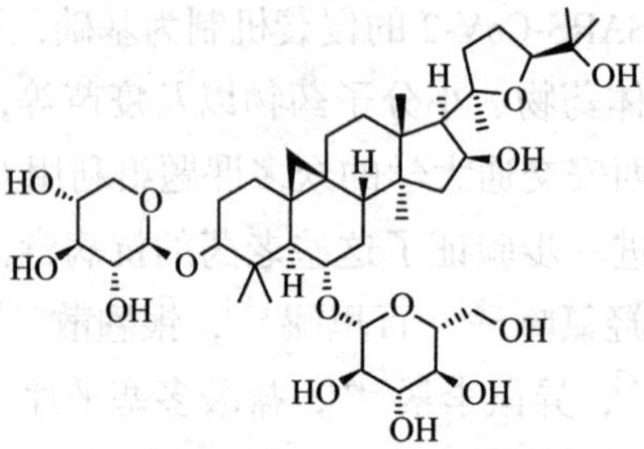	ACE2	0.369
芦丁	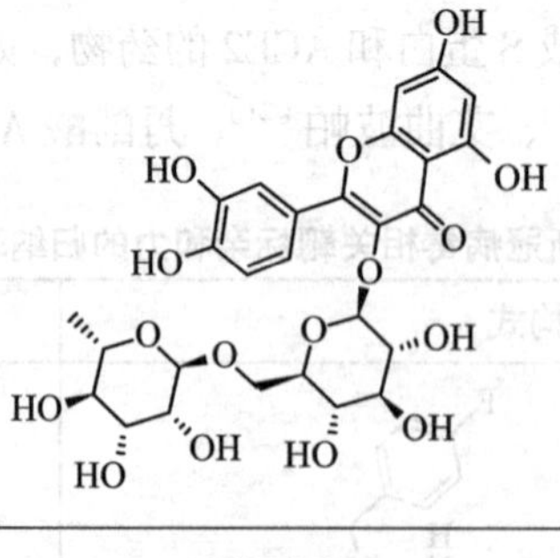	ACE2	66.8
木蝴蝶素 A	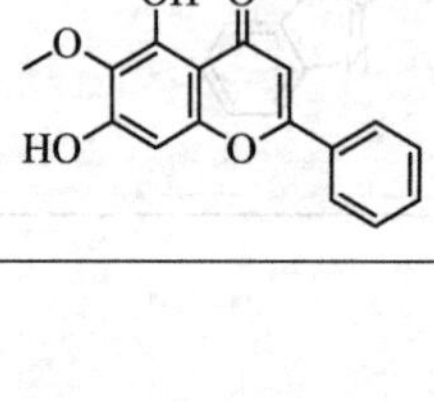	ACE2	97.2

续表 8-1

化合物	结构式	靶标	K_D / μmol/L
异鼠李素	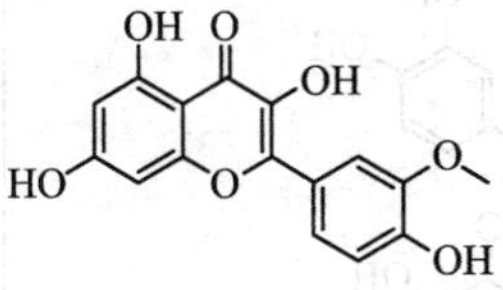	ACE2	2.51
盐酸多塞平片	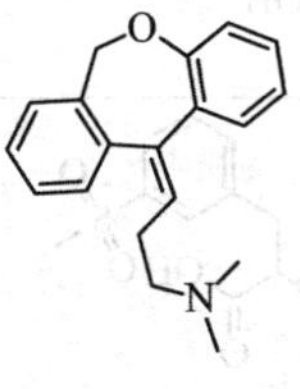	ACE2	9.54
抗精神病药－甲哌氟丙嗪	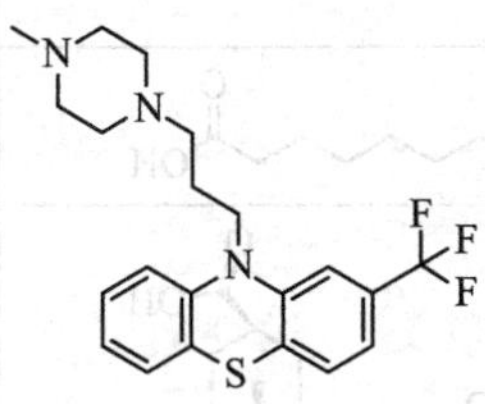	ACE2	33.3
氯雷他定	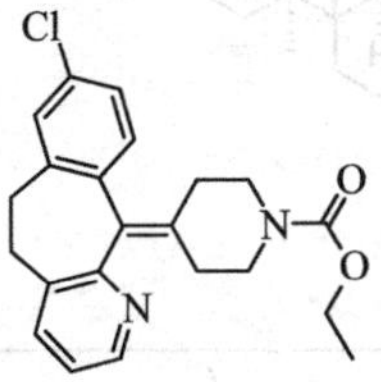	ACE2	9.13
地氯雷他定	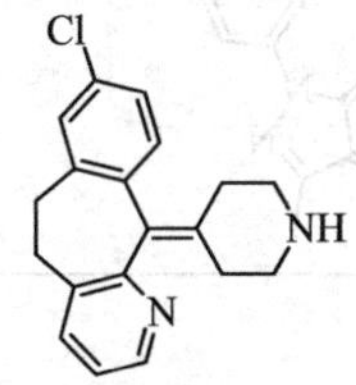	ACE2	0.102
伊文思蓝	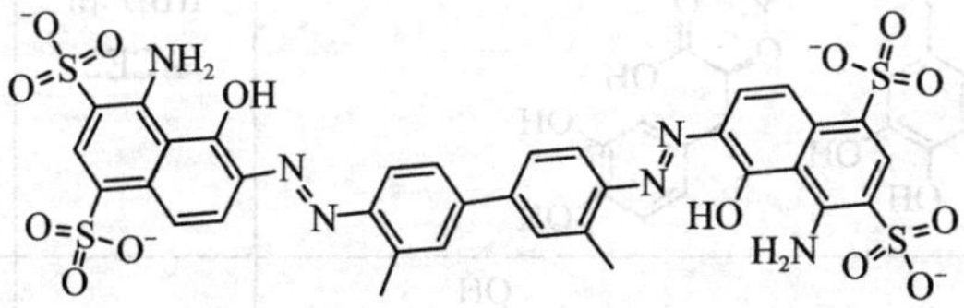	ACE2	1.63
槲皮素	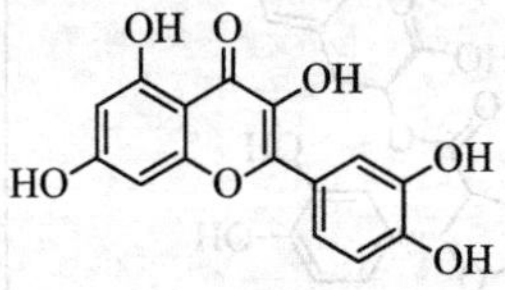	S	16.9

续表 8-1

化合物	结构式	靶标	K_D / μmol/L
异槲皮苷	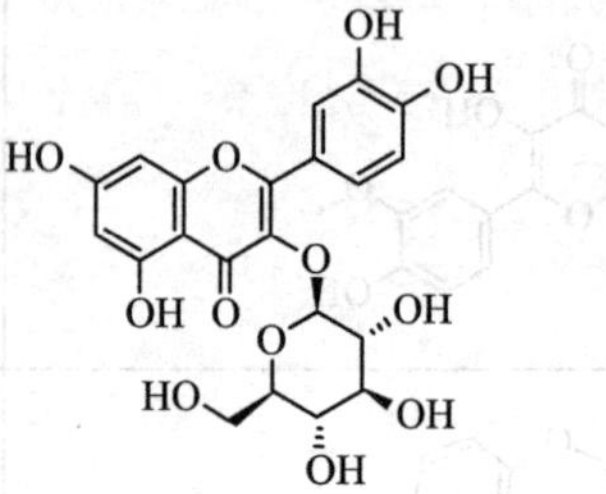	S	4.54
立他司特钠	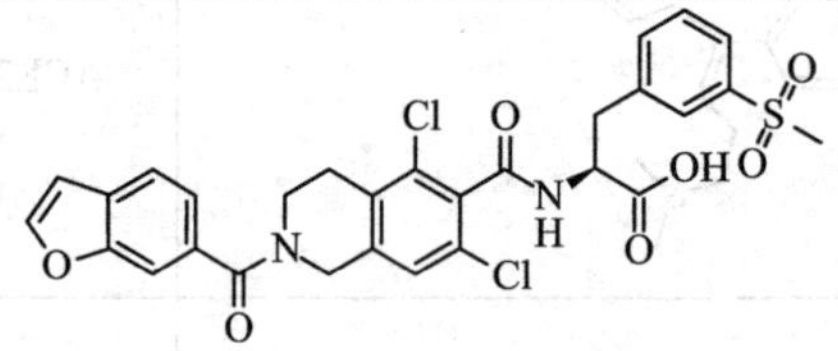	S	1.92
亚油酸	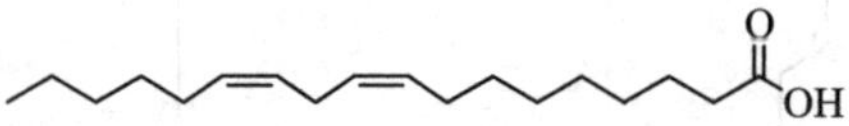	S	与 RBD 结合的亲和力为 0.041
甘草酸（ZZY-44）	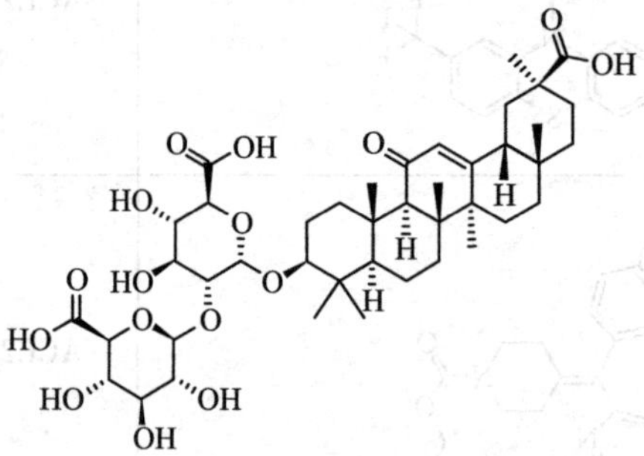	S 蛋白中的 S1 亚基	0.870
艾曲波帕	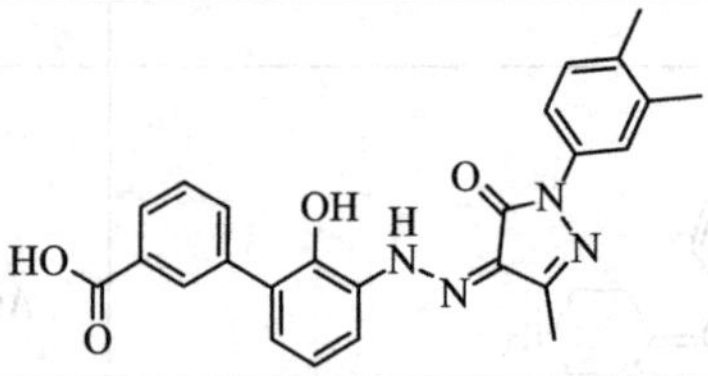	S 和 ACE2	0.162 和 0.828
丹酚酸 A	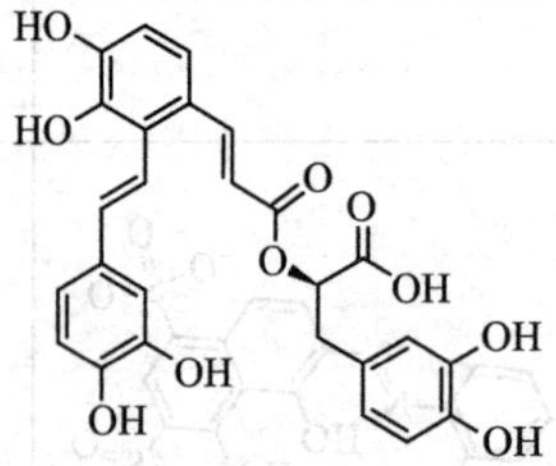	RBD 和 ACE2	3.82 和 0.408
丹酚酸 B	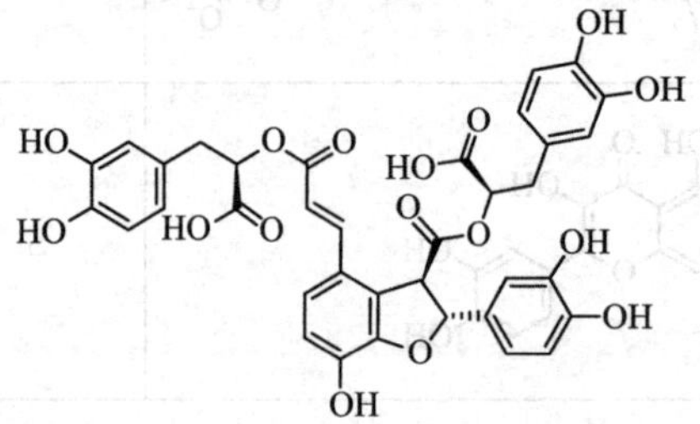	RBD 和 ACE2	0.515 和 0.295

续表 8-1

化合物	结构式	靶标	K_D / μmol/L
丹酚酸 C		RBD 和 ACE2	2.19 和 0.732
02B05		RBD 和 ACE2	1.04 和 1.74

[a] 连花清瘟中的大黄酸：连花清瘟中的 8 个成分（连翘糖苷 A、连翘糖苷 I、新绿原酸、苦杏仁苷、洋李苷、芦丁、甘草酸）已被证实针对 ACE2 具有抗病毒活性，这里仅以大黄酸为代表。

[b] 抗精神病药物 —— 甲哌氟丙嗪：参考文献中确定了五种抗精神病药物（硫必利、阿立哌唑、氯丙嗪、硫唑嗪、三氟拉嗪）对 ACE2 有靶向作用，具有抗病毒活性，我们仅选取甲哌氟丙嗪为代表。

3. PlexArray HT 表面等离激元成像微阵列分析仪

淫羊藿素是一种从淫羊藿属植物中提取出来的异戊二烯类黄酮衍生物，目前在中国进行晚期肝癌（HCC）的Ⅲ期临床实验研究（NCT03236636 和 NCT03236649）。此前，发现淫羊藿素可降低 PD-L1 的表达，但其直接分子靶点和潜在机制尚未确定。北京盛诺基医药科技股份有限公司孟坤研究组使用 PlexArray 分子互作检测仪，通过将生物素化的淫羊藿素固定在芯片表面，流经细胞裂解液，将结合的细胞组分洗脱后送液质联谱及进一步的钓靶实验，报告了将 IKK-α 鉴定为淫羊藿素的蛋白质靶标（图 8-6）[24]。进一步的突变实验证明了 IKK-α 中的 C46 和 C178 是淫羊藿素与 IKK-α 结合的关键残基，此研究首次揭示了淫羊藿素与 IKK-α 的结合位点。在功能上，淫羊藿素通过阻断

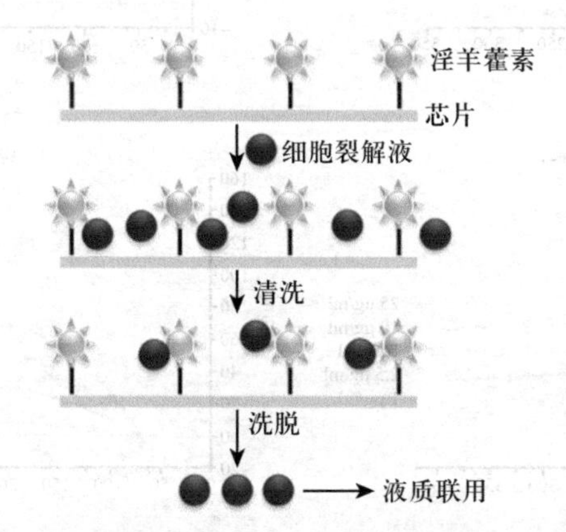

图 8-6 快速筛选淫羊藿素结合蛋白的 SPRi 示意图[24]

IKK 复合物的形成来抑制 NF-κB 信号通路，从而导致 NF-κB p65 的核转位减少，并随后以剂量依赖的方式下调 PD-L1 的表达。更重要的是，PD-L1 阳性患者在淫羊藿素治疗后表现出更长的总生存期。而且，淫羊藿素与检查点抗体（如 α-PD-1）的联合使用，能够在动物模型中表现出比任何单一疗法更好的疗效。该研究第一次报道了淫羊藿素的抗癌作用至少部分是通过损害 IKK-α 的功能来介导的。

三、蛋白质 / 多肽和糖类的相互作用

1. Biacore 相互作用分析仪

膜硫酸乙酰肝素蛋白聚糖（HSPG）调节细胞的增殖、迁移和分化，因此被认为是癌细胞发育过程中的关键参与者。意大利锡耶纳大学 Luisa Bracci 课题组使用 NT4 肽研究了 HSPG 在细胞上的硫酸化模式是如何被特异性驱动的[25]。NT4 是一种与 HSPG 的糖胺聚糖（GAG）链结合的分支肽，它已经被证明可以抑制生长因子诱导的癌细胞迁移和侵袭，这也意味着 NT4 的结合可以抑制 HSPG 的调价活性。他们使用 Biacore T100 分析仪，通过将生物素化的 NT4 多肽固定在芯片表面上，依次流经 HSPG 以及加有不同修饰和寡聚程度的糖，分别得到它们的亲和力，确定了 NT4 识别的可能的基序，包括硫酸化位点和糖的组成，并使用分子动力学模拟解释了上述结果（图 8-7）。NT4 和可能新选择的分支肽将成为重建和解开 GAG 上与癌症相关的配体的结合位点的重要探针，并将为新的癌症检测和治疗选择铺平道路。

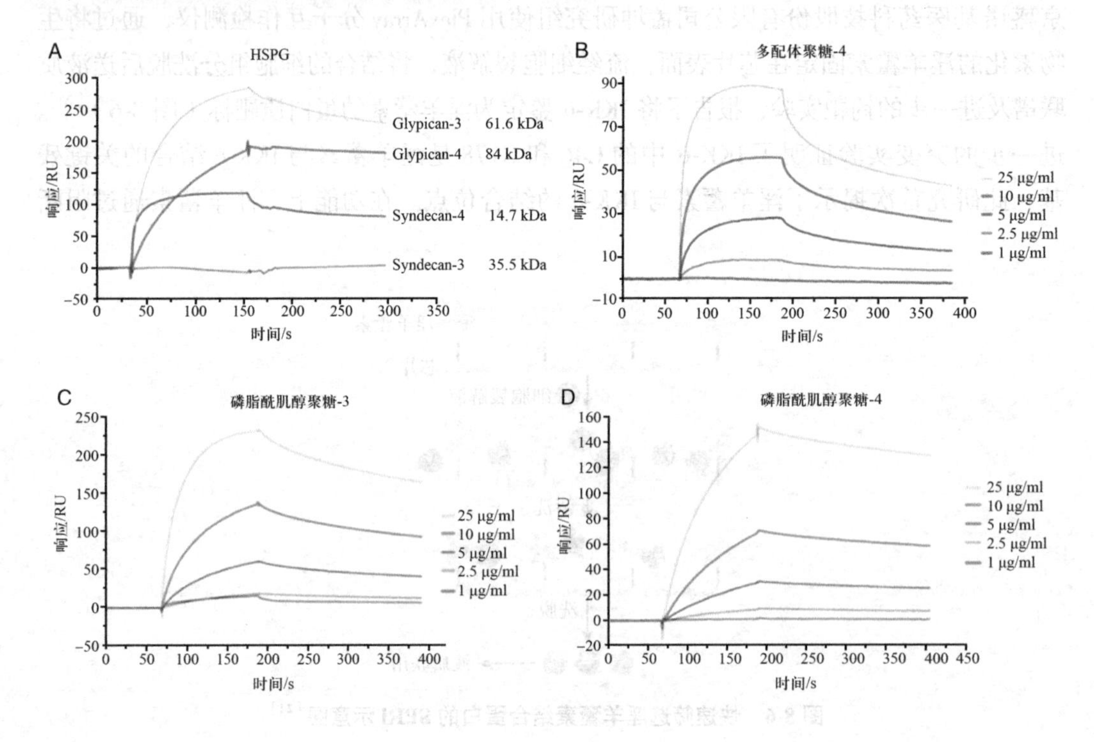

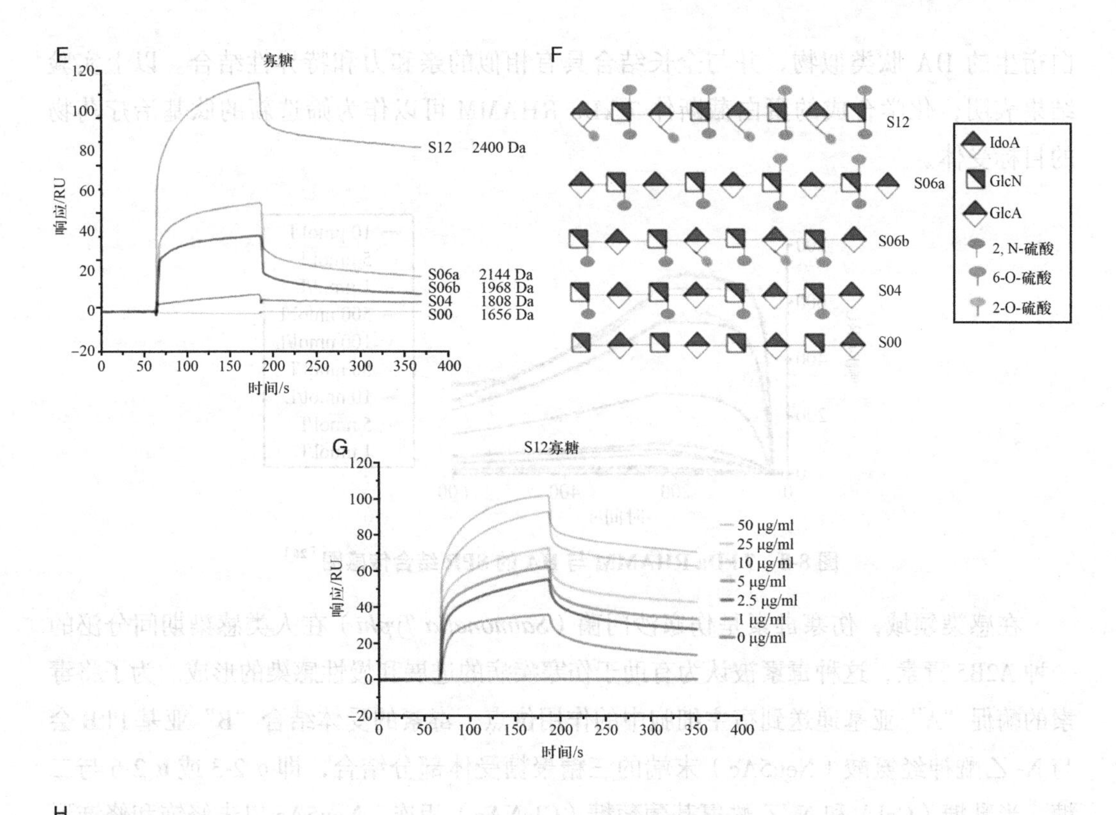

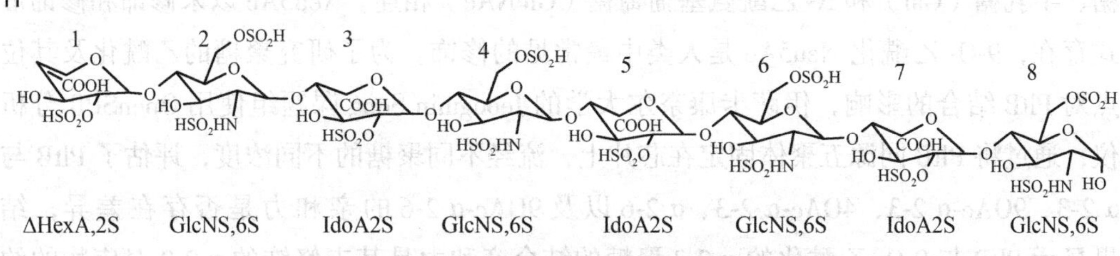

图 8-7　HSPG 与低聚糖和 NT4 结合的 SPR 传感图

A. HSPG 与 NT4 的结合。B-D. HSPG 对 NT4 的亲和力表征。E. 低聚糖与 NT4 的结合。F. 具有硫酸化位点的寡糖结构示意图。G. S12 硫酸寡糖与 NT4 结合的亲和力表征。H. S12 的结构式示意图。[25] 其中，磷脂酰肌醇蛋白聚糖（Glypicans）和多配体蛋白聚糖（Syndecans）具有不同的 GAG 链。

2. OpenSPR 生物分子相互作用分析仪

在肿瘤领域，透明质酸介导的运动受体（RHAMM，基因名称 HMMR）属于一组与透明质酸（HA）结合的蛋白质，HA 是一种高分子量阴离子多糖，在片段化时具有促血管生成和炎症的特性。韦仕敦大学 Leonard G. Luyt 课题组使用化学合成的方法获得截断形式的 RHAMM 蛋白质（706-767，7 kDa），作为筛选新型肽基治疗剂的靶受体[26]。他们获得 7 kDa RHAMM 后，首先评价了它的二级结构，并使用 OpenSPR 评估了其结合天然配体 HA 的能力（K_D 值为 8.98 nmol/L）（图 8-8）和生物活性，此外，7 kDa RHAMM 能够结合之前报道的与 HA 和 RHAMM 相互作用发生竞争的微管蛋白衍生的 HA 肽类似物，并与全长结合具有相似的亲和力和特异性结合。以上实验结果表明，化学合成的蛋白截断体 7 kDa RHAMM 可以作为筛选新的肽基治疗药物的目标受体。

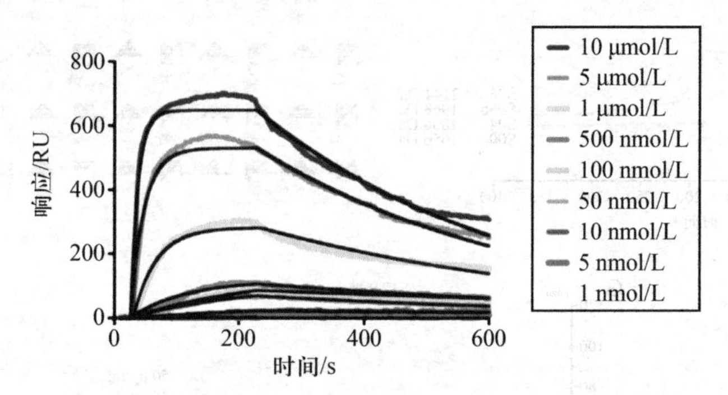

图 8-8　7 kDa RHAMM 与 HA 的 SPR 结合传感图[26]

在感染领域，伤寒毒素是伤寒沙门菌（*Salmonella Typhi*）在人类感染期间分泌的一种 A2B5 毒素，这种毒素被认为有助于伤寒疾病的进展和慢性感染的形成。为了将毒素的酶促“A”亚基递送到宿主细胞中的作用位点，毒素的受体结合“B”亚基 PltB 会与 N- 乙酰神经氨酸（Neu5Ac）末端的三糖聚糖受体部分结合，即 α 2-3 或 α 2-6 与二糖、半乳糖（Gal）和 N- 乙酰氨基葡萄糖（GlcNAc）相连。Neu5Ac 以未修饰和修饰形式存在，9-O- 乙酰化 Neu5Ac 是人类中最常见的修饰。为了研究聚糖的乙酰化及其位点对 PltB 结合的影响，伊萨卡康奈尔大学的 Jeongmin Song 课题组使用 OpenSPR 分析仪，通过将 PltB 同源五聚体固定在芯片上，流经不同聚糖的不同浓度，评估了 PltB 与 α 2-3、9OAc-α 2-3、4OAc-α 2-3、α 2-6 以及 9OAc-α 2-6 的亲和力是否存在差异，结果显示 PltB 与 9-O- 乙酰化的 α 2-3 聚糖的结合亲和力是其未修饰的 α 2-3 对应物的约 14 倍，PltB 与 4-O- 乙酰化的 α 2-3 聚糖的结合与未修饰的 α 2-3 对应物相比，亲和力增加了约 11 倍，同时，PltB 与 9-O- 乙酰化的 α 2-6 聚糖的结合亲和力略高于其与未修饰的 α 2-6 的结合亲和力（图 8-9）[27]。这些结果也表明了 C-9 本身的乙酰化位置对于增加结合亲和力并不重要，但这些聚糖受体部分的乙酰基修饰提供的额外相互作用对于结合亲和力的改变是重要的。

A

R = H (unmodified)

R = Ac (9OAc glycan)

Neu5Acα2-3Galβ1-4GlcNAc　　　　Neu5Acα2-6Galβ1-4GlcNAc

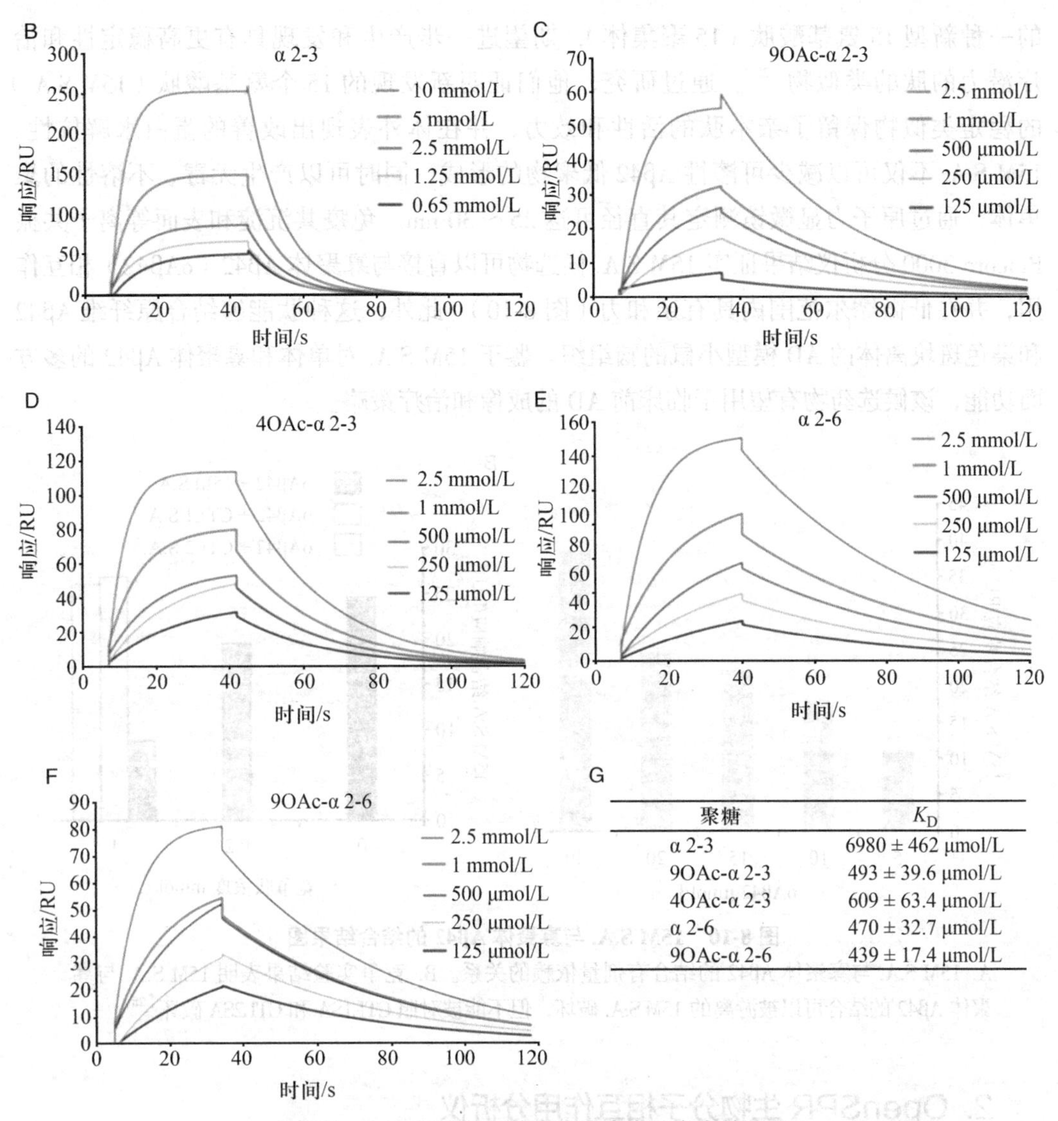

聚糖	K_D
α 2-3	6980 ± 462 μmol/L
9OAc-α 2-3	493 ± 39.6 μmol/L
4OAc-α 2-3	609 ± 63.4 μmol/L
α 2-6	470 ± 32.7 μmol/L
9OAc-α 2-6	439 ± 17.4 μmol/L

图 8-9　9-O- 乙酰化修饰在伤寒毒素结合中的作用

A. α2-3 和 α2-6 三糖基序的化学结构。R 是指未修饰的聚糖中的 H 或 9-O- 乙酰化聚糖中的 Ac。B-G. PltB 五聚体与不同浓度的指定聚糖结合的传感图（B-F）和 K_D 值（G）[27]

四、蛋白质和多肽的相互作用

1. Biacore 生物分子相互作用分析仪

尽管脑中 β- 淀粉样蛋白（Aβ）的沉积是形成阿尔茨海默病（AD）的标志，但可溶性低聚物而不是成熟的淀粉样蛋白原纤维最有可能导致 Aβ 毒性和神经退行性变。因此，针对可溶性 Aβ 寡聚体的药物发现对于在临床 AD 表型出现之前进行早期诊断和更有效的治疗是非常可取的。好莱坞医疗中心 Ralph N. Martins 课题组基于之前报道

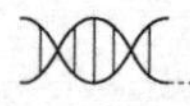

的一种新型15氨基酸肽（15聚集体），期望进一步产生和发现具有更高稳定性和治疗潜力的肽的类似物[28]。通过研究，他们证明新发现的15个氨基酸肽（15M S.A.）的稳定类似物保留了亲本肽的活性和效力，并在体外表现出改善的蛋白水解抗性。15M S.A.不仅可以减少可溶性Aβ42低聚物的形成，同时可以产生无毒、不溶性的聚集体，通过原子力显微镜测定其直径可达25～30 nm。免疫共沉淀和表面等离子共振Biacore 3000分析仪结果证实15M S.A.候选物可以直接与寡聚体Aβ42（oAβ42）相互作用，并在低微摩尔范围内具有亲和力（图8-10）。此外，这种肽能够结合原纤维Aβ42和染色斑块离体的AD模型小鼠的脑组织。鉴于15M S.A.对单体和寡聚体Aβ42的多方面功能，该候选药物有望用于临床前AD的成像和治疗策略。

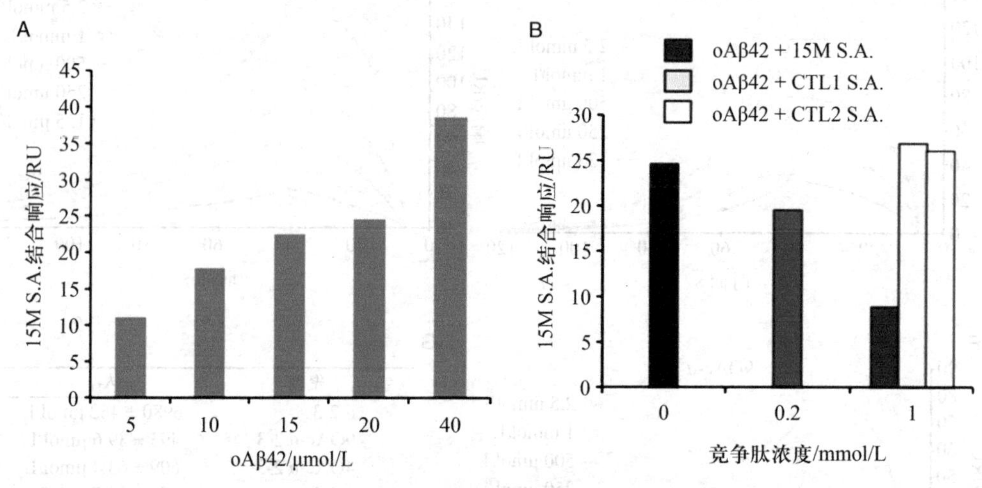

图8-10 15M S.A.与寡聚体Aβ42的结合结果图

A. 15M S.A.与寡聚体Aβ42的结合有剂量依赖的关系。B. 竞争实验结果表明15M S.A.与寡聚体Aβ42的结合可以被游离的15M S.A.破坏，但不能被对照CTL1SA和CTL2SA破坏[28]

2. OpenSPR生物分子相互作用分析仪

在感染领域，由于肽在调控相互作用中的重要性作用，肽-蛋白对接早已引起了众多科研工作者的关注。目前，专门用于对多肽-蛋白分子对接进行建模的方法很多，例如局域搜索和全局搜索。四川农业大学和河南省农业科学院张改平课题组利用分子对接技术对猪圆环病毒Ⅱ型衣壳蛋白（PCV2 Cap）的亲和肽进行虚拟筛选，得到13个得分较高的候选肽段，然后使用OpenSPR分析仪进行进一步的亲和力表征，得到具有最好亲和活性的肽L11-DYWWQSWE（K_D值为103 nmol/L）（表8-2）[29]，最后，他们使用磁珠固定L11，得到纯度为98%的Cap蛋白样品。除此之外，张改平课题组还使用OpenSPR分析仪比较了GalaxyPepDock和FlexX/ SYBYL的两种对接方式，研究哪一种对接方式提供的分子对接数值具有更高的参考价值。他们首先使用OpenSPR技术与ELISA实验体系检测了11种多肽和猪瘟病毒E2蛋白（CSFV E2）蛋白的亲和力和活性[30]。随后分别使用两种分子对接方式GalaxyPepDock和FlexX / SYBYL

计算 11 种多肽和 E2 蛋白的对接打分，并与上述实验结果进行对照。结果表明，与 GalaxyPepDock 对接方式相比，FlexX/SYBYL 提供的分子对接数值具有更高的参考价值。在进行肽 - 蛋白分子对接时，充分考虑肽的柔性比在目标蛋白表面寻找更多的潜在的结合位点更重要。

表 8-2　多肽与 PCV2 Cap 结合的动力学参数结果归纳表

多肽名称	k_a /(mol/L)$^{-1}$ s^{-1}	k_d / s^{-1}	K_D / μmol/L
L4	1.92×10^3（$\pm1.09\times10^2$）	2.36×10^{-3}（$\pm5.0\times10^{-5}$）	1.23（$\pm8.8\times10^{-2}$）
L7	8.56×10^2（$\pm0.64\times10^2$）	9.10×10^{-4}（$\pm2.3\times10^{-5}$）	1.06（$\pm6.72\times10^{-2}$）
L9	8.55×10^2（$\pm0.42\times10^2$）	5.74×10^{-3}（$\pm1.21\times10^{-4}$）	6.71（$\pm3.95\times10^{-1}$）
L11	1.01×10^4（$\pm5.61\times10^2$）	1.04×10^{-3}（$\pm2.36\times10^{-5}$）	0.103（$\pm8.23\times10^{-3}$）
L13	3.35×10^2（$\pm0.24\times10^2$）	3.34×10^{-3}（$\pm7.28\times10^{-5}$）	9.97（$\pm6.45\times10^{-1}$）

3. PlexArray HT 表面等离激元成像微阵列分析仪

在表观遗传领域，组蛋白和 DNA/RNA 的化学修饰构成了表观遗传调控的基本机制。这些修饰通常充当对接标记来招募或稳定同源“阅读器”蛋白质，但如何成功构建一个可以用于发现和表征表观遗传相互作用组的定量和高通量分析平台，仍然是一个未解决的难题。清华大学结构生物学高精尖创新中心李海涛课题组和中科院国家纳米科学中心朱劲松课题组合作构建了一种基于 3D- 卡宾芯片的表面等离子共振成像（SPRi）技术[31]。他们首先通过一系列表面化学方法在一张 SPRi 芯片上实现了包括多肽、蛋白（抗体）、DNA 和 RNA 在内的多种类型生物分子的打印固定和微阵列制备（集成度可达数百至上千个点 / 芯片，样品消耗仅 1～10 pmol/ 阵点）。随后，他们利用 PlexArray 分子互作检测仪成功表征了针对芯片内容的实时动态无标记的结合检测，包括表征多肽和蛋白的相互作用，抗体和抗原的相互作用，双链 DNA 和蛋白的相互作用以及单链 RNA 和蛋白的相互作用（图 8-11）。值得注意的是，他们使用相同的微阵列制备方式和检测方式，成功检测出了 RNA 甲基化“阅读器”YTHDF1 对 m6A 修饰 RNA 的特异识别，表明了该策略在新兴的核酸修饰识别因子发现方面的潜力。研究人员还通过固定 125 种修饰组蛋白多肽连续检测出 8 种已知的组蛋白阅读器，筛选结果与领域报道高度一致。除此之外，通过该技术策略，研究人员还发现人源转录元件 TAF3 的 PHD 锌指结构域可以同组蛋白 H3 赖氨酸 4 乙酰化（H3K4ac）发生亚毫摩尔级的弱结合，以及荠菜中 DNA 损伤修复因子 MSH6 的氨基端 Tudor 结构域可以同组蛋白 H3 赖氨酸 4 三甲基化（H3K4me3）发生微摩尔级的强结合，随后的等温滴定量热分析以及复合物晶体结构解析均验证了上述发现，进一步证实了基于三维卡宾芯片的 SPRi 平台在检测弱相互作用及发现新型表观遗传互作方面的能力。

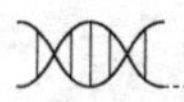

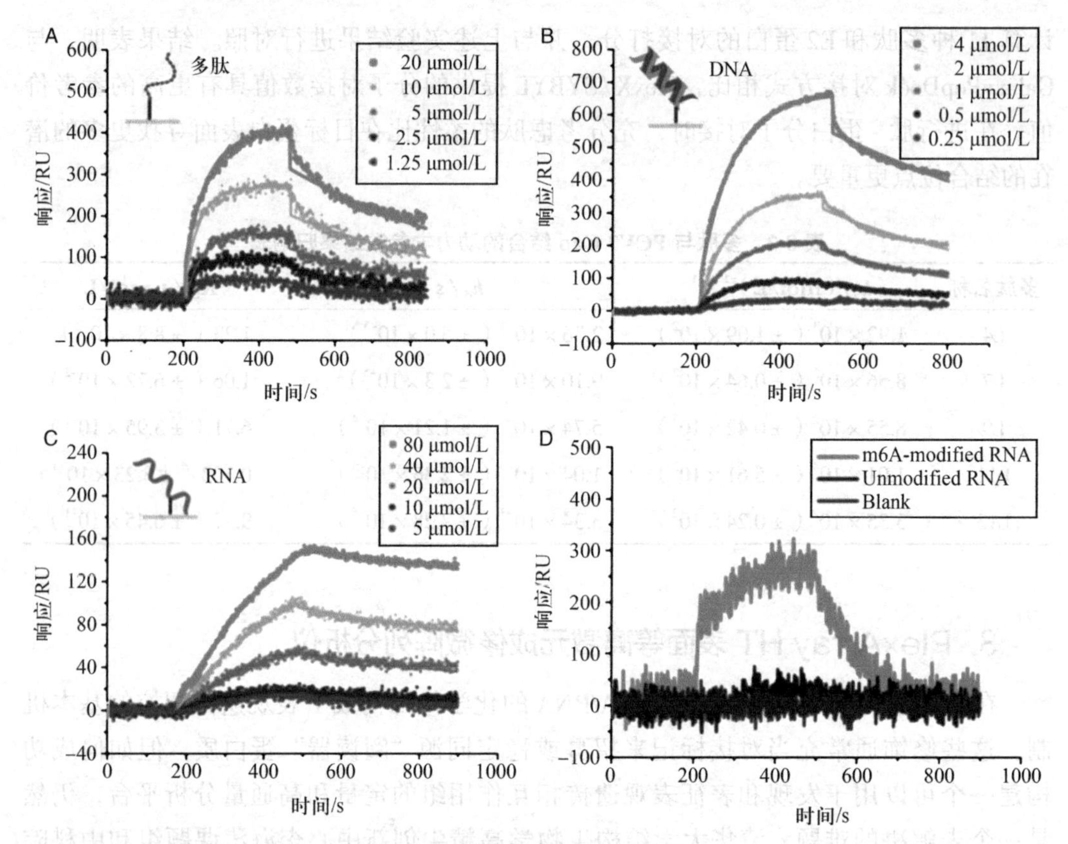

图 8-11　使用 PlexArray 分子互作检测仪通过将多肽、DNA 和 RNA 固定在 3D- 卡宾芯片上来检测表观遗传相互作用

A. 检测 CHD1（一个组蛋白阅读器）与固定在芯片表面上的多肽的相互作用。B. 检测 FOXP3（转录因子）与固定在芯片表面上的 dsDNA 的相互作用。C. 检测 HNRNPA2B1（异质核核糖核蛋白 A2B1）与固定在芯片表面上的 RNA 的相互作用。D. 10 μmol/L YTHDF1 与未修饰和 m6A 修饰的 RNA 序列的结合信号[31]

五、蛋白质 / 核酸和核酸的相互作用

1. Biacore 生物分子相互作用分析仪

分析技术的不断进步为检测转基因生物（GMO）提供了越来越灵敏和精确的方法。新的基于分析策略的检测方法是基于传统聚合酶链反应（PCR）介导的检测方法的替代方法，传统聚合酶链反应仍然是该领域的金标准。然而，PCR 引物和探针的不能重复使用，使得该技术不经济。SPR 作为一种用于研究配体 - 分析物相互作用的光学和无标记技术，尤其在 DNA 杂交领域，已经成功完成了几种用于核酸检测的生物传感器的检测。中国农业科学院生物技术研究所基因安全评价与应用团队借助 Biacore T200，开发了针对核酸靶标的多重、可再生的生物传感技术，为转基因检测提供了新的高效手段[32]。他们通过将生物素化的转基因植物的关键元件 *T-nos*、*CaMV35S*、*cry1A* 的保守

序列作为探针固定在生物芯片上，若待测物流经芯片表面时，与 CaMV35S 探针、T-nos 探针有结合信号响应，即证明待测物中含有转基因组分（图 8-12）。他们随后对此检测方法的特异性、灵敏度、重复性等参数进行了检验，结果表明该生物传感器的检测限（LOD）为 0.1 nmol/L。此外，该类生物传感器可以在至少 20 天内稳定地再生超过 100 次，并显示出良好的重现性。

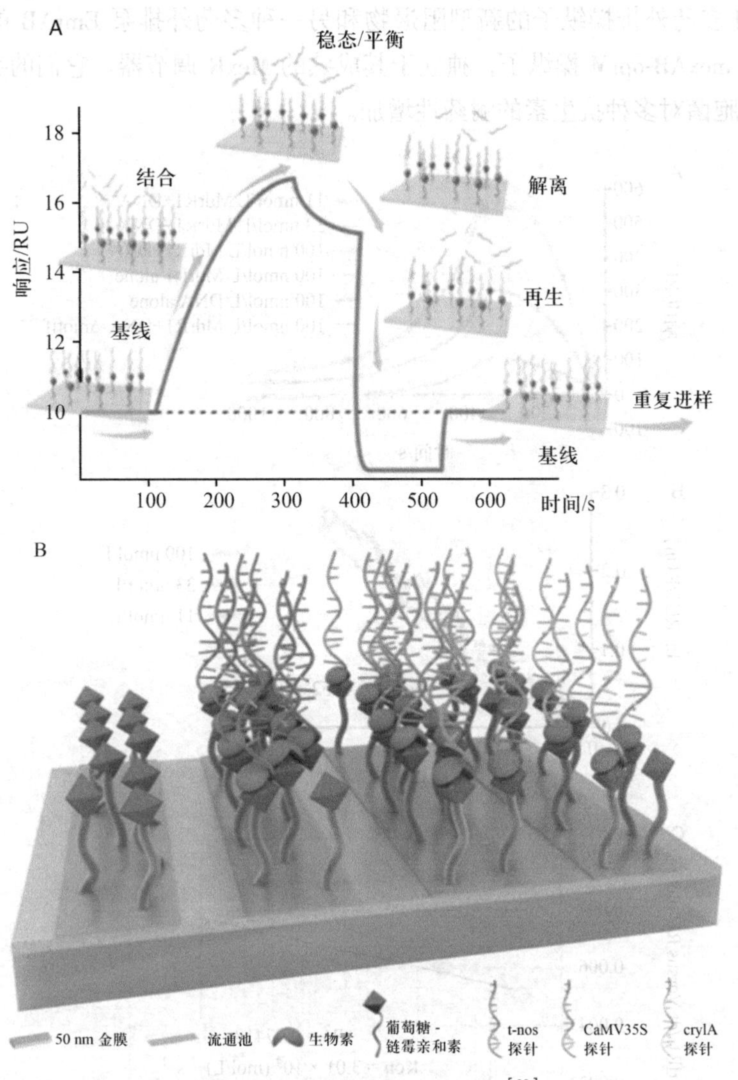

图 8-12　生物传感技术示意图[32]

2. OpenSPR 生物分子相互作用分析仪

在感染领域，人们普遍认为，铜绿假单胞菌生物膜基质本身充当了分子筛或水槽，有助于显著提高细菌耐药性，而且在生物膜生长过程中诱导的多药外排泵更是显著提高了细菌的耐药性水平。除去常规的 MexAB-OprM 多药外排泵体系，夏威夷大学马诺阿分校 Tung T. Hoang 课题组发现了一个以前未确定的转录调控因子，PA3898

（MdrR1），它可以控制生物膜的形成和发病机制，并通过详细分析揭示了 MdrR1 及其调控伙伴 PA2100（MdrR2）的调控网络[33]。他们通过利用免疫共沉淀和电泳迁移率分析确定了 PA3898 的调控途径，并通过 OpenSPR 分析仪和 DNA 足迹分析了 PA3898 相互作用的调控基因启动子区域（图 8-13）。结果表明 PA3898（MdrR1）与 DNA 基序的结合需要一个相互作用的伙伴，PA2100（MdrR2），二者影响生物膜的形成，它们作为 mexAB-oprM 多药外排操纵子的新型阻遏物和另一种多药外排泵 EmrAB 的激活剂，能够直接抑制 mexAB-oprM 操纵子，独立于其成熟的 MexR 调节器。它们的突变体能够导致铜绿假单胞菌对多种抗生素的耐药性增加。

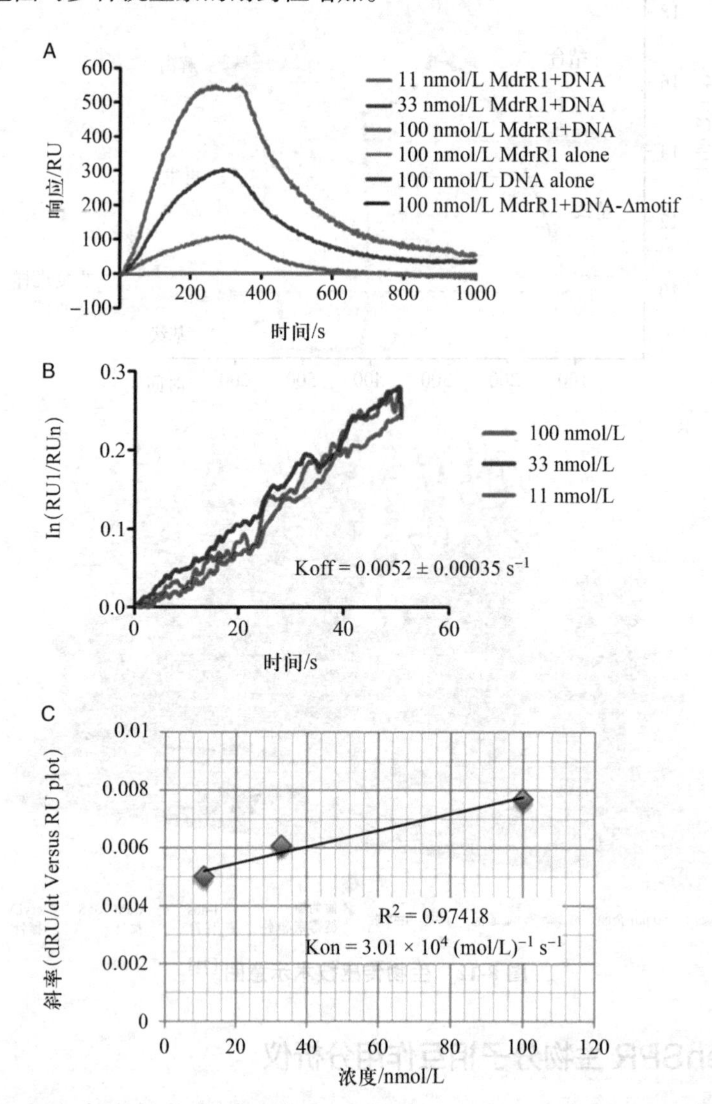

图 8-13　使用 OpenSPR 分析仪测定 MdrR1、MdrR2 和 DNA 复合物之间相互作用的动力学参数（结合速率常数 k_{on} 和解离速率常数 k_{off}）

A. 在 DNA 存在和不存在的情况下 MdrR1 和 MdrR2 的结合传感图。B. 来自传感图的线性化数据，用于确定结合速率常数 k_{on}。C. 来自传感器图的线性化数据，用于确定解离速率常数 k_{off}[33]

在基础研究中，基质金属蛋白酶（MMP）在正常生物学和疾病中发挥着不同的作用，根据具体情况，抑制和增强酶活性可能都是有益的。然而，关于MMP活性阳性调控因子的报道很少。威斯康星大学Jay Yang课题组使用pro-MMP9作为靶蛋白，寻找结合在MMP9别构位点的DNA适配体，其中保守的催化结构域被蛋白质的pro结构域覆盖，并使用OpenSPR分析仪表征了筛选得到的ssDNA与MMP9的亲和力（图8-14），该项研究的结果表明核苷酸介导的变构增强对于催化活性的改变具有潜在的生物学意义[34]。

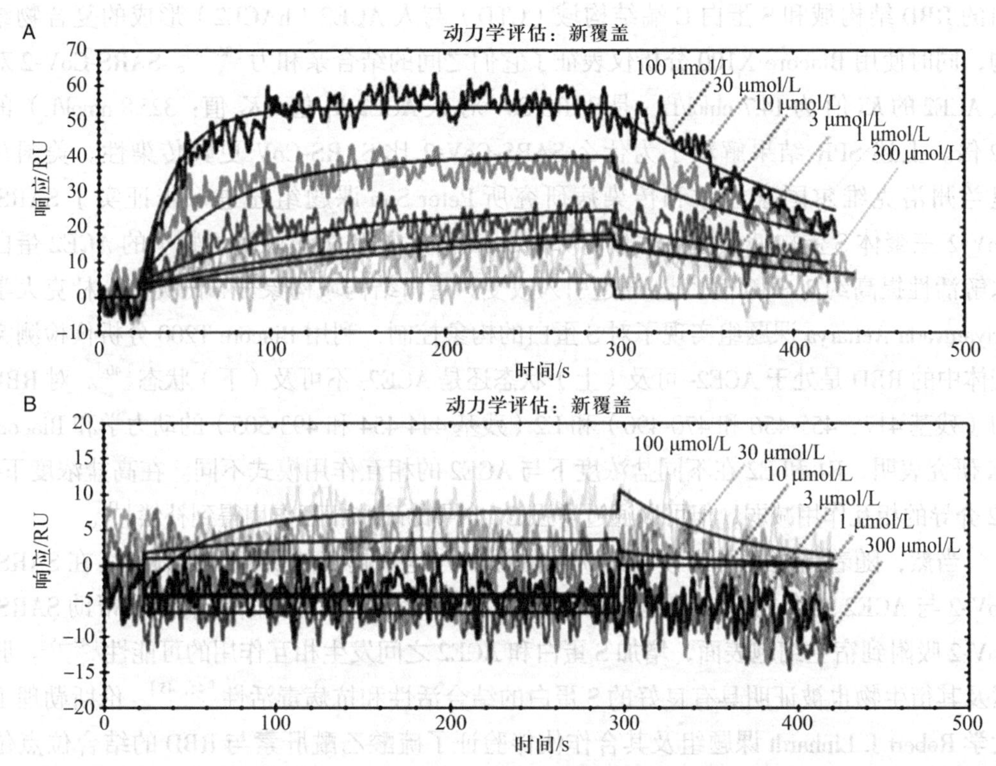

图8-14　ssDNA与MMP9-mCherry-His（A）以及mCherry-His（B）的SPR结合传感图[34]

六、蛋白质和蛋白质的相互作用

1. Biacore生物分子相互作用分析仪

在冠状病毒研究领域，为了尽快明确SARS-CoV-2的入侵方式，为后续治疗药物的研发奠定结构基础，研究者们使用X-射线晶体衍射的方法来表明新冠病毒入侵人体细胞的机制，并使用各种SPR分析仪表征了相应结合蛋白间的亲和力大小。关于SARS-CoV-2入侵宿主细胞的方式，一般认为是由病毒中的S蛋白与宿主细胞上的膜受体ACE2结合，从而实现病毒与细胞膜的融合[35]。S蛋白是一种大型三聚体跨膜糖蛋白，具有大量糖基化修饰位点，在病毒表面形成特殊的花冠结构。它首先与细胞表面的受体结合，然后发生构象变化，使病毒包膜与宿主细胞膜结合，从而将病毒中的遗传物质注入宿主细胞，达到感染细胞的目的。

刺突蛋白S是SARS-CoV-2中最重要的表面膜蛋白，包含两个亚基S1和S2。S1主要包含N端结构域（NTD）、受体结合结构域（RBD）和两个保守的亚结构域（S1和S2）。S1负责识别细胞受体，而S2包含膜融合过程所需的基本成分[36]。得克萨斯大学奥斯汀分校Jason S. McLellan课题组、中国科学院微生物所严景华和齐建勋课题组联合国内多所院校和科研机构以及明尼苏达大学李放课题组分别解析了S蛋白、S蛋白的RBD结构域和S蛋白C端结构域（CTD）与人ACE2（hACE2）形成的复合物结构，同时使用Biacore X100分析仪表征了它们之间的结合亲和力[36-38]。SARS-CoV-2对人ACE2的K_D值为14.7 nmol/L，是SARS-CoV对人ACE2 K_D值（K_D值：325.8 nmol/L）的22倍。上述SPR结果解释了为什么SARS-CoV-2比SARS-CoV更具传染性。美国马里兰州洛克维尔国家过敏和传染病研究所Peter Sun课题组还进一步证实了SARS-CoV-2三聚体S蛋白使模型肽底物（如caspase-1底物和缓激肽类似物）的ACE2蛋白水解活性提高约3～10倍[39]。通过引入改变S蛋白结构域构象分布的突变，杜克大学Priyamvada Acharya课题组实现了对S蛋白的构象控制，利用Biacore T200分析仪检测突变体中的RBD是处于ACE2-可及（上）状态还是ACE2-不可及（下）状态[40]。对RBD E1（残基417、455-456和470-490）和E2（残基444-454和493-505）的动力学和Biacore 8K研究表明，E1和E2在不同盐浓度下与ACE2的相互作用模式不同。在高盐浓度下，E2介导的相互作用减弱，但可以通过增强E1介导的疏水相互作用得到补偿[41]。

当然，随着新冠病毒入侵机制研究的深入，越来越多的研究结果证实，在SARS-CoV-2与ACE2结合之前，细胞表面的硫酸乙酰肝素会作为初始吸附因子帮助SARS-CoV-2吸附到宿主细胞表面，增加S蛋白和ACE2之间发生相互作用的可能性[42-45]。肝素及其衍生物也被证明具有良好的S蛋白的结合活性和抗病毒活性[44, 45]。伦斯勒理工大学Robert J. Linhardt课题组及其合作伙伴验证了硫酸乙酰肝素与RBD的结合位点位于S1/S2蛋白水解切割位点的糖胺聚糖（GAG）结合基序［681-686（PRRARS）］[42]。他们同时使用Biacore 3000表征了肝素与不同冠状病毒间的结合活性，结果表明肝素对SARS-CoV-2刺突糖蛋白（SGP）三聚体的K_D值为7.3 pmol/L，相比之下，肝素对SARS-CoV和MERS-CoV刺突糖蛋白单体的K_D值分别仅为500 nmol/L和1 nmol/L，结果再次表明SARS-CoV-2更具传染性（表8-3）。

表8-3　肝素与不同冠状病毒间的亲和活性归纳表

名称	k_a / (mol/L)$^{-1}$ s^{-1}	k_d / s^{-1}	K_D / μmol/L
SARS-CoV-2 SGP（单体）	2.5×10^{3}（±62.7）	1.0×10^{-7}（$\pm7.9\times10^{-8}$）	4.0×10^{-5}
SARS-CoV-2 SGP（三聚体）	1.6×10^{2}（±127）	1.2×10^{-7}（$\pm5.5\times10^{-8}$）	7.3×10^{-5}
SARS-CoV SGP（单体）	4.12×10^{4}（±136）	4.01×10^{-4}（$\pm6.49\times10^{-6}$）	5.0×10^{-1}
MERS-CoV SGP（单体）	399（±27）	3.5×10^{-7}（$\pm2.6\times10^{-6}$）	1.0×10^{-3}

2. OpenSPR 生物分子相互作用分析仪

由上文介绍可知，冠状病毒种类繁多，严重威胁全球公共卫生安全和畜牧业的健康发展；其中感染哺乳动物的冠状病毒主要为 α 属冠状病毒（HCoV-229E、PEDV、TGEV、FIPV 等）和 β 属冠状病毒（SARS-CoV、SARS-CoV-2、MERS-CoV）。冠状病毒刺突蛋白 S 为同源三聚体，在介导病毒入侵以及诱导中和抗体产生方面起着关键作用。关于 β- 冠状病毒中 S 蛋白受体结合区域 RBD 是如何通过构象转换来完成与细胞受体的结合已得到充分的验证，但是至于 α- 冠状病毒中 S 蛋白的 RBD 是如何通过构象转换结合受体一直是悬而未决的科学问题。华中农业大学彭贵青课题组使用单颗粒冷冻电镜三维重构的方法解析了 HCoV-229E 中 S 蛋白的两种构象状态的结构[46]，并使用 OpenSPR 分析仪比较测定了 HCoV-229E 和 SARS-CoV 中的 S 蛋白三聚体、去掉 NTD 结构域后的截断、S1 以及 RBD 结构域分别与受体 hAPN 和 hACE2 间的亲和力（表 8-4），并使用上述结果综合证实了 HCoV-229E 入侵宿主细胞过程中必需的动态构象变化。最后，他们研究了 HCoV-229E 和 SARS-CoV 中 S 蛋白三聚体和 RBD 结构域的免疫原性。

表 8-4　冠状病毒（HCoV-229E 和 SARS-CoV）中 S 蛋白与受体（hAPN 和 hACE2）相互作用的表面等离子共振结合数据

冠状病毒	S 蛋白	k_a / (mol/L)$^{-1}$ s^{-1} × 10^{-4}	k_d / s^{-1} × 10^4	K_D / nmol/L
HCoV-229E	S- 三聚体	3.67 ± 0.0005	1.21 ± 0.0046	3.29 ± 0.0129
	S 三聚体 /-NTD	1.94 ± 0.0006	0.41 ± 0.0289	2.12 ± 0.15
	S1	0.0886 ± 0.0006	2.26 ± 0.104	255 ± 13.6
	S1-RBD	3.2 ± 0.00174	11.5 ± 0.0056	36.0 ± 0.037
	S- 三聚体	0.622 ± 0.0499	15.3 ± 0.0755	246 ± 21.1
SARS-CoV	S1-RBD	0.812 ± 0.0004	3.15 ± 0.165	38.8 ± 2.05

同样，如前文介绍，在神经领域，阿尔茨海默病（AD）的一个典型特征是大脑中细胞周围的淀粉样斑块沉积。一直以来，这种淀粉样斑块都被认为与老年痴呆发病机制密切相关，虽然目前的机制尚不明确。美国威斯康星大学麦迪逊分校李灵军课题组针对性地开发了相关策略用于研究氨基酸手性突变对 Aβ 聚集过程的影响[47]。为了研究不同氨基酸手性突变对其聚集倾向和受体结合的差异性影响，作者重点关注自然界常见的手性突变天冬氨酸（Asp，D）和丝氨酸（Ser，S）蛋白。随后使用 OpenSPR 分析仪和碰撞诱导去折叠离子迁移质谱的方法表征手性突变后淀粉样蛋白与其受体的结合力（表 8-5）。该研究揭示了在未来针对阿尔茨海默病症状的药物开发时，手性突变的 Aβ 异构体也应该作为靶向研究不可忽略的一个方面，毕竟氨基酸的手性影响着 Aβ 多方面的物理化学性质。

表 8-5　通过 OpenSPR 分析甲状腺素运载蛋白 -Aβ 及手性突变体的相互作用

Aβ	k_a / (mol/L)$^{-1}$ s^{-1} × 10^{-2}	k_d / s^{-1} × 10^{2}	K_D / μmol/L
Aβ（1-40）	24.5 ± 4.8	7.3 ± 1.0	30.8 ± 2.8
Aβ（1-42）	18.2 ± 2.8	12.5 ± 0.8	73.6 ± 13.3
WT Aβ（17-36）	6.9 ± 0.8	0.8 ± 0.1	11.5 ± 1.6
dD Aβ（17-36）	9.9 ± 3.2	13.2 ± 2.9	149.3 ± 21.9
dS Aβ（17-36）	11.6 ± 2.5	11.4 ± 2.6	118.1 ± 45.2
dDdS Aβ（17-36）	19.3 ± 7.0	10.2 ± 1.6	83.1 ± 38.0

另外，在肿瘤领域，结构和功能异常的肿瘤血管阻碍了抗癌药物的输送，这需要药物介导的血管正常化。目前血管正常化的策略集中在直接调节内皮细胞（EC），但是这经常会影响正常组织中的血管。调节支持 EC 的细胞，例如周细胞（PC），是一个新的抗肿瘤方向。四川大学华西医院卢晓风课题组通过将血小板衍生的生长因子受体β（PDGFRβ）- 拮抗性亲和体 $Z_{PDGFR\beta}$ 与肿瘤坏死因子 α（TNFα）融合，产生了一种融合蛋白 Z-TNFα[48]。归咎于融合的 $Z_{PDGFR\beta}$ 对 PDGFRβ 的亲和力（OpenSPR，K_D：4.5 nmol/L），Z-TNFα 结合 PDGFRβ+PC，但不结合 PDGFRβ-EC。该研究随后分析了 Z-TNFα 处理对 PCs 增殖和迁移、血管内皮生长因子产生和黏附分子表达的影响。并在 Z-TNFα 治疗重塑肿瘤血管后评估了阿霉素（DOX）的递送及其抗肿瘤活性。上述实验结果表明肿瘤相关的 PC 可以被认为是用于血管正常化的新型靶细胞，并且 Z-TNFα 可以被开发为抗肿瘤联合治疗的潜在工具。

3. PlexArray HT 表面等离激元成像微阵列分析仪

近年来，原位蛋白质合成微阵列技术使蛋白质微阵列能够在需要之前按需创建。中科院国家纳米科学中心朱劲松课题组利用 TUS-TER 固定技术使用 PlexArray 分子互作检测仪进行了蛋白质和蛋白质相互作用的实时无标记的动力学检测[49]。他们首先将在 C 末端带有 TUS 融合标签的目的质粒 DNA 固定在聚乙烯亚胺修饰的金表面上，然后将其与 PlexArray 分子互作检测仪流动池上的无细胞表达系统偶联，表达的带 TUS 融合标签的重组蛋白通过同样固定在金表面的 TER DNA 序列以高亲和力结合的方式固定在金表面上［（3～7）× 10^{-13} mol/L］，最后，重组原位表达蛋白的表达和固定通过其特异性抗体的结合探测来确认（图 8-15）。他们使用此方法检测了原位表达的 GFP 和 p53 蛋白与其抗体的特异性结合。该研究显示了一种新的低成本原位蛋白质表达微阵列方法，该方法具有研究蛋白质和蛋白质相互作用动力学的潜力，而且该蛋白质微阵列可以按需创建，不会出现与药物发现和生物标志物发现领域中使用的蛋白质阵列相关的稳定性问题。

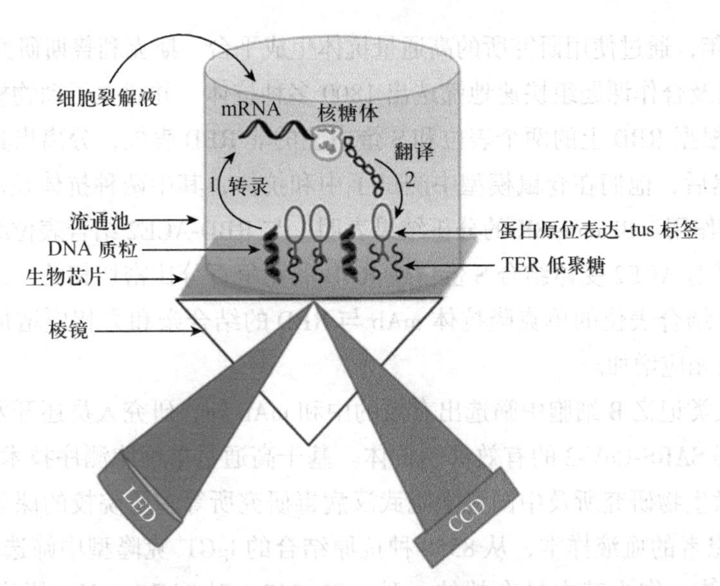

图 8-15　在 PlexArray 分子互作检测仪上实现原位蛋白阵列制作的示意图[49]

七、抗原和抗体的相互作用

1. Biacore 生物分子相互作用分析仪

抗体药物是指含有完整抗体、抗体片段或基因工程抗体的蛋白质药物。抗体药物因其自身的特异性、高效性和安全性等特点，在临床恶性肿瘤、自身免疫性疾病、感染性疾病、心血管疾病等重大疾病中都取得了快速的发展[50]。自 COVID-19 疫情暴发以来，除了上述介绍的新冠病毒相关的小分子药物及入侵机制的研究，国内外众多科研机构和企业也都在加速开发 COVID-19 的抗体药物。目前，基于 SARS-CoV-2 的致病机制，结合抗体药物在抗病毒中的应用，针对 COVID-19 的抗体药物治疗策略有几种[51]：①针对 S 蛋白的中和抗体，②针对血管紧张素转换酶 2 ACE2 的中和抗体，③与 ACE2 竞争结合 S 蛋白的 ACE2 类似物，④抗细胞因子风暴的抗体。

B 淋巴细胞是在体内产生和分泌抗体的特殊细胞，在对抗感染、肿瘤和自身免疫性疾病方面发挥着关键作用。因此，很大一部分 COVID-19 的抗体候选药物是基于从处于康复期的 COVID-19 患者中分离出来单个 B 细胞。再生元制药 Christos A. Kyratsous 研究团队通过使用人源化小鼠和来自 COVID-19 康复患者的 B 细胞，分离出数千种可以与 SARS-CoV-2 结合的人类抗体[52]。随后，在这些具有不同结合特性和抗病毒活性的抗体中，他们选择了在 S 蛋白 RBD 上有不同结合位点的强效抗体对，并提出使用双抗体，而不是单抗体。双抗体策略不仅可以提供有效的治疗效果，而且可以防止病毒在单抗体治疗的选择压力下突变为耐药性。Biaocre T200 的实验结果表明，这些抗体可以与 SARS-CoV-2 的 S 蛋白三聚体和 RBD 结合，结合亲和力从皮摩尔到纳摩尔不等。

同样在2020年，通过使用研究所的高通量抗体生成平台，斯克利普斯研究所 Dennis R. Burton 课题组及合作课题组快速地筛选出1800多种抗体，并建立了动物模型进行保护性测试[53]。根据RBD上的两个表位和S蛋白上的非RBD表位，分离出具有高中和活性的抗体。然后，他们在仓鼠模型中测试了中和抗体，其中两种抗体显示出对SARS-CoV-2的保护作用。Biacore 8K的分析结果表明，与RBD-ACE2结合表位结合的抗体的中和能力与其对ACE2受体结合S蛋白或RBD的竞争百分比密切相关，这表明结合在RBD和ACE2结合表位的单克隆抗体mAb与RBD的结合亲和力相应增加，可能会导致中和效力的相应增加。

除了从人类记忆B细胞中筛选出有效的中和mAb外，研究人员还开发了其他的创新方法来获得SARS-CoV-2的有效抑制抗体。基于高通量单细胞测序技术，北京大学、中国科学院微生物研究所及中国科学院武汉病毒研究所等多所院校的课题组通过收集60名恢复期患者的血液样本，从8558种抗原结合的$IgG1^+$克隆型中筛选出14种高效的中和抗体[54]。作为其中最有效的一种，BD-368-2对SARS-CoV-2假病毒和真病毒的半抑制浓度（IC_{50}）分别为1.2 ng/ml和15 ng/ml。Biacore T200的检测表明BD-368-2是一种ACE2竞争性抑制剂，与RBD的结合亲和力为0.82 nmol/L。他们还证明，在他们的案例中，只有与RBD结合的mAb才能显示出假病毒的中和作用，并且只有与RBD结合且K_D值小于或接近ACE2与RBD结合亲和力（15.9 nmol/L）的mAb才会对SARS-CoV-2假病毒表现出显著的中和作用（$IC_{50} < 3$ mg/ml）。

除了筛选和设计针对SARS-CoV-2的常规中和抗体外，科学家们还在美洲驼身上发现了多种纳米抗体，可以在体外有效中和SARS、MERS和新型冠状病毒的假病毒。纳米抗体是来自骆驼的一类特殊抗体。与传统的由轻链和重链组成的抗体不同，这类抗体只有一条重链。这种单链抗体的抗原特异性可变部分称为VHH，或称为纳米抗体。有趣的是，与常规抗体相比，纳米抗体的抗原亲和力和特异性不受轻链可变区缺失的影响。相反，它具有与噬菌体展示相容、分子量低、稳定性高、易于表达、空间位阻小等优点。考虑到纳米抗体的优势，研究人员试图开发一系列能够有效中和SARS-CoV-2的纳米抗体。一般来说，获得纳米抗体有两种策略，第一种是将冠状病毒的S蛋白、RBD或其突变体作为抗原注射到骆驼体内，然后通过噬菌体展示筛选纳米抗体[55, 56]。第二种是以重组S蛋白或RBD为诱饵，利用噬菌体展示筛选纳米抗体库[57, 58]。得克萨斯大学奥斯汀分校 Jason S. McLellan 课题组及其合作课题组通过使用融合前稳定的冠状病毒S蛋白从获得免疫的美洲驼身上获得了VHH，并证明这些VHH可以分别中和MERS-CoV或SARS-CoV-1的S假病毒[55]。在与人的IgG融合后，这些二价VHH可以中和SARS-CoV-2的S假病毒，IC_{50}值约为0.2 μg/ml。Biacore X100分析仪表征了VHH与MERS-CoV RBD、SARS-CoV-1 RBD和SARS-CoV-2 RBD的结合亲和力。同样，通过筛选酵母表面展示的合成纳米抗体序列文库，加州大学旧金山分校 Aashish Manglik 课题组及其合作课题组确定了一组纳米抗体，它们可以与刺突蛋白上的多个表位结合，可以通过两种不同的机制阻断刺突蛋白与ACE2的相互作用[56]。在这些纳米抗体中，Nb6被证实以完全无活性的构象结合刺突蛋白，这种构象无法结合 ACE2。Biacore T200 和 8K 的实验结果表明三价纳米抗体 mNb6-tri 对 SARS-CoV-2 刺突蛋白具有飞摩尔级的结合亲和力（图 8-16），对 SARS-CoV-2 的感染具有皮摩尔级的中和作用。鉴于 mNb6-tri 在雾化、冻干和热处理后仍然能保持稳定性和功能，它可以通过气溶胶介导到达气道上皮细胞。

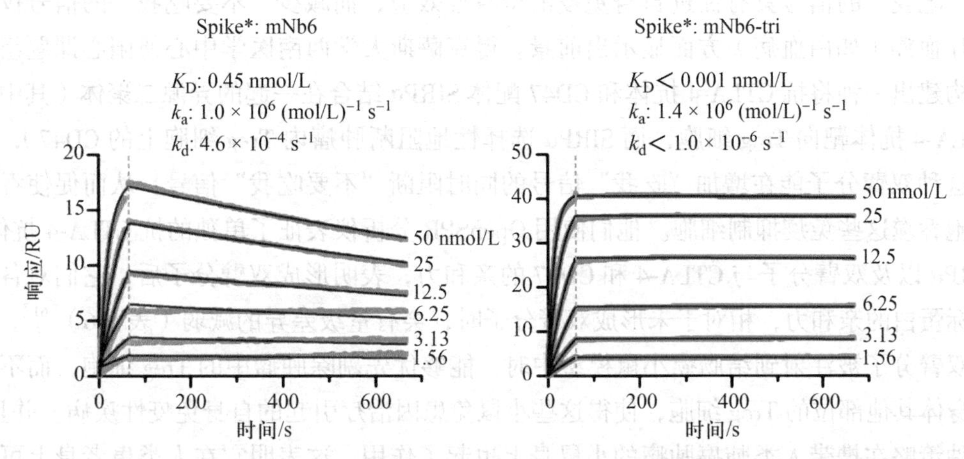

图 8-16　mNb6 和 mNb6-tri 与固定的 SARS-CoV-2 刺突蛋白的 SPR 结合传感图[56]

当然，也有一些不是全 S 蛋白或 RBD 的中和抗体抗原的报道。例如，与人免疫球蛋白 IgG1 Fc 区融合的 ACE2 胞外结构域与 SARS-CoV 和 SARS-CoV-2 的 RBD 具有高结合亲和力，并在小鼠中表现出理想的药理特性[59]。再例如，以 RBD 中的受体结合基序（RBM）作为抗原产生的单克隆抗体可以与 ACE2 竞争性结合并特异性阻断 RBM 诱导的 GM-CSF 分泌，从而防止 SARS-CoV-2 引发的“细胞因子风暴”[60]。总之，这些抗体的发现加速了抗体药物在冠状病毒治疗中的应用。

2. OpenSPR 生物分子相互作用分析仪

同样，针对 SARS-CoV-2，在缺乏有效疗法的情况下，疫苗接种已成为预防 SARS-CoV-2 的关键选择。前期研究发现针对刺突蛋白（S）受体结合基序（RBM）的抗体能有效抵抗 SARS-CoV-2，而针对其他位点的抗体可能会产生相反的效果，同时，针对 S 蛋白的刺激会导致人外周血单核细胞产生多种促炎细胞因子和趋化因子，但至于针对 RBM 的抗体如何影响 SARS-CoV-2 产生炎症反应机制未知。范斯坦医学研究所王海超课题组使用 OpenSPR 分析仪筛选了一系列可以与 RBM 结合，并与 RBM 和 ACE2 蛋白结合具有相同结合表位的单克隆抗体（mAb），并使用蛋白免疫印迹实验确定了这些结合 RBM 的 mAb 是如何在人单核细胞和小鼠巨噬细胞培养物中特异性阻断 RBM 诱导的粒细胞 - 巨噬细胞集落刺激因子（GM-CSF）分泌[60]。

在肿瘤领域，免疫系统不仅通过杀伤性 T 细胞和其他组分的直接作用在抗击癌症中发挥着关键作用，而且还通过调节性 T 细胞（Treg）的免疫抑制细胞对抗这些作用。这些 Treg 细胞通过阻止多种免疫细胞变得过度活跃而导致自身免疫性疾病来帮助调节免疫反应。然而，它们也在肿瘤中聚集，保护肿瘤细胞免受免疫攻击。Treg 细胞表面存在两种蛋白质，即 CTLA-4 和 CD47 的平衡，它们分别向吞噬细胞发出“吃我”和“不要吃我”的信号，从而使 Treg 细胞受到控制。目前，多种免疫疗法都试图提高“吃我”的信号或减少“不要吃我”的信号，以减少肿瘤中的 Treg 细胞。然而，增加“吃我”的信号具有促进自身免疫的全身性效应，而减少“不要吃我”的信号仅在治疗血癌（如白血病）方面显示出前景。得克萨斯大学西南医学中心傅阳心课题组通过构建出一种将抗 CTLA-4 抗体和 CD47 配体 SIRPα 结合在一起的异源二聚体（其中抗 CTLA-4 抗体靶向 Treg 细胞，而 SIRPα 选择性地阻断肿瘤内 Treg 细胞上的 CD47），发现这种双臂分子能在增加“吃我”信号的同时阻断“不要吃我”信号，从而促使吞噬细胞吞噬这些免疫抑制细胞。他们使用 OpenSPR 分析仪表征了单独的抗 CTLA-4 抗体、SIRPα 以及双臂分子与 CTLA-4 和 CD47 的亲和力，表明形成双臂分子后，它们对各自靶标蛋白的亲和力，相对于未形成双臂分了时，会有量级差异的减弱（表 8-6）[61]。但当双臂分子被注射到结肠癌小鼠模型中时，能够优先剔除肿瘤中的 Treg 细胞，而不影响身体其他部位的 Treg 细胞，使得这些小鼠免患因治疗引起的自身免疫性疾病。并且，这种策略在携带人类肺癌肿瘤的小鼠身上也起了作用，这表明它在人类患者身上可能是可行的。

表 8-6　OpenSPR 分析结果总结

分析物	配体	k_a / (mol/L)$^{-1}$ s^{-1}	k_d / s^{-1}	K_D / μmol/L
Anti-CTLA-4	CTLA-4	9.92×10^4	2.38×10^{-4}	2.40×10^{-3}
anti-CTLA-4×SIRPa	CTLA-4	1.02×10^5	2.04×10^{-3}	1.99×10^{-2}
SIRP-Fc	CD47	1.77×10^3	5.23×10^{-5}	2.95×10^{-2}
anti-CTLA-4×SIRP	CD47	3.67×10^2	4.85×10^{-5}	1.32×10^{-1}

3. PlexArray HT 表面等离激元成像微阵列分析仪

在生物标志物发现领域，复杂混合物中特定蛋白质的检测和定量是蛋白质组学面临的主要挑战。如何在一次实验中高效快捷地检测血清中多种疾病相关的生物标志物对于蛋白质组学研究是一个很大的挑战。美国系统生物研究所 Christopher Lausted 课题组使用 Plexera 早期的工程样机建立了一种基于抗体微阵列的表面等离子共振成像的高通量、无标记的血清分析方法，可以高效地实现对于多种血清标志物的实时监测[62]。他们首先通过使用 792- 特征微阵列的一部分来测量四种血清蛋白的浓度来验证该系统，随后通过将 384 种肝相关蛋白的抗体与 12 个空白对照，打印在 2 cm^2 的区域上，形成规格为 22 × 36 的抗体阵列芯片，使用 Plexera Array 系统对肝癌病人的血清，其他癌病变病人的血清以及正常人的血清进行血清蛋白结合图谱分析。结果发现，在总共

384个抗体点中，有174个点在所通的7例血清中均有信号（图8-17）。通过对肝癌与其他癌种病人血清蛋白结合图谱进行分类群聚作图，分析出39个在肝癌病人与其他癌种病人之间有显著变化的血清蛋白（35个上调，4个下调）。其中，包含7个文献中报道过的蛋白。而且甲胎蛋白（AFP）这个广泛使用的肝癌血清标志物，也是显著上调的蛋白之一。上述这些结果证明了这种高通量方法对绝对和相对蛋白质表达谱分析的可行性。

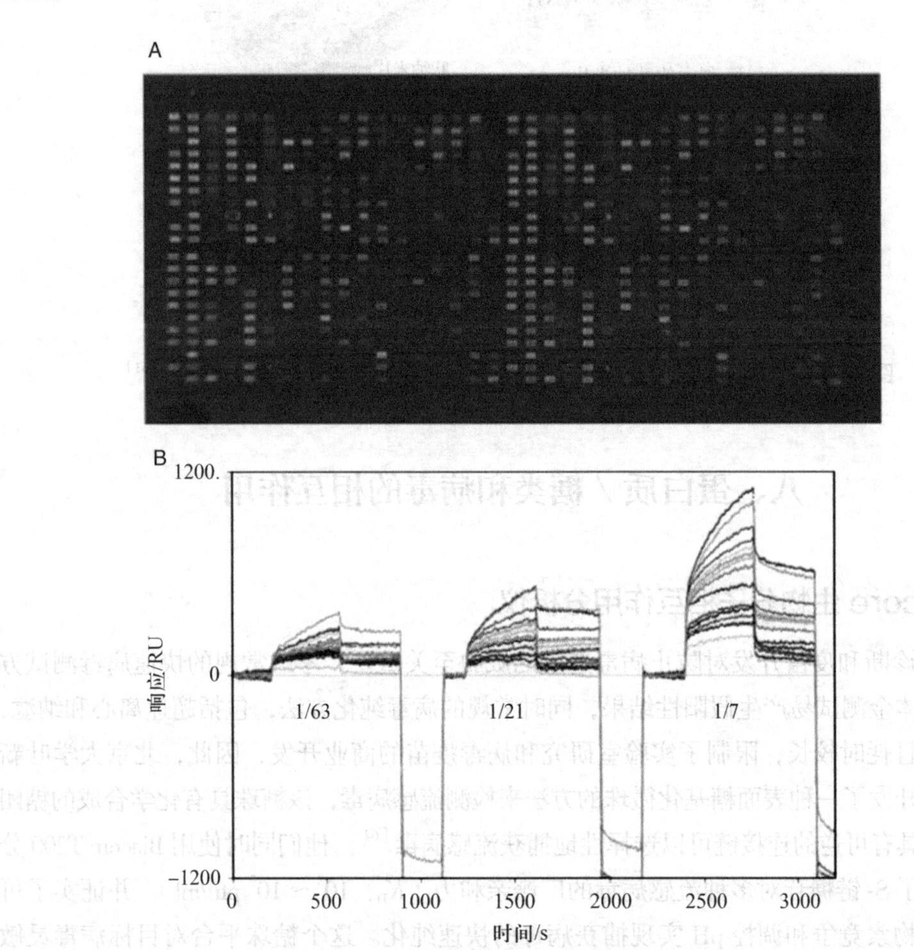

图8-17　Plexera中的抗体芯片

A. PBS缓冲下的792-特征微阵列原始SPR图像。B. SPR结合曲线显示同一样品在稀释倍比为1：63、1：21和1：7条件下的三次连续上样（每个上样循环包括结合、解离和表面再生）[62]。

在阿尔茨海默病（Alzheimer disease，AD）早期诊断领域，Plexera Array系统也有重要的贡献。国家纳米科学中心的王琛、杨延莲以及胡志远课题组联合通过检测在3D芯片表面固定的AD类肽3（ADP3）环纳米膜与AD病人血清中的Aβ42的高亲和力结合，可以实现对早期AD病人的快速筛查（图8-18）[63]。

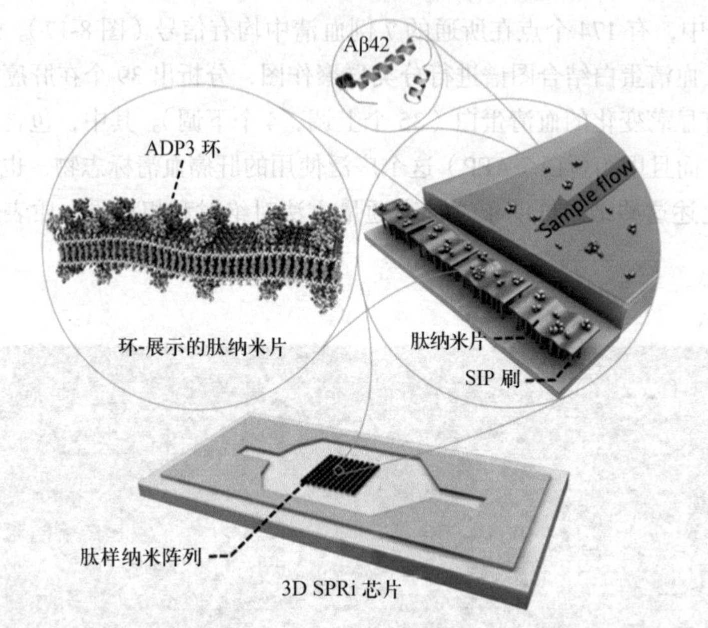

图 8-18 ADP3 环纳米膜结合 Plexera Array 系统检测 AD 血清的示意图[63]

八、蛋白质/糖类和病毒的相互作用

Biacore 生物分子相互作用分析仪

快速诊断和疫苗开发对防止病毒造成的威胁至关重要。考虑常规的快速病毒测试方法，如胶体金测试易产生假阳性结果，同时常规的病毒纯化方法，包括超速离心和纳滤，步骤繁琐且耗时较长，限制了实验室研究和病毒疫苗的商业开发，因此，北京大学叶新山课题组开发了一种表面糖基化微珠的方法来检测流感病毒，该糖珠具有化学合成的糖团簇，并且具有可逆的连接链可以选择性地捕获流感病毒[64]。他们同时使用 Biacore T200 分析仪评估了 S- 链糖苷对多种流感病毒的广谱亲和力（K_D：10^3～10^9 pfu/ml），并证实了可以通过生物素竞争和调控 pH 实现捕获病毒的快速纯化。这个糖珠平台对目标病毒灵敏度和特异性的提高，不仅有助于目标病毒的进一步纯化，也有助于未来的疫苗生产。

又例如，Echovirus 30（E30）是肠道病毒 B（EV-B）的一种血清型，最近成为全世界无菌性脑膜炎的主要病原体。E30 在新生儿群体中尤其具有破坏性，目前没有可用的疫苗或抗病毒疗法。中国科学院生物物理研究所王祥喜/中科院院士饶子和课题组，联合江苏省疾病预防控制中心朱凤才课题组使用 Biacore T100 分析仪，通过将 E30 固定于芯片表面，发现了两种高效的 E30 特异性单克隆抗体 6C5 和 4B10，这两种抗体可以有效阻断病毒与其附着受体 CD55 和脱壳受体 FcRn 的结合（图 8-19）[65]。同时，6C5 和 4B10 的组合使用可以增强它们各自的抗病毒活性。这些中和抗体对于开发针对 EV-B 感染的疫苗和疗法具有重要的指导意义。

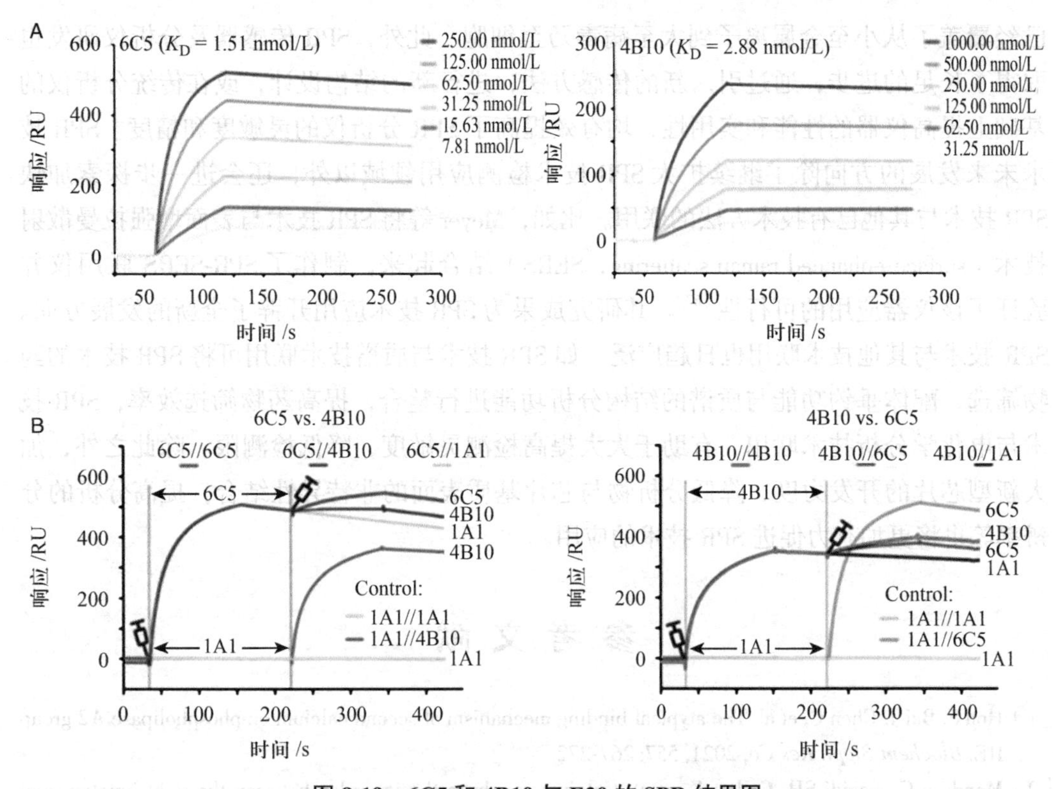

图 8-19　6C5 和 4B10 与 E30 的 SPR 结果图

A. 6C5 和 4B10 与 E30 的结合传感图。B. 6C5 和 4B10 的 SPR 竞争结果图[65]

再比如，厦门大学公共卫生学院夏宁邵课题组通过构建并解析了柯萨奇 B 组病毒（CVB）颗粒及与 CAR 受体复合物的高分辨率结构，获得了在中性 pH 条件下的一系列代表病毒感染不同阶段的近原子分辨率结构，包括 CVB1 成熟颗粒（mature virion）、低温和生理温度下 CAR 结合的 CVB1 前体脱衣壳中间态（pre-A-particle）、脱衣壳中间态（A-particle）和空心颗粒（empty particle），捕捉到 CVB 成熟病毒颗粒脱衣壳过程的多种不同中间态及 CAR 受体相互作用域的一系列的精细构象变化特征[66]。他们同时使用 Biacore 8K 表征了 CVB 病毒颗粒与受体 CAR 的亲和力（K_D 值为 17.9 nmol/L）。由于 CVB 病毒是可导致多种严重疾病的肠道病毒病原体，此研究丰富了肠道病毒感染及与受体相互作用机制的基础理论，发现了受体结合域的关键抗病毒靶标的精确信息和效应抗体分子，对开展新型疫苗免疫原和抗病毒药物的理性设计和应用开发具有重要价值和意义。

九、小　结

当然除了常规亲和力检测，自 SPR 技术出现以来，特别是自商品化的 SPR 分析仪投入市场以来，SPR 技术就因其具有的独特优势在分子生物学研究、环境污染物检测、食品安全检测、药品研发等领域得到了越来越广泛的应用，SPR 技术测定对象也已经覆盖了从小至金属离子到大至病毒乃至细胞。此外，SPR 传感器及分析仪研发也取得了长足的进步，通过引入新的传感方法，进行新的结构设计，或在传统分析仪的基础上提高仪器的性能和实用性，均有效提高了 SPR 分析仪的灵敏度和精度。SPR 技术未来发展的方向除了继续扩大 SPR 技术检测应用领域以外，还会进一步探索加快 SPR 技术与其他已有技术方法的联用。比如，Meyer 等将 SPR 技术与表面增强拉曼散射技术（surface-enhanced raman scattering，SERS）结合起来，制作了 SPR-SERS 联用仪并验证了该仪器应用的可行性[67]。其研究成果为 SPR 技术应用开辟了全新的发展方向。SPR 技术与其他技术联用也日趋广泛，如 SPR 技术与质谱技术联用可将 SPR 技术的药物筛选、配体垂钓功能与质谱的结构分析功能进行整合，提高药物筛选效率，SPR 技术与电化学分析技术联用，有助于大大提高检测灵敏度，降低检测限。除此之外，加大新型芯片的开发力度，降低分析物与芯片基质表面的非特异性结合，提高分析的分辨率等也将更加有力促进 SPR 技术的应用。

参 考 文 献

[1] Hou S, Bai J, Chen C, et al. The atypical binding mechanism of second calcium on phospholipase A2 group IIE. *Biochem Bioph Res Co*, 2021, 557: 267-272.

[2] Mendoza C, Nagidi SH, Collett K, et al. Calcium regulates the interplay between the tight junction and epithelial adherens junction at the plasma membrane. *FEBS Lett*, 2022, 596(2): 219-231.

[3] Wang Q, Liberti MV, Liu P, et al. Rational design of selective allosteric inhibitors of PHGDH and serine synthesis with anti-tumor activity. *Cell Chem Biol*, 2017, 24(1): 55-65.

[4] Liao LX, Song XM, Wang LC, et al. Highly selective inhibition of IMPDH2 provides the basis of antineuroinflammation therapy. *Proc Natl Acad Sci USA*, 2017, 114(29): E5986-e5994.

[5] Cao Y, Li YH, Lv DY, et al. Identification of a ligand for tumor necrosis factor receptor from Chinese herbs by combination of surface plasmon resonance biosensor and UPLC-MS. *Anal Bioanal Chem*, 2016, 408(19): 5359-5367.

[6] Li H, Wang S, Ma W, et al. Discovery of pentacyclic triterpenoid PROTACs as a class of effective hemagglutinin protein degraders. *J Med Chem*, 2022, 65(10): 7154-7169.

[7] Wang X, Lu J, Ge S, et al. Astemizole as a drug to inhibit the effect of SARS-COV-2 in vitro. *Microb Pathog*, 2021, 156: 104929.

[8] Wang N, Han S, Liu R, et al. Chloroquine and hydroxychloroquine as ACE2 blockers to inhibit viropexis of 2019-nCoV Spike pseudotyped virus. *Phytomedicine*, 2020, 79: 153333.

[9] Xu H, Liu B, Xiao Z, et al. Computational and experimental studies reveal that thymoquinone blocks the entry of coronaviruses into in vitro cells. *Infect Dis Ther*, 2021, 10(1): 483-494.

[10] Lin H, Wang X, Liu M, et al. Exploring the treatment of COVID-19 with Yinqiao powder based on network pharmacology. *Phytother Res*, 2021, 35(5): 2651-2664.

[11] Chen X, Wu Y, Chen C, et al. Identifying potential anti-COVID-19 pharmacological components of traditional Chinese medicine Lianhuaqingwen capsule based on human exposure and ACE2 biochromatography screening. *Acta Pharm Sin B*, 2021, 11(1): 222-236.

[12] Ye M, Luo G, Ye D, et al. Network pharmacology, molecular docking integrated surface plasmon resonance technology reveals the mechanism of Toujie Quwen Granules against coronavirus disease 2019 pneumonia.

Phytomedicine, 2021, 85: 153401.

[13] Gao J, Ding Y, Wang Y, et al. Oroxylin A is a severe acute respiratory syndrome coronavirus 2-spiked pseudotyped virus blocker obtained from Radix Scutellariae using angiotensin-converting enzyme II/cell membrane chromatography. *Phytother Res*, 2021, 35(6): 3194-3204.

[14] Zhan Y, Ta W, Tang W, et al. Potential antiviral activity of isorhamnetin against SARS-CoV-2 spike pseudotyped virus in vitro. *Drug Dev Res*, 2021, 82(8): 1124-1130.

[15] Ge S, Wang X, Hou Y, et al. Repositioning of histamine H(1)receptor antagonist: doxepin inhibits viropexis of SARS-CoV-2 Spike pseudovirus by blocking ACE2. *Eur J Pharmacol*, 2021, 896: 173897.

[16] Lu J, Hou Y, Ge S, et al. Screened antipsychotic drugs inhibit SARS-CoV-2 binding with ACE2 in vitro. *Life Sci*, 2021, 266: 118889.

[17] Hou Y, Ge S, Li X, et al. Testing of the inhibitory effects of loratadine and desloratadine on SARS-CoV-2 spike pseudotyped virus viropexis. *Chem Biol Interact*, 2021, 338: 109420.

[18] Day CJ, Bailly B, Guillon P, et al. Multidisciplinary approaches identify compounds that bind to human ACE2 or SARS-CoV-2 spike protein as candidates to block SARS-CoV-2-ACE2 receptor interactions. *mBio*, 2021, 12(2): e03681.

[19] Toelzer C, Gupta K, Yadav SKN, et al. Free fatty acid binding pocket in the locked structure of SARS-CoV-2 spike protein. *Science*, 2020, 370(6517): 725-730.

[20] Yu S, Zhu Y, Xu J, et al. Glycyrrhizic acid exerts inhibitory activity against the spike protein of SARS-CoV-2. *Phytomedicine*, 2021, 85: 153364.

[21] Feng S, Luan X, Wang Y, et al. Eltrombopag is a potential target for drug intervention in SARS-CoV-2 spike protein. *Infect Genet Evol*, 2020, 85: 104419.

[22] Hu S, Wang J, Zhang Y, et al. Three salvianolic acids inhibit 2019-nCoV spike pseudovirus viropexis by binding to both its RBD and receptor ACE2. *J Med Virol*, 2021, 93(5): 3143-3151.

[23] Zhu ZL, Qiu XD, Wu S, et al. Blocking effect of demethylzeylasteral on the interaction between human ACE2 protein and SARS-CoV-2 RBD protein discovered using SPR technology. *Molecules*, 2020, 26(1): 57.

[24] Mo D, Zhu H, Wang J, et al. Icaritin inhibits PD-L1 expression by targeting protein IκB kinase α. *Eur J Immunol*, 2021, 51(4): 978-988.

[25] Brunetti J, Riolo G, Depau L, et al. Unraveling heparan sulfate proteoglycan binding motif for cancer cell selectivity. *Front Oncol*, 2019, 9: 843.

[26] Hauser-Kawaguchi A, Tolg C, Peart T, et al. A truncated RHAMM protein for discovering novel therapeutic peptides. *Bioorg Med Chem*, 2018, 26(18): 5194-5203.

[27] Nguyen T, Lee S, Yang YA, et al. The role of 9-O-acetylated glycan receptor moieties in the typhoid toxin binding and intoxication. *PLoS Pathog*, 2020, 16(2): e1008336.

[28] Barr RK, Verdile G, Wijaya LK, et al. Validation and characterization of a novel peptide that binds monomeric and aggregated β-amyloid and inhibits the formation of neurotoxic oligomers. *J Biol Chem*, 2016, 291(2): 547-559.

[29] Hao J, Wang F, Xing G, et al. Design and preliminary application of affinity peptide based on the structure of the porcine circovirus type II Capsid(PCV2 Cap). *Peer J*, 2019, 7: e8132.

[30] Yu Q, Wang F, Hu X, et al. Comparison of two docking methods for peptide-protein interactions. *J Sci Food Agric*, 2018, 98(10): 3722-3727.

[31] Zhao S, Yang M, Zhou W, et al. Kinetic and high-throughput profiling of epigenetic interactions by 3D-carbene chip-based surface plasmon resonance imaging technology. *Proc Natl Acad Sci USA*, 2017, 114(35): E7245-E7254.

[32] An N, Li K, Zhang Y, et al. A multiplex and regenerable surface plasmon resonance (MR-SPR) biosensor for DNA detection of genetically modified organisms. *Talanta*, 2021, 231: 122361.

[33] Heacock-Kang Y, Sun Z, Zarzycki-Siek J, et al. Two regulators, PA3898 and PA2100, modulate the pseudomonas aeruginosa multidrug resistance MexAB-OprM and EmrAB efflux pumps and biofilm formation. *Antimicrob Agents Chemother*, 2018, 62(12): e01459-18.

[34] Duellman T, Chen X, Wakamiya R, et al. Nucleic acid-induced potentiation of matrix metalloproteinase-9 enzymatic activity. *Biochem J*, 2018, 475(9): 1597-1610.

[35] Lan J, Ge J, Yu J, et al. Structure of the SARS-CoV-2 spike receptor-binding domain bound to the ACE2 receptor. *Nature*, 2020, 581(7807): 215-220.

[36] Wrapp D, Wang N, Corbett KS, et al. Cryo-EM structure of the 2019-nCoV spike in the prefusion conformation. *Science*, 2020, 367(6483): 1260-1263.

[37] Yurkovetskiy L, Wang X, Pascal KE, et al. Structural and Functional Analysis of the D614G SARS-CoV-2 Spike Protein Variant. *Cell*, 2020, 183(3): 739-751.

[38] Shang J, Ye G, Shi K, et al. Structural basis of receptor recognition by SARS-CoV-2. *Nature*, 2020, 581(7807): 221-224.

[39] Lu J, Sun PD. High affinity binding of SARS-CoV-2 spike protein enhances ACE2 carboxypeptidase activity. *J Biol Chem*, 2020, 295(52): 18579-18588.

[40] Henderson R, Edwards RJ, Mansouri K, et al. Controlling the SARS-CoV-2 spike glycoprotein conformation. *Nat Struct Mol Biol*, 2020, 27(10): 925-933.

[41] Silva de Souza A, Rivera JD, Almeida VM, et al. Molecular dynamics reveals complex compensatory effects of ionic strength on the severe acute respiratory syndrome coronavirus 2 spike/Human angiotensin-converting enzyme 2 interaction. *J Phys Chem Lett*, 2020, 11(24): 10446-10453.

[42] Kim SY, Jin W, Sood A, et al. Characterization of heparin and severe acute respiratory syndrome-related coronavirus 2(SARS-CoV-2)spike glycoprotein binding interactions. *Antiviral Res*, 2020, 181: 104873.

[43] Liu L, Chopra P, Li X, et al. Heparan sulfate proteoglycans as attachment factor for SARS-CoV-2. *bioRxiv*, 2021, 2020.05.10.087288.

[44] Tandon R, Sharp JS, Zhang F, et al. Effective inhibition of SARS-CoV-2 entry by heparin and enoxaparin derivatives. *J Virol*, 2021, 95(3): e01987.

[45] Mycroft-West CJ, Su D, Pagani I, et al. Heparin inhibits cellular invasion by SARS-CoV-2: structural dependence of the interaction of the spike S1 receptor-binding domain with heparin. *Thromb Haemost*, 2020, 120(12): 1700-1715.

[46] Shi Y, Shi J, Sun L, et al. Insight into vaccine development for Alpha-coronaviruses based on structural and immunological analyses of spike proteins. *J Virol*, 2021, 95(7): e02284.

[47] Li G, DeLaney K, Li L, et al. Molecular basis for chirality-regulated Aβ self-assembly and receptor recognition revealed by ion mobility-mass spectrometry. *Nat Commun*, 2019, 10(1): 5038.

[48] Fan Q, Tao Z, Yang H, et al. Modulation of pericytes by a fusion protein comprising of a PDGFRβ-antagonistic affibody and TNFα induces tumor vessel normalization and improves chemotherapy. *J Control Release*, 2019, 302: 63-78.

[49] Nand A, Singh V, Pérez JB, et al. In situ protein microarrays capable of real-time kinetics analysis based on surface plasmon resonance imaging. *Anal Biochem*, 2014, 464: 30-35.

[50] Perez HL, Cardarelli PM, Deshpande S, et al. Antibody-drug conjugates: current status and future directions. *Drug Discov Today*, 2014, 19(7): 869-881.

[51] Klasse PJ, Sattentau QJ. Mechanisms of virus neutralization by antibody. *Curr Top Microbiol Immunol*, 2001, 260: 87-108.

[52] Hansen J, Baum A, Pascal KE, et al. Studies in humanized mice and convalescent humans yield a SARS-CoV-2 antibody cocktail. *Science*, 2020, 369(6506): 1010-1014.

[53] Rogers TF, Zhao F, Huang D, et al. Isolation of potent SARS-CoV-2 neutralizing antibodies and protection

from disease in a small animal model. *Science*, 2020, 369(6506): 956-963.

[54] Cao Y, Su B, Guo X, et al. Potent neutralizing antibodies against SARS-CoV-2 identified by high-through put single-cell sequencing of convalescent patients' B cells. *Cell*, 2020, 182(1): 73-84.

[55] Wrapp D, De Vlieger D, Corbett KS, et al. Structural basis for potent neutralization of betacoronaviruses by single-domain camelid antibodies. *Cell*, 2020, 181(5): 1004-1015.

[56] Schoof M, Faust B, Saunders RA, et al. An ultra-potent synthetic nanobody neutralizes SARS-CoV-2 by stabilizing inactive spike. *Science*, 2020, 370(6523): 1473-1479.

[57] Chi X, Liu X, Wang C, et al. Humanized single domain antibodies neutralize SARS-CoV-2 by targeting the spike receptor binding domain. *Nat Commun*, 2020, 11(1): 4528.

[58] Huo J, Le Bas A, Ruza RR, et al. Neutralizing nanobodies bind SARS-CoV-2 spike RBD and block interaction with ACE2. *Nat Struct Mol Biol*, 2020, 27(9): 846-854.

[59] Lei C, Qian K, Li T, et al. Neutralization of SARS-CoV-2 spike pseudotyped virus by recombinant ACE2-Ig. *Nat Commun*, 2020, 11(1): 2070.

[60] Qiang X, Zhu S, Li J, et al. Monoclonal antibodies capable of binding SARS-CoV-2 spike protein receptor-binding motif specifically prevent GM-CSF induction. *J Leukoc Biol*, 2021, 111(1): 261-267.

[61] Zhang A, Ren Z, Tseng KF, et al. Dual targeting of CTLA-4 and CD47 on T(reg)cells promotes immunity against solid tumors. *Sci Transl Med*, 2021, 13(605): eabg8693.

[62] Lausted C, Hu Z, Hood L. Quantitative serum proteomics from surface plasmon resonance imaging. *Mol Cell Proteomics*, 2008, 7(12): 2464-2474.

[63] Zhu L, Zhao Z, Cheng P, et al. Antibody-mimetic peptoid nanosheet for label-free serum-based diagnosis of Alzheimer's disease. *Adv Mater*, 2017, 29(30), 1700057.

[64] Li G, Ma W, Mo J, et al. Influenza virus precision diagnosis and continuous purification enabled by neuraminidase-resistant glycopolymer-coated microbeads. *ACS Appl Mater Interfaces*, 2021, 13(39): 46260-46269.

[65] Wang K, Zheng B, Zhang L, et al. Serotype specific epitopes identified by neutralizing antibodies underpin immunogenic differences in Enterovirus B. *Nat Commun*, 2020, 11(1): 4419.

[66] Xu L, Zheng Q, Zhu R, et al. Cryo-EM structures reveal the molecular basis of receptor-initiated coxsackievirus uncoating. *Cell Host Microbe*, 2021, 29(3): 448-462.

[67] Meyer SA, Le Ru EC, Etchegoin PG. Combining surface plasmon resonance(SPR)spectroscopy with surface-enhanced Raman scattering(SERS). *Anal Chem*, 2011, 83(6): 2337-2344.

专业词汇中英文对照表

亲和力分析 affinity analysis

分析物 analyte

角频率 angular frequency

表观速率常数 apparent rate constant

结合 association

结合平衡常数 K_A association equilibrium constant

结合速率常数 k_a association rate constant

容积效应 bulk effect

本体溶液 bulk solution

羧甲基葡聚糖 carboxy methylated dextran

条件缓冲溶液 conditioning buffer

扩散梯度 diffusion gradient

解离 dissociation

解离平衡常数 K_D dissociation equilibrium constant

解离速率常数 k_d dissociation rate constant

漂移 drift

双参比 double referencing

静电预浓缩 electrostatic preconcentration

渐逝场 evanescent field

渐逝波 evanescent wave

流通池 flow cell

全局拟合 global fitting

微流控系统 integrated μ-fluidic cartridge，IFC

动力学分析 kinetics analysis

动力学参数 kinetic parameter

配体	ligand
配体异质性	ligand heterogeneity
局部拟合	local fitting
物质迁移常数	mass transport constant
物质迁移限制	mass transport limitation
基质效应	matrix effect
氨三乙酸	nitrilotriacetic acid，NTA
反射率	reflectivity
参比区域	reference region
参比扣除	reference deduction
再生	regeneration
折射率	refractive index，RI
共振角	resonance angle
运行缓冲溶液	running buffer
样品池型	sample cell type
传感图	sensorgram
移位	shift
停滞层	stagnant layer
稳态	steady state
稳态亲和模型	steady state affinity model
链霉亲和素 / 中性亲和素 / 生物素	streptavidin/neutravidin/biotin
表面耗竭	surface depletion
表面等离子共振	surface plasmon resonance，SPR
表面等离子波	surface plasmon wave
全内反射	total internal reflection
行进波	traveling wave